建筑设备类专业系列教材

建筑给排水与施工技术

主　编　高　将　丁维华
副主编　周慧芳　刘美艳

江苏大学出版社
JIANGSU UNIVERSITY PRESS
镇　江

图书在版编目(CIP)数据

建筑给排水与施工技术 / 高将，丁维华主编. —镇江：江苏大学出版社，2021.1(2022.8 重印)
ISBN 978-7-5684-1484-5

Ⅰ.①建… Ⅱ.①高… ②丁… Ⅲ.①建筑工程—给水工程—工程施工 ②建筑工程—排水工程—工程施工 Ⅳ.①TU82

中国版本图书馆 CIP 数据核字(2020)第 251807 号

建筑给排水与施工技术
Jianzhu Jipaishui yu Shigong Jishu

主　　编/高　将　丁维华
责任编辑/李经晶
出版发行/江苏大学出版社
地　　址/江苏省镇江市京口区学府路 301 号(邮编：212013)
电　　话/0511-84446464(传真)
网　　址/http://press.ujs.edu.cn
排　　版/镇江文苑制版印刷有限责任公司
印　　刷/镇江文苑制版印刷有限责任公司
开　　本/787 mm×1 092 mm　1/16
印　　张/13.25
字　　数/328 千字
版　　次/2021 年 1 月第 1 版
印　　次/2022 年 8 月第 2 次印刷
书　　号/ISBN 978-7-5684-1484-5
定　　价/48.00 元

前言

Preface

本书系统地介绍了建筑给水、消火栓给水、自喷给水、建筑热水、建筑排水等专业理论知识、设计方法和安装操作技术要求，并结合职业教育特点对建筑给排水施工技术进行了详细介绍。全书注重工学结合，强调对学生实际应用能力的培养，每章配有知识目标、技能目标外，还配有小结、思考题与习题，着重培养学生的动手操作能力，各部分内容完整、精练，表述清楚，图文并茂，通俗易懂，便于自学与参考。

本书除适用高职高专院校给排水工程技术、供热通风与空调工程专业外，还适用于建筑设备工程技术专业等，也可作为建设单位工程管理人员、技术人员和教学、科研、施工人员的参考书。

本书由具有多年高职教学和建筑给水排水工程施工、设计和运行管理经验的双师型教师、企业工程技术人员合作完成。具体分工如下：江苏建筑职业技术学院高将负责编写模块 1、江苏建筑职业技术学院丁维华负责编写模块 2、江苏建筑职业技术学院周慧芳负责编写模块 3、江苏省水利勘测设计研究院有限公司刘美艳负责编写模块 4；由高将、丁维华担任主编，周慧芳、刘美艳担任副主编。在编写过程中，编者参考并引用了大量文献资料和工程设计、施工成果，在此向所有被引用资料的专家学者致以真诚的感谢！

因编写人员知识水平、实践经验所限，书中难免存在不完善之处，还请各位专家、读者批评指正。

编　者

目录

Contents

模块1

建筑室内给水系统与施工技术

项目1.1 建筑室内给水系统

室内给水系统的基本任务，是根据室外给水管网的供水情况，结合室内给水管网的实际使用要求，采取适当的给水方式，将水经济合理而且安全可靠地提供给室内各种用水设备，以满足人们在生活、生产和消防方面对水质、水量和水压的要求。

1.1.1 建筑室内给水系统的分类与组成

1.1.1.1 室内给水系统的分类

室内给水系统按其供水对象可分为生活给水系统、生产给水系统、消防给水系统及组合给水系统。

1. 生活给水系统

满足人们饮用、烹调、盥洗、洗涤、沐浴等生活用水的室内给水系统，称为生活给水系统。生活给水系统要求水质必须严格符合国家规定的生活饮用水水质标准。

2. 生产给水系统

满足生产过程中所需要的设备冷却水、原料和产品的洗涤水、锅炉用水及一些工业原料（如酿酒）用水的室内给水系统，称为生产给水系统。生产给水系统必须满足生产工艺对水质、水量、水压及安全方面的要求。

3. 消防给水系统

满足一切工业与民用建筑消防设备用水的室内给水系统，称为消防给水系统。消防给水系统对水质要求不高，但必须按建筑设计防火规范要求，保证供应足够的水量和水压。

4. 组合给水系统

上述三种给水系统，在实际工程中可以单独设置，也可根据建筑物内用水设备对水质、水压、水温的要求及室外给水系统的情况，经技术、经济和供水安全条件等综合比较，设置成组合各异的共用系统。如生活、生产给水系统，生产、消防给水系统，生活、消防给水系统，生活、生产、消防给水系统等。

1.1.1.2 室内给水系统的组成

通常情况下，室内给水系统如图1-1-1所示。

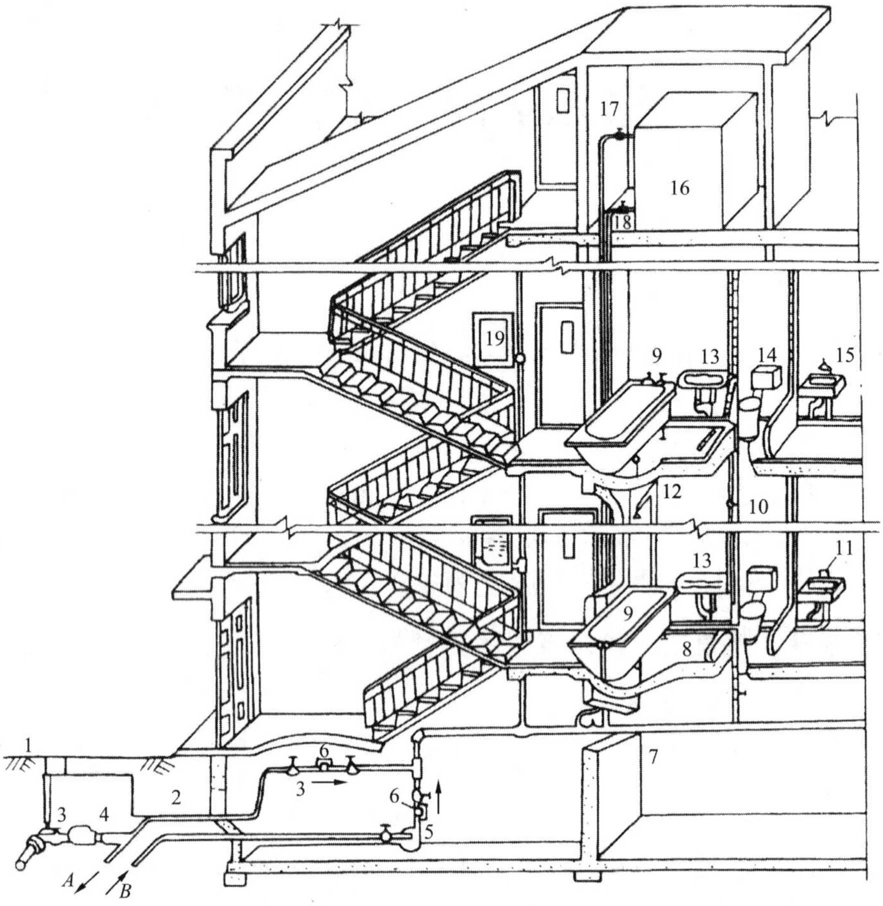

1—阀门井；2—引入管；3—闸阀；4—水表；5—水泵；6—止回阀；7—干管；8—支管；9—浴盆；10—立管；11—水龙头；12—淋浴器；13—洗脸盆；14—大便器；15—洗涤盆；16—水箱；17—进水管；18—出水管；19—消火栓；A—进入贮水池；B—来自贮水池

图 1-1-1　室内给水系统的组成

（1）水源：指城镇给水管网、室外给水管网或自备水源。

（2）引入管：指由室外给水管网引入建筑内水管网的那一段管段。

（3）水表节点：安装在引入管上的水表及其前后设置的阀门和泄水装置的总称，用以计量单幢建筑的总用水量。水表前后的阀门用以水表检修、拆换时关闭管路之用。泄水口主要用于室内管道系统检修时放空之用，也可用来检测水表精度和测定管道进户时的水压值。水表节点一般设在水表井中，如图 1-1-2 所示。

（4）给水管网：给水管网指的是建筑内水平干管、立管和支管。

（5）配水装置与附件：即配水龙头、消火栓、喷头与各类阀门（控制阀、减压阀、止回阀等）。

（6）增压和贮水设备：当室外给水管网的水量、水压不能满足建筑用水要求时，需要设置的各种设备，主要有水泵、气压给水装置、变频调速给水装置、水池、水箱等增压和贮水设备。

（7）给水局部处理设施：当建筑对给水水质要求超出我国现行生活饮用水卫生标准时，或其他原因造成水质不能满足要求时，就需要设置一些设备、构筑物进行给水深度处理。这些设备、构筑物就是给水局部处理设施。

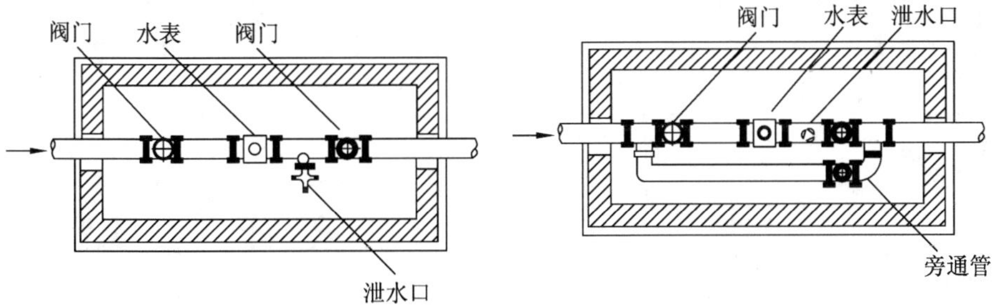

(1) 无旁通管的水表节点　　(2) 有旁通管的水表节点

图 1-1-2　水表节点

1.1.2 室内给水系统所需供水压力

建筑给水系统的供水压力，必须保证建筑物内最不利用水点（一般情况为建筑内最高、最远用水点）的用水要求，如图 1-1-3 所示。

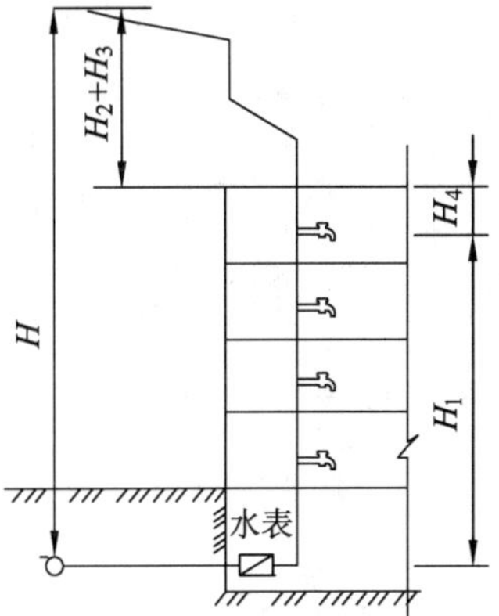

图 1-1-3　建筑给水系统所需供水压力示意图

其计算公式如下：

$$H = H_1 + H_2 + H_3 + H_4 \tag{1-1}$$

式中，H 为建筑给水管网所需水压，kPa；H_1 为引入管至最不利点之间的净压差，kPa；H_2 为引入管起点至配水最不利点的给水管路，即计算管路的压力损失，kPa；H_3 为水流通过水表时的压力损失，kPa；H_4 为配水最不利点所需的流出水头，kPa。

流出水头是指各种卫生器具配水龙头或用水设备处，为获得规定的出水量（即额定流量）所需的最小压力，其取值见表 1-1-1。

表 1-1-1　卫生器具的给水额定流量、当量、连接管公称管径和最低工作压力

序号	给水配件名称	额定流量/（L/s）	当量	公称管径/mm	最低工作压力/MPa
1	污水盆、拖布盆、盥洗槽 单阀水嘴 单阀水嘴 混合水嘴	 0.15～0.20 0.30～0.40 0.15～ 0.20（0.14）	 0.75～1.00 1.50～2.00 0.75～ 1.00（0.70）	 15 20 15	 0.050 0.050 0.050
2	洗脸盆 单阀水嘴 混合水嘴	 0.15 0.15（0.10）	 0.75 0.75（0.50）	 15 15	 0.050 0.050

续表

序号	给水配件名称	额定流量/(L/s)	当量	公称管径/mm	最低工作压力/MPa
3	洗手盆 感应水嘴 混合水嘴	 0.10 0.15（0.10）	 0.50 0.75（0.50）	 15 15	 0.050 0.050
4	浴盆 单阀水嘴 混合水嘴（含带淋浴转换器）	 0.20 0.24（0.20）	 1.00 1.20（1.00）	 15 15	 0.050 0.050～0.070
5	淋浴器 混合阀	 0.15（0.10）	 0.75（0.50）	 15	 0.050～0.100
6	大便器 冲洗水箱浮球阀 延时自闭式冲洗阀	 0.10 0.12	 0.50 6.00	 15 20	 0.020 0.100～0.150
7	小便器 手动或自动自闭式冲洗阀 自动冲洗水箱进水阀	 0.10 0.10	 0.50 0.50	 15 15	 0.050 0.020
8	小便槽穿孔冲洗管（每米长）	0.05	0.25	15～20	0.015
9	净水盆冲洗水嘴	0.10（0.07）	0.50（0.35）	15	0.050
10	医院倒便器	0.20	1.00	15	0.050
11	实验室化验水嘴（鹅颈） 单联 双联 三联	 0.07 0.15 0.20	 0.35 0.75 1.00	 15 15 15	 0.020 0.020 0.020
12	饮水器喷嘴	0.05	0.25	15	0.050
13	洒水栓	0.40 0.70	2.00 3.50	20 25	0.050～0.100 0.050～0.100
14	室内地面冲洗水嘴	0.20	1.00	15	0.050
15	家用洗衣机水嘴	0.20	1.00	15	0.050

注：① 表中括号内的数值，系在有热水供应时单独计算冷水或热水时使用。
② 当浴盆上附设淋浴器，或混合水嘴有淋浴器转换开关时，其额定流量和当量只计水嘴，但水压应按淋浴器计。
③ 家用燃气热水器所需水压，按产品要求和热水供应系统最不利配水点所需工作压力确定。
④ 绿地的自动喷灌应按产品要求设计。

在进行方案的初步设计时，对层高不超过 3.5 m 的民用建筑，给水系统所需的水压可根据建筑物层数估算（自室外地面算起）其最小水压值：一层为 100 kPa；二层为 120 kPa；三层及三层以上每增加一层，水压增加 40 kPa。

室内给水系统所需水压值为 H，室外配水管网接入点水压为 H_0，则有以下几种情况：

(1) 当 $H_0 \geqslant H$ 时，即室外配水管网压力满足室内给水所需压力，可直接由室外管网供水。

(2) 当 $H_0 \gg H$ 时，即室外管网压力大大有余，此时应通过减小一些管段的直径来达到 $H_0 > H$，可以节省管材，降低投资费用。

(3) 当 $H_0 < H$ 时，即配水管网供水压力不足，如相差不多，可通过调整一些管段的管径来减少水头损失，降低 H_2，使 H 减小，达到 $H_0 \geqslant H$；否则需设增压设施。

1.1.3 建筑给水系统的给水方式

建筑给水系统的给水方式是指建筑内给水系统的具体组成与具体布置的实施方案。建筑给水系统的给水方式的选择，必须依据用户对水质、水量和水压的要求，室外管网所能提供的水质、水量和水压情况，卫生器具及消防设备在建筑物内的分布，以及用户对供水安全可靠性的要求等条件来确定。现将常用的给水方式的基本类型介绍如下：

1.1.3.1 直接给水方式

当室外给水管网的水量、水压在任何时候都能满足室内给水管网的要求时，可采用直接给水方式，如图 1-1-4 所示。这种给水方式无须任何加压设备和储水设备，投资少，施工维修方便。

给水方式

1.1.3.2 单设水箱的给水方式

当室外给水管网的水质、水量能满足室内管网的要求但水压间断不足时，可采用设有水箱的给水方式。该方式在用水低峰时，利用室外给水管网水压直接供水并向水箱进水，如图 1-1-5 所示。高峰用水时，水箱出水供给给水系统，从而达到调节水压和水量的目的；但由于水在水箱中的滞留，存在二次污染的可能。

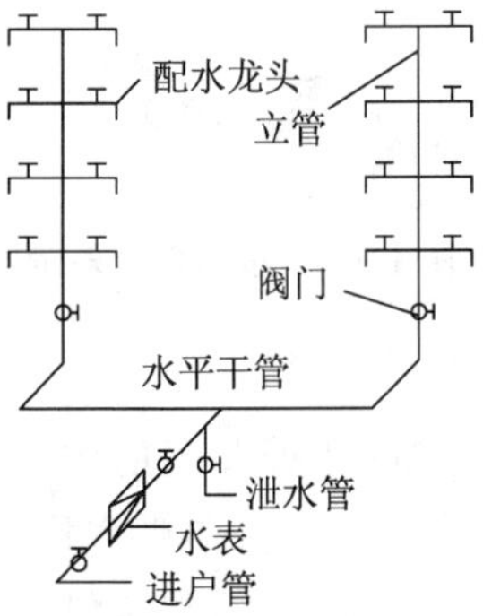

图 1-1-4 直接给水方式

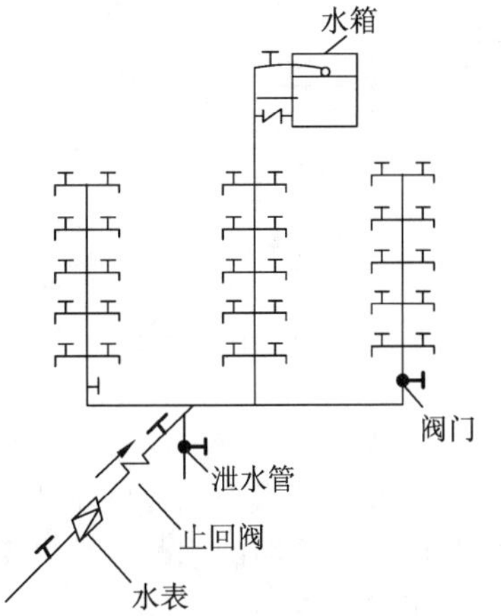

图 1-1-5 单设水箱的给水方式

1.1.3.3 设置贮水池、水泵和水箱的给水方式

当建筑的用水可靠性要求高，室外管网水量、水压经常不足，且不允许直接从外网抽水，或者是外网不能保证建筑的高峰用水，且用水量较大，或是要求储备一定容

积的消防水量时，应采用这种给水方式，如图 1-1-6 所示。该方式的优点是由于贮水池、水箱都储存一定的水量，当停水停电时可延时供水，供水可靠，水压力稳定；缺点是水泵震动、有噪音。

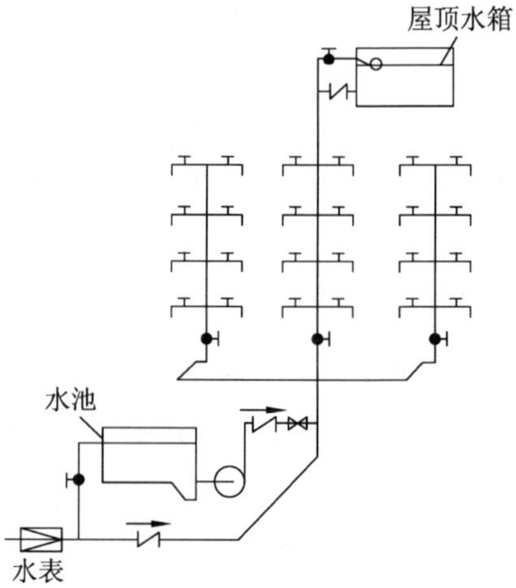

图 1-1-6 设置贮水池、水泵和水箱的给水方式

1.1.3.4 单设水泵和设水泵水箱的给水方式

当室外给水管网允许用水泵直接抽水时，也可以采用单设水泵的给水方式或采用设水泵水箱的给水方式，如图 1-1-7、图 1-1-8 所示。采用这两种给水方式有可能使外网水压力降低，影响外网上其他用户用水，严重的还可能形成外网负压，在管道接口不严密处，其周围的渗水会吸入管内，造成水质污染。因此，采用这两种方式，必须征得供水部门的同意，并在管道连接处采取必要的防护措施以防污染。

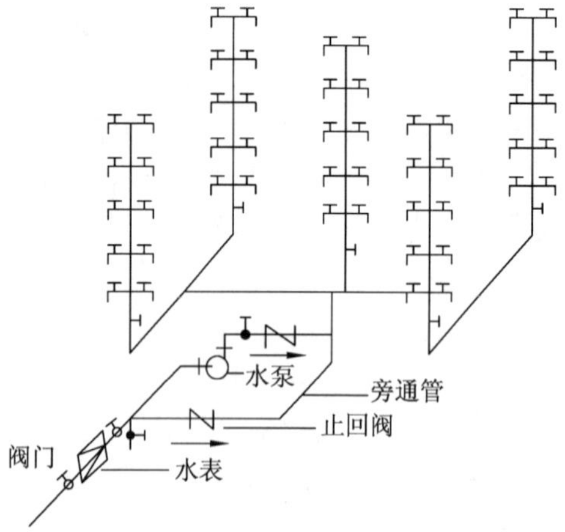

图 1-1-7 单设水泵的给水方式

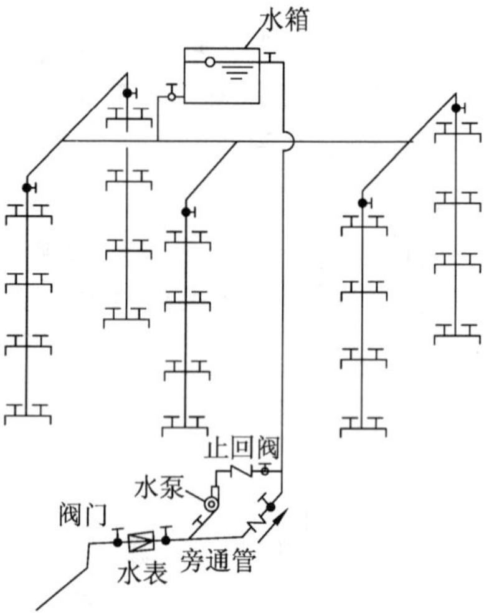

图 1-1-8 设水泵水箱的给水方式

1.1.3.5 分区给水方式

在多层、高层建筑物中，外网水压往往只能满足建筑物下面几层的供水压力。为了充分有效地利用室外管网的水压，常将建筑物分成上下两个或多个供水区，如图 1-1-9 所示。下区利用城市管网直接供水，上区则由贮水池、水泵、水箱联合供水。两区间可由一根或几根立管连通，在分区处装设阀门，必要时可使整个管网全由水箱供水或由室外管网直接向水箱充水。这种给水方式对建筑物低层设有洗衣房、浴室、大型餐饮业等用水量较大的建筑物尤有经济意义。

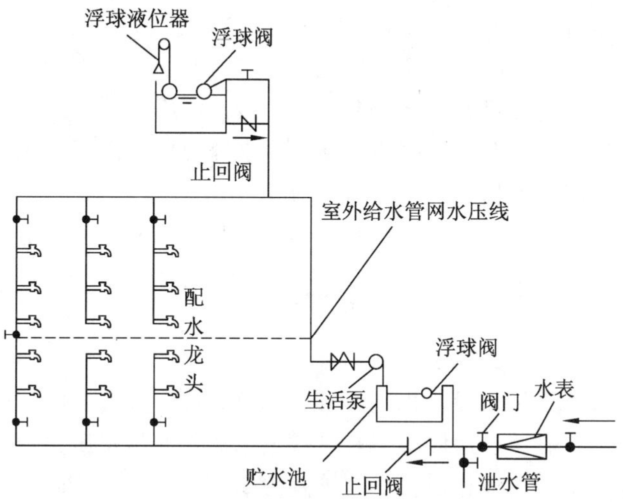

图 1-1-9 分区给水方式

1.1.3.6 设气压给水设备、变频调速给水设备的给水方式

当室外管网压力低于或经常不能满足室内所需水压，室内用水不均匀，且建筑物不宜设置高位水箱时，可采用气压给水设备给水方式，如图 1-1-10 所示。这种给水方式即在给水系统中设置气压给水设备，利用该设备气压水罐内气体的可压缩性，协同水泵共同增压供水。气压水罐的作用等同于高位水箱，但其位置可根据需要较灵活地设在高处或低处。

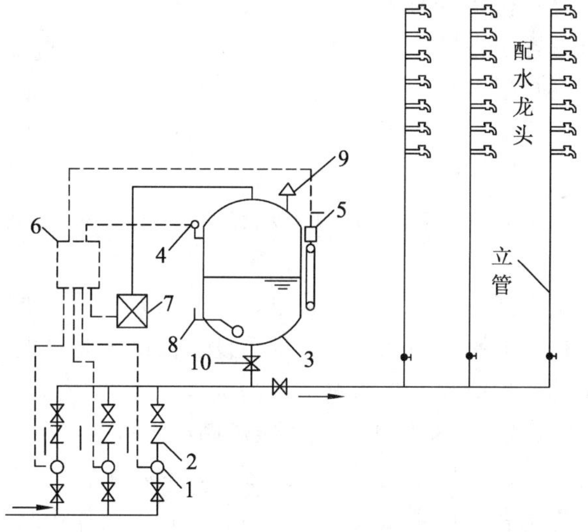

1—水泵；2—止回阀；3—气压水罐；4—压力信号器；5—液位信号器；
6—控制器；7—补气装置；8—排气阀；9—安全阀；10—阀门

图 1-1-10 气压给水设备

当室外供水管网水压经常不足、建筑内用水量较大且不均匀、要求可靠性较高、水压恒定时，或者建筑物顶部不宜设高位水箱时，可以采用变频调速给水设备进行供水。这种给水方式可省去屋顶水箱，水泵效率较高，但一次性投资较大。

1.1.3.7 高层建筑给水方式

以上介绍的 6 种给水方式是最基本的给水方式，高层建筑给水方式就是用上述最基本的给水方式采取组合、并联、接力等方法而形成的。

1. 分区的原因

（1）不分区水压过高，打开水龙头会水花四溅，使用不便。

（2）不分区水压过高，开关水龙头时会产生水锤现象。由于水压波动，造成管道振动产生噪音，进而引起管道松动漏水，甚至损坏。

（3）不分区水压过高，使水龙头、阀门等容易磨损，缩短使用寿命，增加维修工作量。一般来说，最不利卫生器具配水点处的静水压力不宜大于 0.45 MPa，且最大不得大于 0.55 MPa。

2. 分区原则

我国现行《建筑给水排水设计规范》（以下简称《规范》）规定：

（1）常用的住宅、旅馆、医院等，其最低卫生器具的静水压力为 0.3～0.35 MPa。

（2）常用的办公楼、商业楼、教学楼等宜为 0.35～0.45 MPa。

（3）高层建筑生活给水系统的竖向分区，应根据使用要求、设备材料性能、维护管理条件、建筑高度等综合因素合理确定。一般最低卫生器具配水点处的静水压力不宜大于 0.45 MPa，且最大不得大于 0.55 MPa。

3. 目前我国高层建筑常用的给水方式

1）并联给水方式（并联水泵水箱给水方式、并联气压给水设备给水方式）

并联水泵、水箱给水方式是每一分区分别设置一套独立的水泵和高位水箱向各区供水。其水泵一般集中设置在建筑的地下室或底层。

这种方式的优点是各区自成一体，互不影响；水泵集中，管理维护方便；运行动力费用较低。缺点是水泵数量多，耗用管材较多，设备费用偏高；分区水箱占用楼房空间多；有高压水泵和高压管道。

2）串联给水方式

串联给水方式是水泵分散设置在各区的楼层之中，下一区的高位水箱兼作上一区的贮水池。

这种方式的优点是无高压水泵和高压管道；运行动力费用经济。其缺点是水泵分散设置，连同水箱所占楼房的平面空间较大；水泵设在楼层，对防振、隔音要求高，且管理维护不方便；若下部发生故障，将影响上部的供水。

3）减压给水方式（减压水箱给水方式、减压阀给水方式）

减压水箱给水方式是由设置在底层（或地下室）的水泵将整幢建筑的用水量提升至屋顶水箱，然后再分送至各分区水箱，分区水箱起到减压的作用。

这种方式的优点是水泵数量少，水泵房面积小，设备费用低，管理维护简单；各分区减压水箱容积小。其缺点是水泵运行动力费用高；屋顶水箱容积大；建筑物高度大、分区较多时，下区减压水箱中浮球阀承压过大，易造成关闭不严的现象；上部某些管道部位发生故障时，将影响下部的供水。

减压阀给水方式的工作原理与减压水箱给水方式相同，不同之处是用减压阀代替减压水箱。

1.1.4 建筑给水系统常用管材

室内给水管材分为金属和非金属两大类，总的要求有三个方面：一是要有一定的机械强度和刚度；二是管材内外表面光滑，水力条件好；三是易加工，且有一定的耐腐蚀能力。在保证质量的前提下，应选择价格低廉、货源充足、供货近便的管材。

给水管材

1.1.4.1 塑料管

随着我国科学技术和生产工艺的不断提高，塑料类新型管材不断涌现，目前常用的有聚氯乙烯管（UPVC）、聚乙烯管（PE）[包括高密度聚乙烯管（HDPE）和交联聚乙烯管（PEX）]、聚丙烯管（PP）、改性聚丙烯管（PPR）、聚丁烯管（PB）和工程塑料管（ABS）。

塑料管具有良好的化学稳定性，耐腐蚀，不受酸、碱、盐、油类等物质的侵蚀；物理机械性能也很好，不燃烧、无不良气味、质轻且坚，比重仅为钢的五分之一，运输安装方便；管壁光滑，水流阻力小；容易切割，还可制造成各种颜色。当前，已有专供输送热水使用的塑料管，其使用温度可达 95 ℃。为防止管网水质污染、减轻劳动强度、节约钢材，《规范》已经限制金属管材在建筑中的使用，大力推广使用塑料管材。

1.1.4.2 给水铸铁管

给水铸铁管与钢管相比，有不易腐蚀、造价低、使用期长等优点。因此，在管径大于 75 mm 的给水管中应用较广，常敷设于地下，其主要缺点是性脆、重量大、长度小。

我国生产的给水铸铁管有低压管（≤0.45 MPa）、普压管（≤0.75 MPa）、高压管（≤1.0 MPa）三种。室内给水管道一般使用普压给水铸铁管，实际选用时应根据管道的工作压力来确定。其规格（按公称直径）有 75 mm、125 mm、150 mm、200 mm 等。

1.1.4.3 钢管

钢管有焊接钢管、无缝钢管两种。

焊接钢管又分镀锌焊接钢管和不镀锌焊接钢管。钢管镀锌的目的是防锈、防腐、避免水质变坏，延长使用年限。所谓镀锌焊接钢管，应当是热浸镀锌生产的产品，钢管的强度高，承受流体的压力大，抗震性能好，长度大、接头较少，韧性好，加工工艺简单，安装方便，重量比铸铁管轻；但抗腐蚀性差，易影响水质。因此，虽然以前在建筑给水中普遍使用钢管，但现在冷浸镀锌钢管已被淘汰，热浸镀锌钢管在建筑工程中大多使用在自动喷淋灭火系统中，在生活给水系统中已禁止使用；不镀锌钢管大多使用在消火栓系统中。

无缝钢管耐压高，因此，当系统压力高而镀锌钢管不能满足要求时，可采用无缝钢管。无缝钢管常用于高层建筑和消防工程中。

1.1.4.4 其他管材

1. 铜管

铜管不易被污染，光亮美观、使用寿命长、配套齐全。我国几十年的使用情况验证其效果优良，但管材价格较高，现在多用于宾馆等较高级的建筑冷热水供应中。

2. 铝塑复合管

铝塑复合管是中间以铝合金为骨架、内外壁均为聚乙烯等塑料的管道。它除具有塑料管的优点外，还有耐压强度好、耐热、可挠曲、接口少、安装方便、美观等优点。目前，管材规格大多为DN15～50，多用于建筑给水系统和热水系统中。

3. 钢塑复合管

钢塑复合管有衬塑和涂塑两类，兼有钢管强度高和塑料管耐腐蚀，保持水质的优点。它广泛应用于高层建筑中，但要特别注意钢、塑热胀冷缩问题。

1.1.5 管道附件及设备

管道附件分为配水附件和控制附件两类。它在系统中起调节水量、水压，控制水流方向和关断水流等作用。

1.1.5.1 配水附件

配水附件的作用是开启、关闭水流和部分调节水流量。

1. 普通水龙头

截止阀式配水龙头，一般安装在洗涤盆、污水盆、盥洗槽上，如图 1-1-11（a）所示。该龙头阻力较大，其橡胶衬垫容易磨损而漏水。铸铁式该种水龙头属逐步淘汰队列。瓷片式配水龙头，采用陶瓷片阀芯代替橡胶衬垫，解决了普通水龙头的漏水问题，是铸铁式配水龙头的替代产品。

旋塞式配水龙头，该龙头旋转 90°即完全开启，可在短时间内获得较大流量，阻力也较小；缺点是易产生水击，适用于用水量较大的浴池、洗衣房、开水间等处，如图 1-1-11（b）所示。

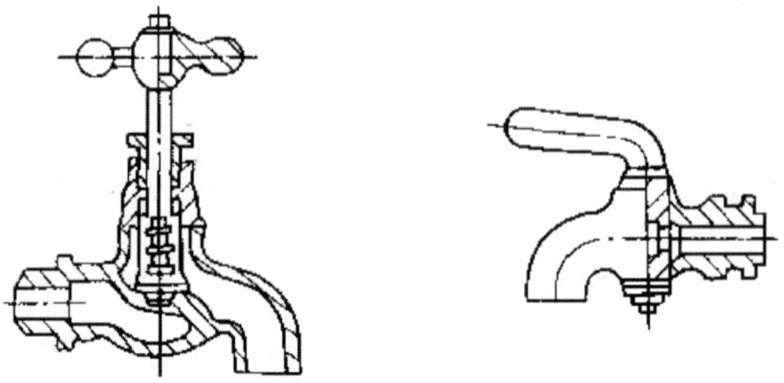

(a) 截止阀式配水龙头　　(b) 旋塞式配水龙头

图 1-1-11　配水龙头

2. 盥洗龙头

盥洗龙头装设在洗脸盆上用于开闭冷热水，有莲蓬头式、鸭嘴式、角式、长脖式等多种形式。

3. 混合龙头

混合龙头以冷热水调节为目的，供盥洗、洗涤、沐浴等使用。该类产品式样繁多，质量、价格悬殊较大。

1.1.5.2 控制附件

控制附件是指系统中的各种阀门，主要用于管道中的流量调节、开闭水流和控制水流方向等，如图 1-1-12 所示。

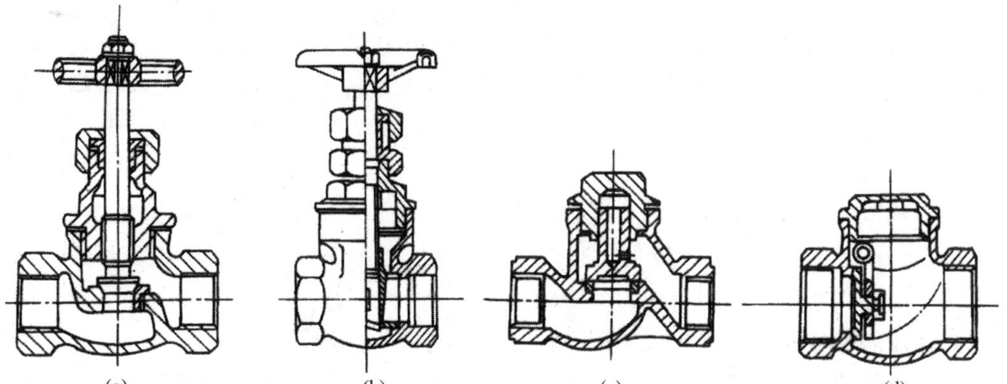

(a) (b) (c) (d)

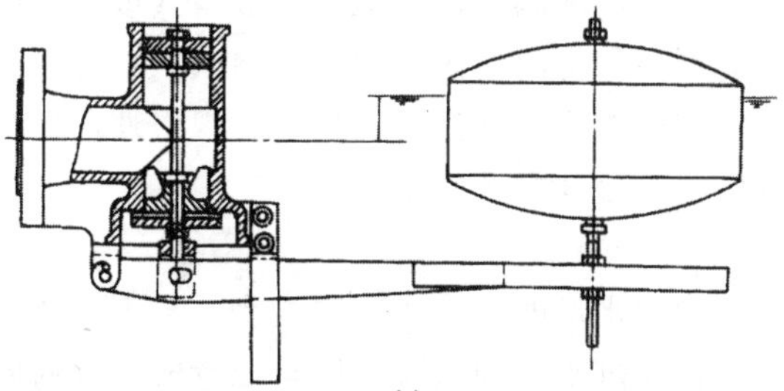

(e)

图 1-1-12 控制附件

室内给水工程中常用的阀门如下：

1. 截止阀

截止阀如图 1-1-12（a）所示，是最常用的阀门之一，一般用于 DN≤50 mm 的管道上。它具有方向性，因此，安装时应使阀门上的“箭头”与管道水流方向一致，即“低进高出”。截止阀结构简单，密封性能好，检修方便；但水流通过时，阻力较大。

2. 闸阀

闸阀又称“水门”，如图 1-1-12（b）所示，属全开全闭型阀门，应尽量不作调节流量之用。这是最常用的阀门之一，一般用于 DN≥70 mm 的管道上。闸阀流体阻力小，安装没有方向性的要求，但闸板易擦伤而影响密封性能，还易被杂质卡住造成开闭困难。

3. 止回阀

止回阀又称单向阀、逆止阀，如图 1-1-12（c）（d）所示，用来阻止水流的逆向流动。如用于水泵出口的压水管路上，防止停泵时水倒流造成对水泵、电机的损害。常用的止回阀主要有升降式和旋启式两种类型。前者水流阻力较大，宜用于小管径的水平管道上；后者在水平、垂直管道上均可设置，它启闭迅速，但易引起水击，不宜在压力大的管道系统中采用。

4. 浮球阀

浮球阀是一种用以自动控制水池、水箱水位的阀门，防止溢流浪费的设备。其缺点是体积较大，阀芯易卡住引起关闭不严而溢水。与浮球阀功用相同的还有液压水位控制阀，它克服了浮球阀的弊端，是浮球阀的升级换代产品，如图 1-1-12（e）所示。

5. 减压阀

减压阀的作用是降低水流压力。在中高层建筑中使用它，可以简化给水系统，减少水泵数量或减压水箱，可增加建筑的使用面积，降低投资，防止水质的二次污染。常用的有弹簧式减压阀和活塞式减压阀（也称比例式减压阀）。

减压阀选用注意事项：

（1）蒸汽减压阀的阀前与阀后压力之比不应超过 5～7，超过时应串联安装 2 个。

（2）如阀后蒸汽压力 P_2 较小，通常宜采用两级减压，以减少噪音和振动。

（3）活塞式减压阀的阀后压力不应小于 100 kPa，如必须减至 70 kPa 以下时，应在活塞式减压阀后增设波纹管式减压阀或截止阀进行两次减压。

（4）当阀前与阀后的压差值为 100～200 kPa 时，可串联安装两个截止阀进行减压。

（5）减压阀产品样本中列出的阀孔面积值，一般指其最大截面积，实际流通面积将小于此值，故按计算（或查表）得出的阀孔面积选用减压阀时，应适当留有余地。

（6）选用蒸汽或压空减压阀时，除注明其型号、规格外，还应注明阀前后压差值及安全阀的开启压力，以便厂家合理配备弹簧。

1.1.5.3 水表

水表是一种计量建筑物用水量的仪表。室内给水系统中广泛采用流速式水表。流速式水表是根据管径一定时，通过水表的水流速度与流量成正比的原理来测量的。水流通过水表时推动翼轮旋转，翼轮轴传动一系列联动齿轮（减速装置），再传递到记录装置，在刻度盘指针指示下便可读到流量的累积值。

流速式水表按叶轮构造不同，分为旋翼式和螺翼式，如图 1-1-13 所示。旋翼式的翼轮转轴与水流方向垂直，水流阻力较大，多为小口径水表，宜用于测量小的流量。螺翼式的翼轮转轴与水流方向平行，阻力较小，适用于测量大流量，为大口径水表。复式水表是旋翼式和螺翼式的组合形式，在流量变化很大时采用。流速式水表按计数机件所处的状态又分为干式和湿式两种。

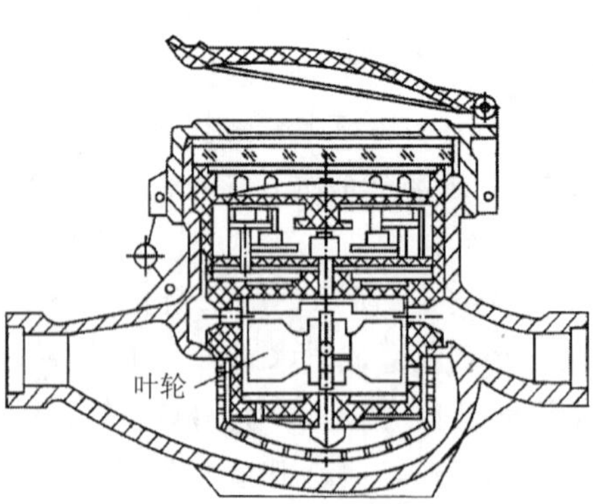

(a) 旋翼式

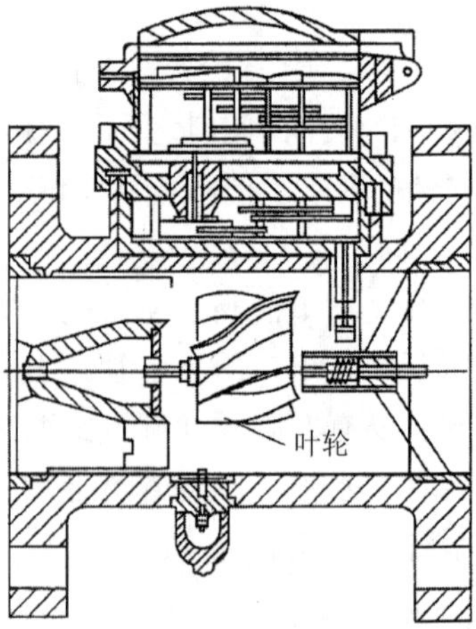

(b) 螺翼式

图 1-1-13　流速式水表

水表的特性参数如下：

(1) 流通能力：水流通过水表产生 10 kPa 水头损失时的流量。

(2) 特性流量：水表中产生 100 kPa 水头损失时的流量值。

(3) 最大流量：只允许水表在短时间内承受的上限流量值。

(4) 额定流量：水表可以长时间正常运转的上限流量值。

(5) 最小流量：水表能够开始准确指示的流量值，是水表正常运转的下限值。

(6) 灵敏度：水表能够开始连续指示的流量值。

确定水表类型应当考虑的因素有水温、工作压力、水量大小及其变化幅度、计量范围、管径、工作时间、单向或正逆向流动、水质等。一般管径≤50 mm 时，应采用旋翼式水表；管径>50 mm 时，应采用螺翼式水表；当流量变化幅度很大时，应采用复式水表；计量热水时，宜采用热水水表；一般情况下，应优先采用湿式水表。

1.1.5.4 水泵

水泵是给水工程中最主要的增压设备，一般采用离心泵。离心泵具有结构简单、体积小、效率高、运转平稳等优点，故在建筑设备工程中得到广泛应用。离心泵装置主要由泵壳、泵轴、叶轮、吸水管、压水管等部分组成，如图 1-1-14 所示。

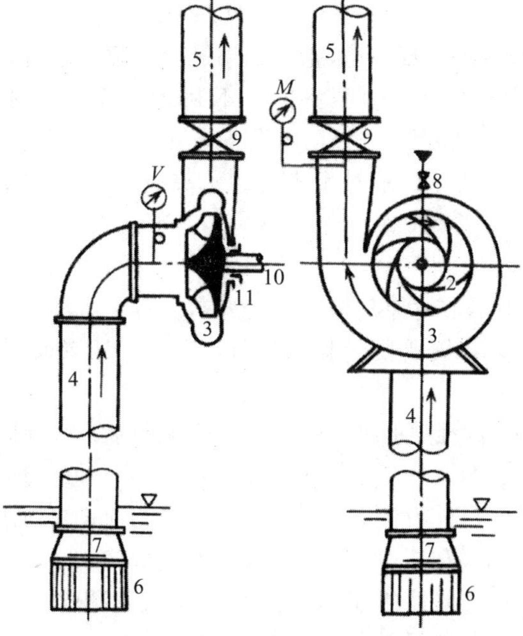

1—工作轮；2—叶片；3—泵壳；4—吸水管；5—压水管；6—拦污栅；7—底阀；8—加水漏斗；9—阀门；10—泵轴；11—填料函；M—压力计；V—真空计

图 1-1-14 离心泵装置图

1. 离心泵的工作过程

首先从加水漏斗 8 处向水泵内充满水，启动水泵叶轮 1、2 高速转动，在离心力的作用下，叶片槽道中的水从叶轮中心被甩向泵壳 3，使水获得动能。由于泵壳的断面是逐渐扩大的，所以水进入泵壳后流速逐渐减小，部分动能转化为压能，因而泵出口处的水便具有较高的压力，流入压水管路 5。在水被甩走的同时，水泵中心及进口处形成真空，由于大气压力的作用，将吸水池中的水通过吸水管 4 压向水泵进口，进而流入泵体。由于电动机带动叶轮连续地运转，即可不断地将水压送到各用水点或高位水箱。

2. 水泵流量和扬程的确定

水泵流量和扬程的确定最关键的是，在节能的前提下，确保水量和压力满足用户的需要，并使水泵在大部分时间保持在水泵的高效区段运行。

1）水泵流量的确定

在生活、生产给水系统中，当无水箱调节时，其流量均应按设计秒流量确定；当有水箱调节时，水泵流量应按最大小时流量确定；当调节水箱容积较大且用水量均匀时，水泵流量可按平均小时流量确定。消防水泵的流量应按室内消防设计水量确定。

2）水泵扬程的确定

当水泵从贮水池吸水向室内管网输水时，其扬程由下式确定：

$$H_b \geqslant H_z + H_s + H_c \tag{1-2}$$

当水泵从贮水池吸水向室管网中的高位水箱输水时，其扬程由下式确定：

$$H_b \geqslant H_z + H_s + H_v \tag{1-3}$$

当水泵直接由室外管网吸水向室内管网输水时，其扬程由下式确定：

$$H_b \geqslant H_z + H_s + H_c + H_y - H_0 \tag{1-4}$$

式中，H_b 为水泵扬程，kPa；H_z 为水泵吸入端最低水位至室内管网中最不利点所要求的静水压，kPa；H_s 为水泵吸入口至室内最不利点的总水头损失（含水表的水头损失），kPa；H_c 为室内管网最不利点处用水设备的流出水头，kPa；H_v 为水泵出水管末端的流速水头，kPa；H_y 为水流通过水表时的水头损失，kPa；H_0 为室外给水管网所能提供的最小压力，kPa。1 MPa＝1000 kPa＝100 mH_2O。

3. 水泵机组的布置

(1) 水泵机组一般设置在水泵房内，泵房要求防震、防噪声，并有良好的通风、采光、防冻和排水条件；其布置要便于起吊设备，布置间距要便于检修时拆卸和放置泵体、电机。

(2) 每台水泵一般应设独立的吸水管，且应管顶平接；水泵装置宜设计成自控运行方式，消防泵应设计成自灌式，生活、生产水泵尽可能设计成自灌式。自灌式水泵的吸水管上应装设阀门。在不可能设计成自灌式时，水泵均应设置引水装置；每台水泵的出水管上应装设阀门、止回阀和压力表，并宜有防水击措施。

水泵正常运行对于吸水管路的基本要求是不漏气、不积气、不吸气，但在实际管路布置及施工时往往忽视了某些局部做法，导致水泵不能完全正常运行。如图 1-1-15 所示的四种布置方式，在施工中认为不是重要因素，可在实用中正好是导致水泵不能正常运行的重要因素。

(3) 水泵基础应高出地面 0.1～0.3 m；与水泵连接的管道应力求短、直，吸水管内的流速宜控制在 1.1 ～1.2 m/s 范围内，出水管内的流速宜控制在 1.5～2.0 m/s 范围内，且应在出水管上安装闸阀和止回阀。

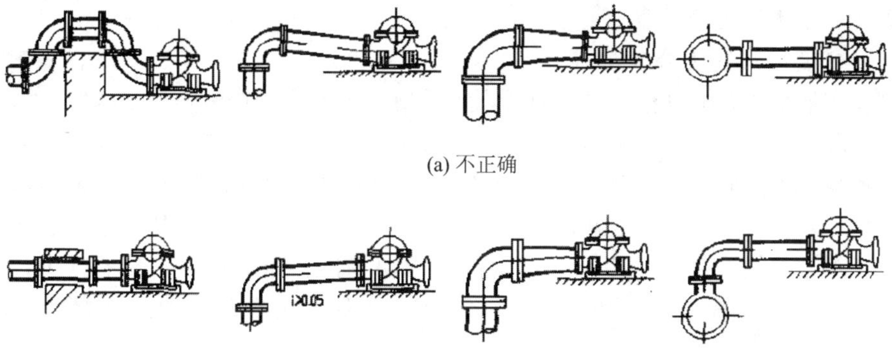

(a) 不正确

(b) 正确

图 1-1-15 水泵吸水管安装

（4）应尽量选用低噪声水泵，水泵基座下宜安装橡胶隔振垫、橡胶隔振器、橡胶减振器、弹簧减振器等隔振减振装置，参照《卧式水泵隔振及其安装》标准图集（88SS657）。在水泵进出水管上宜安装可曲挠橡胶接头。管道支架宜采用弹性吊架、弹性托架。基础隔振、管道隔振和支架隔振三者必须配齐，其中，隔振垫的面积、层数、个数和可曲挠接头的数量必须经过计算。水泵隔振安装结构如图 1-1-16 所示。管道穿墙或楼板处，应有防振措施，其孔口外径与管道间宜填以玻璃纤维。隔振为主、吸音为辅是水泵隔振的原则；但在有条件和必要时，建筑上可采取隔振和吸音措施。如泵房采用双层玻璃窗，门和墙面、顶棚安装多孔吸音板等。

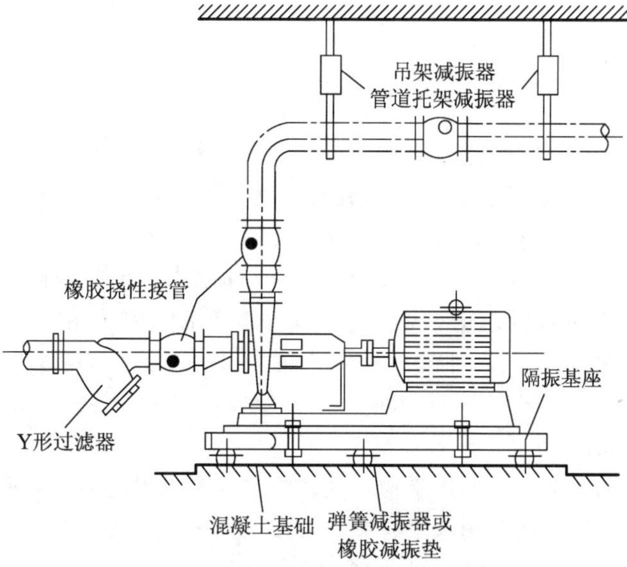

图 1-1-16 水泵隔震安装结构示意图

1.1.5.5 气压给水设备

气压给水设备是利用密闭贮罐内空气的可压缩性，将其设计放置在给水系统中，进行贮存、调节、压送水量和保持水压的装置，其作用相当于高位水箱或水塔。

气压给水设备一般由气压罐、水泵、空气压缩机、控制系统、管路系统等组成。

1. 气压给水设备的类型

1）补气变压式气压给水设备

当用户允许供水压力有一定波动时，宜采用这种方式，这也是给水系统中常用的一种方式。

当罐内压力较小（如为 P_1）时，水泵向室内给水系统加压供水。水泵出水除供用户使用外，多余部分进入气压罐，罐内水位上升，空气被压缩。当压力达到较大（如为 P_2）时，水泵停止工作，用户所需的水由气压罐提供。随着罐内水量的减少，空气体积膨胀，压力逐渐降低，当压力降至 P_1 时，水泵再次启动。如此往复，实现供水目的。

2）补气定压式气压给水设备

在用户要求水压稳定时，可在变压式气压给水装置的供水管上安装压力调节阀。调节后，水压维持在要求范围内，使管网在恒压下工作。

上述两种补气装置的进气口均应设空气过滤装置，以防水质污染。

3）隔膜式气压给水设备

隔膜式气压给水设备是在气压水罐中设置胶质弹性隔膜，将气水分离，既使气体不会溶于水中，又使水质不易被污染，补气装置也就不需设置，从而减少了机房面积，节约了基建投资。

2. 气压给水设备的计算

气压水罐总容积的计算公式如下：

$$V=\frac{\beta V_x}{1-\alpha_b} \tag{1-5}$$

$$V_x=\frac{Cq_b}{4n} \tag{1-6}$$

式中，V 为实际采用的气压水罐总容积，m^3。V_x 为实际采用的气压罐调节容积，m^3。q_b 为平均工作压力时，配套水泵的计算流量，其值不应小于管网最大小时流量的 1.2 倍；当由几台水泵并联运行时，为最大一台水泵的流量，m^3/h。n 为水泵 1 小时内最大启动次数，一般采用 6～8 次。α_b 为工作压力比，即罐内最低与最高工作压力之比，宜采用 0.65～0.85，有特殊要求时，也可在 0.5～0.9 范围内选用。β 为容积附加系统，补气式卧式水罐宜采用 1.25，补气式立式水罐宜采用 1.10，隔膜式气压水罐宜采用 1.05。C 为安全系数，宜采用 1.5～2.0。

1.1.5.6 贮水池

贮水池是贮存和调节水量的构筑物，其容积与水源供水能力、生活（生产）调节水量、消防贮水量和生产事故备用水量有关，可按下列公式计算：

$$V=(Q_b-Q_g)T_b+V_x+V_s \tag{1-7}$$

$$Q_gT_t\geqslant(Q_b-Q_g)T_b \tag{1-8}$$

式中，V 为贮水池原有容积，m^3；Q_b 为水泵出水量，m^3/h；Q_g 为水源的供水能力，m^3/h；T_b 为水泵最长连续运行时间，h；T_t 为水泵运行的间隔时间，h；V_x 为消防贮水量，m^3（应根据消防要求，以火灾延续时间内所需消防用水量计）；V_s 为生产事故备用水量，m^3（应根据用户安全供水要求、中断供水的后果和城市给水管网停水可能性等因素确定)。

当资料不足时，贮水池调节容积（Q_b-Q_g）T_b 宜按不小于建筑物最高日用水量的10%确定。

贮水池可布置在室内地下室或室外泵房附近，但必须远离化粪池、厕所、厨房等卫生环境不良的房间，且应有防污染的技术措施；消防用水与生活、生产用水合用一个贮水池时，应有保证消防贮水不被动用的措施；昼夜用水的建筑物贮水池和贮水池容积大于 500 m^3 时，应分成两格，以便清洗、检修。建筑物内的生活用贮水池应采用独立结构形式，且要满足不得利用建筑物的本体结构作为水池（箱）的壁板、底板及顶盖。

贮水池进出水管设计应使水池内水经常流动，无死水区；溢流管宜比进水管大一号；贮水池的设置高度应有利于水泵自吸；贮水池还应设置放空管、人孔、通气管和水位信号装置，但必须保证避免污物、飞虫、小动物进入池内，造成水质污染。

1.1.5.7 吸水井

当不需要设置贮水池而室外管网又不允许直接抽水时，宜设置吸水井。吸水井的容积应大于最大一台水泵 3 分钟的出水量。吸水井可设在室内底层或地下室，也可设在室外地下或地上，对于生活用吸水井，应有防污染的措施。吸水井的尺寸应满足吸水管的布置、安装和水泵正常工作的要求，吸水管在井内布置的最小尺寸如图 1-1-17 所示。

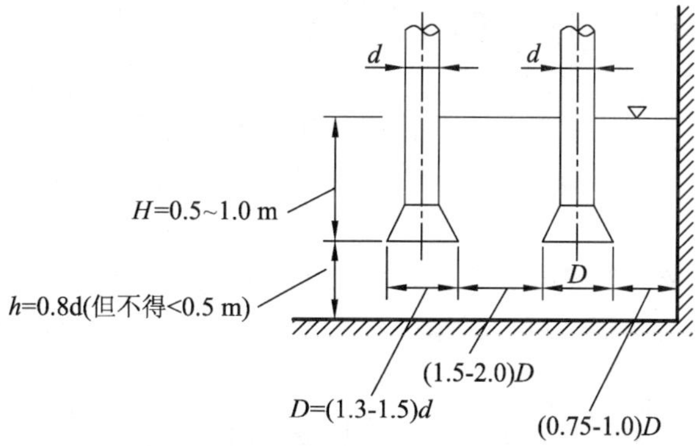

图 1-1-17 吸水管在吸水池中布置的最小尺寸

1.1.5.8 水箱

水箱按用途分为高位水箱、减压水箱、冲洗水箱、断流水箱等多种类型，每种又有圆形、矩形两种。水箱按材质分为钢筋混凝土、钢板、不锈钢、玻璃钢和塑料等多种材质水箱。这里主要介绍常用的高位水箱。

1. 水箱的配管与附件

水箱的配管与附件如图 1-1-18 所示。

进水管：进水管一般由水箱侧壁接入。当水箱直接利用室外管网压力进水时，进水管出口应装设液压水位控制阀或浮球阀，进水管上还应装设检修用的阀门。当管径≥50 mm 时，液压水位控制阀（或浮球阀）不少于 2 个。从侧壁进入的进水管其中心距箱顶应有 150～200 mm 的距离。当水箱由水泵供水，并利用水位升降自动控制水泵运行时，不应装设液压水位控制阀或浮球阀。进水管的管径可按水泵出水量或管网设计秒流量确定。

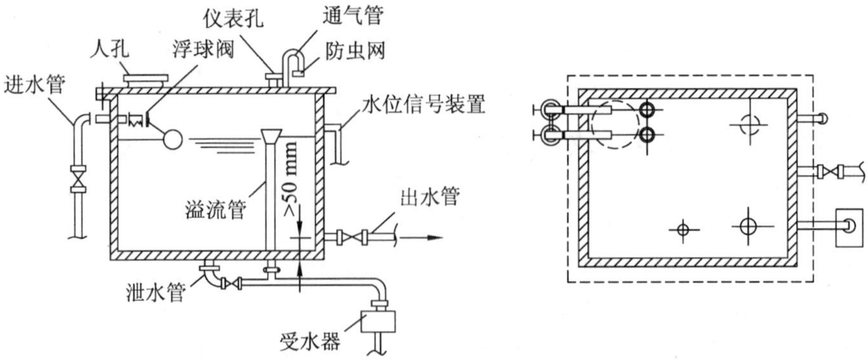

图 1-1-18　水箱配管与附件示意图

出水管：出水管可从侧壁或底部接出，出水管内底或管口应高出水箱内底 50 mm 以上；出水管不宜与进水管在同一侧面；水箱进出水管宜分别设置；如合用一根管道，则应在出水管上装设阻力较小的旋启式止回阀，止回阀的标高应低于水箱最低水位 1.0 m以下；消防和生活合用的水箱除了确保具有消防贮备水量不作他用的技术措施外，还应尽量避免产生死水区。出水管管径应按设计秒流量确定。

溢流管：水箱溢流管可从水箱底部或侧壁接出，溢流管的进水口应高出水箱最高水位 20～30 mm ，溢流管上不允许设置阀门，溢流管出口应设网罩，管径应比进水管大一级。

泄水管：也叫放空管，主要是为了检修、清洗水箱之用。泄水管应自底部接出，管上应装设闸阀，其出口可与溢水管相接，但不得与排水系统直接相连，其管径为 40～50 mm。

水位信号装置：该装置是反映水位控制阀失灵报警的装置。可在溢流管口下 10 mm 设信号管，一般自水箱侧壁接出，常用管径为 15～20 mm，其出口接至经常有人值班的房间内的洗涤盆上。

通气管：供生活饮用贮水的水箱，当贮量较大时，宜在箱盖上设通气管，以便箱内空气流通。其管径一般≥50 mm，管口应朝下并设网罩。

人孔：为便于清洗、检修，箱盖上应设人孔。

2. 水箱容积

水箱容积应根据水箱进出水量变化曲线确定，但此曲线资料获取很难，一般按经验估算。对于生活用水的调节水量，如水泵自动运行时，可按最高日用水量的 5%～10% 计算，如水泵为人工操作时，可按最高日用水量的 12%计算；单设水箱的给水方式，生活用水的调节水量可按最高日用水量的 50%～100%计算（最高日用水量小的建筑物）或 25%～30%计算（最高日用水量大的建筑物）；生产事故备用水量应按工艺要求确定；当生活和生产调节水箱兼作消防用水贮备时，水箱的有效容积除包括生活或生产调节水量外，还应包括 10 分钟的室内消防设计流量（这部分水量平时不能动用）。

水箱内的有效水深一般采用 0.70～2.50 m。水箱的保护高度一般为 200 m。

3. 水箱的设置高度

水箱底距地面宜有不小于 800 mm 的净空高度，以便安装管道和进行检修。水箱的设置高度具体可由下式计算：

$$H \geqslant H_s + H_c \tag{1-9}$$

式中，H 为水箱最低水位至配水最不利点位置高度所需的静水压，kPa；H_s 为水箱出口至最不利点管路的总水头损失，kPa；H_c 为最不利点用水设备的流出水头，kPa。

贮备消防水量的水箱，当满足消防设备所需压力有困难时，应采取设置增压泵等措施。

4. 金属水箱的安装

用槽钢梁或钢筋混凝土支墩支承。为防止水箱底与支承的接触面腐蚀，要在它们之间垫以石棉橡胶板、橡胶板或塑料板等绝缘材料。水箱底距地面宜有不小于 800 mm 的净空高度以便安装管道和进行检修。

1.1.6 室内给水设计流量及管网水力计算

1.1.6.1 给水设计流量

建筑内用水包括生活、生产和消防用水三部分。用户对给水的要求分为水质、水量和水压三个方面。不同的用水户，对这三方面有着不同的要求，见表 1-1-2。

表 1-1-2 住宅最高日生活用水定额及小时变化系数

住宅类别		卫生器具设置标准	用水定额/[L/(人·d)]	小时变化系数
普通住宅	Ⅰ	有大便器、洗涤盆	85～150	3.0～2.5
	Ⅱ	有大便器、洗脸盆、洗涤盆、洗衣机、热水器和沐浴设备	130～300	2.8～2.3
	Ⅲ	有大便器、洗脸盆、洗涤盆、洗衣机、集中热水供应（或家用热水机组）和沐浴设备	180～320	2.5～2.0
别墅		有大便器、洗脸盆、洗涤盆、洗衣机、洒水栓、家用热水机组和沐浴设备	200～350	2.3～1.8

注：① 当地主管部门对住宅生活用水定额有具体规定时，应按当地规定执行。
② 别墅用水定额中含庭院绿化用水和汽车洗车用水。

1. 建筑内用水情况和用水定额

1）生活用水

生活用水是指饮用、烹饪、洗涤、清洁卫生用水。它包括居住建筑和公共建筑用水以及工业企业职工在厂内的生活饮用水和淋浴用水等。生活饮用水的水质应符合现行的国家标准《生活饮用水卫生标准》（GB5749—2006）的要求，当采用生活杂用水作为大便器和小便器的冲洗用水时，其水质应符合《生活杂用水水质标准》（CJ—T48—1999）的要求。

生活用水量受当地气候、建筑物使用性质、卫生器具和用水设备的完善程度、使用者的生活习惯及水价等多种因素的影响，一般是不均匀的。

对于生活用水，应根据现行的《建筑给水排水设计规范》中规定的用水定额（表 1-1-2、表 1-1-3）作为依据，进行计算。

表 1-1-3　集体宿舍、旅馆和公共建筑生活用水定额及小时变化系数

序号	建筑物名称	单位	最高日生活用水定额/L	使用时间/h	小时变化系数
1	单身职工宿舍、学生宿舍、招待所、培训中心、普通旅馆			24	3.0～2.5
	设公用盥洗室	每人每日	50～100		
	设公用盥洗室、淋浴室	每人每日	80～130		
	设公用盥洗室、淋浴室、洗衣室	每人每日	100～150		
	设单独卫生间、公用洗衣室	每人每日	120～200		
2	宾馆客房			24	2.5～2.0
	旅客	每床位每日	250～400		
	员工	每人每日	80～100		
3	医院住院部				
	设公用盥洗室	每床位每日	100～200	24	2.5～2.0
	设公用盥洗室、淋浴室	每床位每日	150～250	24	2.5～2.0
	设单独卫生间	每床位每日	250～400	24	2.5～2.0
	医务人员	每人每班	150～250	8	2.0～1.5
	门诊部、诊疗所	每病人每次	10～15	8～12	1.5～1.2
	疗养院、休养所住房部	每床位每日	200～300	24	2.0～1.5
4	养老、托老所				
	全托	每人每日	100～150	24	2.5～2.0
	日托	每人每日	50～80	10	2.0
5	幼儿园、托儿所				
	有住宿	每儿童每日	50～100	24	3.0～2.5
	无住宿	每儿童每日	30～50	10	2.0
6	公共浴室				2.0～1.5
	淋浴	每顾客每次	100	12	
	浴盆、淋浴	每顾客每次	120～150	12	
	桑拿浴（淋浴、按摩池）	每顾客每次	150～200	12	
7	理发室、美容院	每顾客每次	40～100	12	2.0～1.5
8	洗衣房	每千克干衣	40～80	8	1.5～1.2
9	餐饮业				
	中餐酒楼	每顾客每次	40～60	10～12	1.5～1.2
	快餐店、职工及学生食堂	每顾客每次	20～25	12～16	1.5～1.2
	酒吧、咖啡馆、茶座、卡拉 OK 房	每顾客每次	5～15	8～18	1.5～1.2
10	商场 员工及顾客	每平方米营业厅面积每日	5～8	12	1.5～1.2
11	办公楼	每人每班	30～50	8～10	1.5～1.2
12	教学、实验楼				
	中小学校	每学生每日	20～40	8～9	1.5～1.2
	高等院校	每学生每日	40～50	8～9	1.5～1.2
13	电影院、剧院	每观众每场	3～5	3	1.5～1.2

续表

序号	建筑物名称	单位	最高日生活用水定额/L	使用时间/h	小时变化系数
14	健身中心	每人每次	30～50	8～12	1.5～1.2
15	体育场（馆） 运动员淋浴 观众	 每人每次 每人每场	 30～40 3	 — 4	 3.0～2.0 1.2
16	会议厅	每座位每次	6～8	4	1.5～1.2
17	客运站旅客、展览中心观众	每人次	3～6	8～16	1.5～1.2
18	菜市场地面冲洗及保鲜用水	每平方米每日	10～20	8～10	2.5～2.0
19	停车库地面冲洗水	每平方米每次	2～3	6～8	1.0

注：① 除养老院、托儿所、幼儿园的用水定额中含食堂用水，其他均不含食堂用水。
② 除注明外，均不含员工生活用水，员工用水定额为每人每班 40～60 L。
③ 医疗建筑用水中已含医疗用水。
④ 空调用水应另计。

2）生产用水

生产用水是指工业企业生产过程中使用的水，它包括用于冷却设备和产品的冷却用水、生产工艺用水及产品用水等。工业用水的水质要求相差很大，目前我国还没有统一的工业用水标准。因此，工业用水的水质应视各自的具体情况而定。

生产用水量通常按消耗在单位产品上的水量或单位时间内消耗在生产设备上的水量计算确定。

3）消防用水

消防用水是用来扑灭建筑物火灾用的，对其水质没有特殊的要求。建筑火灾的发生具有偶然性，因此，消防用水量应视火灾情形、建筑物类别而定，计算方法详见模块二消火栓给水系统与施工技术。

2. 室内给水设计流量

1）最高日用水量

建筑内生活用水的最高日用水量可按下式计算：

$$Q_{\mathrm{d}}=\frac{\sum m_i \cdot q_{\mathrm{di}}}{1000} \tag{1-10}$$

式中，Q_{d} 为最高日用水量，$\mathrm{m^3/d}$；m_i 为用水单位数，人数、床位数等；q_{di} 为最高日生活用水定额，$L/$（人·d）、$L/$（床·d）。

最高日用水量一般在确定贮水池（箱）容积过程中使用。

2）最大小时用水量

根据最高日用水量，可算出最大小时用水量：

$$Q_{\mathrm{h}}=\frac{Q_{\mathrm{d}} \cdot K_{\mathrm{h}}}{T}=Q_{\mathrm{p}} \cdot K_{\mathrm{h}} \tag{1-11}$$

式中，Q_{h} 为最大小时用水量，$\mathrm{m^3/h}$；T 为建筑物内每天用水时间，h；Q_{p} 为最高日平

均小时用水量，m^3/h；K_h 为小时变化系数。

最大小时用水量一般用于确定水泵流量和高位水箱容积等。

3）生活给水设计秒流量

为保证建筑内部用水，生活给水管道的设计流量应为建筑内部生活给水管网中最大短时流量（卫生器具按最不利情况组合出流时的最大瞬时流量），又称为设计秒流量。它是确定各管段管径、计算管路水头损失，进而确定给水系统所需压力的主要依据。

卫生器具的给水当量：将一个直径为 15 mm 的配水龙头的额定流量 0.2 L/s 作为一个当量，其他卫生器具的给水额定流量与它的比值，即为该卫生器具的给水当量。

当前，我国生活给水管网设计秒流量的计算方法按建筑的性质及用水特点分为三类：

（1）住宅建筑设计秒流量的计算。

① 根据住宅卫生器具给水当量、使用人数、用水定额、使用时数和小时变化系数，《规范》给出了最大用水时卫生器具给水当量平均出流概率公式：

$$U_0=\frac{q_d m K_h}{0.2 N_g T \cdot 3600} \tag{1-12}$$

式中，U_0 为生活给水管道的最大用水时卫生器具给水当量平均出流概率，%；q_d 为最高日生活用水定额，按表 1-1-2、表 1-1-3 确定；m 为每户用水人数；N_g 为每户设置的卫生器具给水当量数，按表 1-1-1 选用；K_h 为小时变化系数；T 为用水时数，h；0.2 为一个卫生器具给水当量的额定流量，L/s。

当某给水干管管段上有两条以上具有不同最大用水时卫生器具给水当量平均出流概率的给水支管时，则该给水干管管段的最大用水时卫生器具给水当量平均出流概率公式：

$$\overline{U}_0=\frac{\sum U_{0i} N_{gi}}{\sum N_{gi}} \tag{1-13}$$

② 根据计算管段上的卫生器具给水当量总数，计算该管段的卫生器具给水当量的同时出流概率：

$$U=\frac{1+\alpha_c (N_g-1)^{0.49}}{\sqrt{N_g}} \tag{1-14}$$

式中，U 为计算管段的卫生器具给水当量同时出流概率，%；α_c 为对应于 U_0 系数，按相关设计手册选用；N_g 为计算管段的卫生器具给水当量总数。

③ 根据计算管段上的卫生器具给水当量同时出流概率，计算得计算管段的设计秒流量：

$$q_g=0.2 U N_g \tag{1-15}$$

式中，q_g 为计算管段的设计秒流量，L/s；

为了快速、简便地计算，在计算出 U_0 后，可根据计算管段的 N_g 值直接查表得出给水设计秒流量（采用内插法）。

（2）集体宿舍、旅馆、宾馆、医院、疗养院、幼儿园、养老院、办公楼、商场、客运站、会展中心、中小学教学楼、公共厕所等建筑的生活给水设计秒流量计算公式如下：

$$q_g = 0.2\alpha\sqrt{N_g} \tag{1-16}$$

式中，q_g 为计算管段的给水设计秒流量，L/s；N_g 为计算管段的卫生器具给水当量总数；α 为根据建筑物用途而定的系数（根据表 1-1-4）。

表 1-1-4　根据建筑物用途而定的系数值（α 值）

建筑物名称	α 值	建筑物名称	α 值
幼儿园、托儿所、养老院	1.2	医院、疗养院、休养所	2.0
门诊部、诊疗所	1.4	集体宿舍、旅馆、招待所、宾馆	2.5
办公楼、商场	1.5	客运站、会展中心、公共厕所	3.0
学校	1.8		

采用上述公式应注意以下 4 点：

① 如计算结果小于该管段上一个最大卫生器具给水额定流量时，应采用一个最大的卫生器具给水额定流量作为设计秒流量。

② 如计算值大于该管段上按卫生器具给水额定流量累加所得流量值时，应按卫生器具给水额定流量累加所得流量值采用。

③ 有大便器延时自闭冲洗阀的给水管段，大便器延时自闭冲洗阀的给水当量均以 0.5 计，计算得到的 q_g 附加 1.10 L/s 的流量后，为该管段给水设计秒流量。

④ 综合楼建筑的 α 值应按加权平均法计算。

（3）工业企业的生活间、公共浴室、职工食堂或营业餐厅的厨房、体育场馆运动员休息室、剧院化妆间、普通理化实验室等建筑的生活给水管道的设计秒流量计算公式如下：

$$q_g = \sum q_e N_0 b \tag{1-17}$$

式中，q_g 为计算管段的给水设计秒流量，L/s；q_e 为同一类型的一个卫生器具给水额定流量，L/s；N_0 为同一类型卫生器具数；b 为卫生器具的同时给水百分数，见表 1-1-5、表 1-1-6、表 1-1-7。

采用上述公式应注意以下两点：

① 如计算值小于该管段上一个最大卫生器具给水额定流量时，应采用一个最大的卫生器具给水额定流量作为设计秒流量；

② 大便器自闭式冲洗阀应单列计算，当单列计算值小于 1.2 L/s 时，以 1.2 L/s 计；大于 1.2 L/s 时，以计算值计。

表 1-1-5　职工食堂、营业餐馆厨房设备同时给水百分数

厨房设备名称	同时给水百分数/%	厨房设备名称	同时给水百分数/%
污水盆（池）	50	器皿洗涤机	90
洗涤盆（池）	70	开水器	50
煮锅	60	蒸汽发生器	100
生产性洗涤机	40	灶台水嘴	30

注：职工或学生饭堂的洗碗台水嘴，按 100%同时给水，但不与厨房用水叠加。

表 1-1-6　实验室化验水嘴同时给水百分数

化验水嘴名称	同时给水百分数（%）	
	科学研究实验室	生产实验室
单联化验水嘴	20	30
双联或三联化验水嘴	30	50

表 1-1-7　工业企业生活间、公共浴室、剧院化妆间、体育场馆运动员休息室等卫生器具同时给水百分数

卫生器具名称	同时给水百分数/%			
	工业企业生活间	公共浴室	剧院化妆间	体育场馆运动员休息室
洗涤盆	33	15	15	15
洗手盆	50	50	50	50
洗脸盆、盥洗槽水嘴	60～100	60～100	50	80
浴盆	—	50	—	—
无间隔淋浴器	100	100	—	100
有间隔淋浴器	80	60～80	60～80	60～100
大便器冲洗水箱	30	20	20	20
大便器自闭式冲洗阀	2	2	2	2
小便器自闭式冲洗阀	10	10	10	10
小便器（槽）自动冲洗水箱	100	100	100	100
净身盆	33	—	—	—
饮水器	30～60	30	30	30
小卖部洗涤盆	—	50	—	50

注：健身中心的卫生间，可采用本表体育场馆运动员休息室的同时给水百分数。

1.1.6.2　管网水力计算

室内给水管道水力计算的目的，在于确定给水管道各管段的管径，求出计算管路通过设计秒流量时各管段产生的水头损失，进而确定室内管网所需水压；复核室外给水管网水压是否满足使用要求，从而选定加压装置所需扬程和高位水箱设置高度。

给水系统水力计算

1. 求定管径

在已知管段设计秒流量时，可按下式计算管径：

$$q_g = Av = \frac{\pi d^2}{4} v \tag{1-18}$$

$$d = \sqrt{\frac{4q_g}{\pi v}} \tag{1-19}$$

式中，q_g 为管段的设计秒流量，m^3/s；A 为管段的过水断面积，m^2；v 为管段中的水流速度，m/s；d 为计算管段的管径，m。

从式（1-19）可以看出，管径和流速成反比。如流速选择过大，所得管径就小，但系统会产生噪声，易引起水击而损坏管道或附件，并增加管网的水头损失，提高建筑内给水系统所需的压力；如流速选择过小，所得管径就大，又将造成管材投资偏大。

因此，管道流速的确定要控制在一定的流速范围内（称为经济流速），使管网系统运行平稳且不浪费。生活或生产给水管道的经济流速按表1-1-8选取，消火栓给水管道的流速不宜大于2.5 m/s；自动喷水灭火系统给水管道的流速不宜大于5 m/s。

表1-1-8 生活与生产给水管道的经济流速

公称直径/mm	15～20	25～40	50～70	≥80
水流速度/(m/s)	≤1.0	≤1.2	≤1.5	≤1.8

对于一般建筑，也可以根据管道所负担的卫生器具当量数，按表1-1-9粗选管径。

表1-1-9 按卫生器具当量数确定管径

卫生器具当量数	3	6	12	20	30	50	75
管径/mm	15	20	25	32	40	50	70

2. 管道压力（水头）损失计算

室内给水管网的压力（水头）损失包括沿程和局部水头损失两部分。

1）沿程水头损失计算

$$h_y = Li \tag{1-20}$$

式中，h_y为管段的沿程水头损失，kPa；L为管段的长度，m；i为管道单位长度的水头损失，kPa/m。

2）局部水头损失计算

$$h_j = \sum \xi \frac{v^2}{2g} \tag{1-21}$$

式中，h_j为管段中局部水头损失之和，kPa；ξ为局部阻力系数；v为管道部件下游的流速，m/s；g为重力加速度，m/ s²。

为了简化计算，管道的局部水头损失之和，一般可以根据经验采用沿程水头损失的百分数进行估算。不同用途的室内给水管网，其局部水头损失占沿程水头损失的百分数如下：

① 生活给水管网为25%～30%。

② 生产给水管网为20%。

③ 消防给水管网为10%。

④ 自动喷淋给水管网为20%。

⑤ 生活、消防共用的给水管网为25%。

⑥ 生活、生产、消防共用的给水管网为20%。

3. 管网水力计算的方法和步骤

根据室内采用的给水方式，在建筑物管道平面布置图的基础上，绘制给水管网的轴测图，再进行水力计算。各种给水管网的水力计算方法和步骤略有差别，现就最常用的给水方式，阐述水力计算步骤和方法。

（1）根据轴测图选择配水最不利点，确定最不利计算管路。若在轴测图中难以判定配水最不利点，则应同时选择几条计算管路，分别计算各管路所需压力，其中最大值为建筑内给水系统所需的压力。

（2）以流量变化处为节点，从配水最不利点开始，进行节点编号，将计算管路划分成若干计算管段，并标出两节点间计算管段的长度。

（3）根据建筑的性质合理选用设计秒流量公式，计算各管段的设计秒流量。

（4）根据各设计管段的设计流量和允许流速，查水力计算表确定出各管段的管径、管道单位长度的压力损失以及管段的沿程压力损失值。

（5）计算管段的沿程压力损失、局部压力损失和管路的总压力损失。系统中设有水表时，还需选用水表，并计算水表压力损失值。

（6）确定建筑物室内给水系统所需的总压力。

（7）对采用下行上给式布置的给水系统，应计算水表和管路的水头损失，求出给水系统所需压力 H，并校核初定给水方式。若初定为外网直接给水方式，当室外给水管网水压 $H_0>H$ 时，原方案可行；H 略大于 H_0 时，可适当放大部分管段的管径，减小管道系统的水头损失，以满足 $H_0>H$ 的条件；若 $H>H_0$ 很多，则应修正原方案，在给水系统中增设升压设备。对采用设水箱上行下给式布置的给水系统，首先应校核水箱的安装高度，若水箱高度不能满足供水要求，可采取提高水箱高度、放大管径或选用其他供水方式来解决。

（8）确定非计算管路各管段的管径。

项目1.2 建筑给水系统施工技术

1.2.1 室内给水管道的布置与敷设

给水管道的布置与敷设，除需满足自身要求外，还要充分了解该建筑物的建筑功能和结构情况，做好与建筑、结构、暖通及电气等专业的配合，避免管线的交叉、碰撞，以便于工程施工和今后的维修管理。

1.2.1.1 室内给水管道的布置

1. 给水管道的布置原则

（1）满足良好的水力条件，确保供水的可靠性，力求经济合理。要求干管应尽可能靠近大用水户，管道的布置应力求短而直，尽可能与墙、梁、柱、桁架平行。

（2）保证建筑物的使用功能和生产安全。要求管道布置不能妨碍生产安全，管道不得穿过配电间，不得布置在遇水易燃、爆、损的设备和原材料上方。

（3）保证给水管道的正常使用。

（4）便于管道的安装与维修。

2. 给水管道的布置形式

给水管道的布置按供水可靠程度要求可分为枝状和环状两种形式。前者单向供水，供水安全可靠性差，但节省管材，造价低；后者管道相互连通，双向供水，安全可靠，但管线长，造价高。一般建筑内给水管网宜采用枝状布置，高层建筑采用环状布置。按水平干管的敷设位置又可分为上行下给、下行上给和中分式三种形式。干管设在顶层天花板下、吊顶内或技术夹层中，由上向下供水的为上行下给式，适用于设置高位水箱的居住与公共建筑和地下管线较多的工业厂房；干管埋地、设在底层或地下室中，由下向上供水的为下行上给式，适用于利用室外给水管网水压直接供水的工业与民用建筑；水平干管设在中间技术层内或中间某层吊顶内，由中间向上、下两个方向供水的为中分式，适用于屋顶用作露天茶座、舞厅或设有中间技术层的高层建筑。同一幢建筑的给水管网也可同时兼有以上两种形式。

1.2.1.2 给水管道的敷设

1. 敷设形式

给水管道的敷设有明装、暗装两种形式。明装即管道外露，其优点是安装维修方便，造价低；但外露的管道影响美观，表面易结露、积尘。明装一般用于对卫生、美观没有特殊要求的建筑。暗装即管道隐蔽，如敷设在管道井、技术层、管沟、墙槽、顶棚或夹壁墙中，直接埋地或埋在楼板的垫层里。其优点是管道不影响室内的美观、整洁，但施工复杂、维修困难，造价高，适用于对卫生、美观要求较高的建筑，如宾馆、高级公寓和要求无尘、洁净的车间、实验室、无菌室等。

2. 敷设要求

1）引入管

引入管宜从建筑物用水量最大处引入，如为建筑采暖地区可考虑从采暖地沟引入。否则引入管进入建筑内有两种情况：一种是从建筑物的浅基础下通过；另一种是穿越承重墙或基础，预留洞口应大于引入管直径 200 mm，如图 1-2-1 所示。在地下水位高的地区，引入管穿地下室外墙或基础时，应采取防水措施，如设防水套管等。

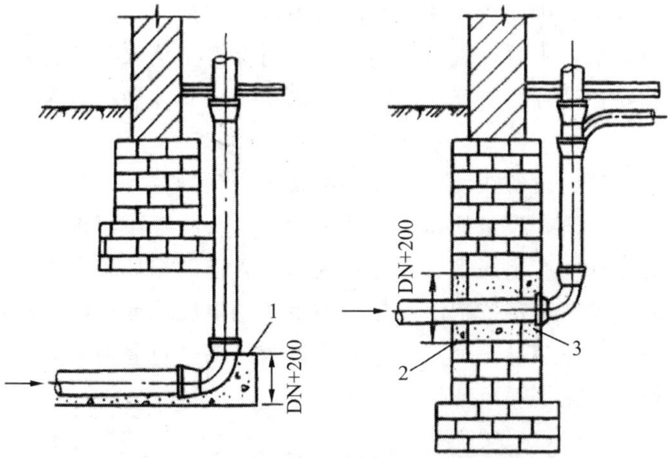

(a) 从浅基础下通过　　(b) 穿基础

图 1-2-1 引入管进入建筑物

室外埋地引入管要防止地面活荷载和冰冻的影响，其管顶覆土厚度不宜小于0.7 m，并应敷设在冰冻线以下 0.2 m 处，建筑内埋地管在无活荷载和冰冻影响时，其管顶离地面高度不宜小于 0.3 m。引入管与其他进出建筑物的管线应保持一定的水平距离。

2）室内管道

给水横管穿承重墙或基础、立管穿楼板时均应预留孔洞。暗装管道在墙中敷设时，也应预留墙槽，以免临时打洞、刨槽，影响建筑结构强度。管道预留洞和墙槽的尺寸详见相关设计手册。横管穿过预留洞时，管顶上部净空不得小于建筑物的沉降量，以保护管道不致因建筑沉降而损坏，其净空一般不小于 0.15 m。

横管宜有 0.002～0.005 的坡度坡向泄水装置；给水管道与其他管道同沟或共架敷设时，宜敷设在排水管、冷冻管的上面或热水管、蒸汽管下面。

管道在空间敷设时，必须采取固定措施，以确保施工方便与安全供水。

明装的复合管管道、塑料管管道也需安装相应的固定卡架，塑料管道的卡架相对密集一些。各种不同的管道有不同的要求，使用时，请按生产厂家的施工规程进行安装。

1.2.1.3 给水管道防护

1. 防腐蚀

金属管道都要进行防腐蚀处理，以延长管道的使用寿命。常见的防腐做法是管道除锈后，在外壁涂刷防腐涂料。明装的非镀锌钢管、铸铁管除锈后，外刷防锈漆二遍、银粉漆二遍；镀锌钢管外刷银粉漆二遍；暗装和埋地金属管外刷冷底子油一遍、沥青漆二遍。对防腐要求高的金属管做沥青防腐层处理。

2. 防冻害

管道中充满了水，当明装或部分暗装的管道处在 0 ℃以下的环境中时，由于水结冰膨胀，极易冻裂管道，为保证使用安全，应当采取保温措施。一般的做法是在做好防腐处理后，再包扎岩棉、玻璃棉、矿渣棉、珍珠岩、石棉和水泥蛭石等一定厚度的保温材料做保温层，外面再做防潮层和保护层。

3. 防结露

在夏季，当空气中的湿度较大或在空气湿度较大的房间内，空气中的水分会在温度较低的管道上凝结成水，附着在管道表面，严重时会产生滴水，造成管道腐蚀、墙地面潮湿等危害。因此，在这种场所就应当采取防腐措施（具体做法与保温做法相同）。

4. 防噪音

给水系统中的管道、设备在使用过程中经常会产生噪音，尤其是高频噪音除产生噪声污染外，还会造成管道、设备的损坏。如关闭水龙头、停泵出现的水击现象等，都会引起管道、附件的振动而产生漏水、噪音。为防止管道的损坏和噪声的污染，在设计时应控制管道的水流速度在一定范围内，尽量减少使用电磁阀或速闭型阀门、龙头。住宅建筑进户支管阀门后，应装设一个家用可曲挠橡胶接头进行隔振，并可在管道支架、吊架内衬垫减振材料，以减小噪声的扩散。

1.2.2 建筑给水系统管道的施工安装

建筑内部给水排水管道及卫生器具的施工一般在土建主体工程完成、内外墙装饰前进行。为了保证施工质量，加快施工进度，施工前应熟悉和会审施工图纸及制订各种施工计划。要密切配合土建部门，做好预留各种孔洞、支架预埋、管道预埋等施工准备工作。

1.2.2.1 施工准备与配合土建施工

1. 施工准备

建筑给排水管道工程施工的主要依据是施工图纸及全国通用给排水标准图，在施工中还必须严格执行现行国家标准《采暖与卫生工程施工及验收规范》的操作规程和质量标准。施工前必须熟悉施工图纸，由设计人员向施工技术人员进行技术交底，说明设计意图、设计内容和对施工质量的要求等。应使施工人员了解建筑结构及特点、生产工艺流程、生产工艺对给排水工程的要求，管道及设备布置要求，以及有关加工件和特殊材料等。

设计图纸包括给排水管道平面图、剖面图、给排水系统图、施工详图及节点大样图等。在熟悉图纸的过程中，必须弄清室内给排水管道与室外给排水管道连接情况，包括室外给排水管道走向、给水引入管和排水排出管的具体位置、相互关系、管道连接标高，水表井、阀门井和检查井等的具体位置，以及管道穿越建筑物基础的具体做法；弄清室内给排水管道的布置，包括管道的走向、管径、标高、坡度、位置及管道与卫生器具或生产设备的连接方式；搞清室内给排水管道所用管材、配件、支架的材料和形式，卫生器具、消防设备、加热设备、供水设备、局部污水处理设施的型号、规格、数量和施工要求；还要搞清建筑的结构、楼层标高、管井、门窗洞槽的位置等。

施工前，要根据工程特点、材料设备到货情况、劳动机具和技术状况，制订切实可行的施工组织设计，用以指导施工。

施工班组根据施工组织设计的要求，做好材料、机具以及现场临时设施及技术上的准备，必要时到现场根据施工图纸进行实地测绘，画出管道预制加工草图。管道预制加工草图一般采用轴测图形式，在图上要详细标注管道中心线间距、各管配件间的距离、管径、标高、阀门位置、设备接口位置、连接方法，同时画出墙、柱、梁等的位置。根据管道加工草图可以在管道预制场或施工现场进行预制加工。

2. 配合土建施工

建筑给排水管道施工与土建关系非常密切，尤其是高层建筑给排水管道的施工，配合土建施工更为重要。为了保证整个工程的质量，加快施工进度，减少安装工程打洞及土建单位补洞工作量，防止破坏建筑结构，确保建筑物安全，在土建施工过程中，宜密切配合土建施工进行预埋支架或预留孔洞，减少现场穿孔打洞工作。

1）现场预埋法

现场预埋的优点是可以减少留洞、留槽或打洞的工作量，但对施工技术要求较高，施工时必须弄清楚建筑物各部尺寸，预埋要准确。适合于建筑物地下管道、各种现浇钢筋混凝土水池或水箱等的管道施工。

2）现场预留法

现场预留的优点是避免了土建与安装施工的交叉作业以及安装工程面狭窄所造成的窝工现象。它是建筑给排水管道工程施工中常用的一种方法。

为了保证预留孔洞的正确，在土建施工开始时，安装单位应派专人根据设计图纸的要求，配合土建预留孔洞，土建在砌筑基础时，可以按设计图纸给出的尺寸预留孔洞，也可以按表 1-2-1 给出的尺寸预留孔洞。土建浇筑楼板之前，较大孔洞的预留应用模板围出；较小孔洞一般用短圆木或竹筒牢牢固定在楼板上；预埋的铁件可用电焊固定在图纸所设计的位置。无论采用何种方式预留预埋，均须固定牢靠，以防浇捣混凝土时移动错位，确保孔洞大小和平面位置的正确。立管穿楼板预留孔洞尺寸可按有关规定进行预留。给水排水立管距墙的距离可根据卫生器具样本以及管道施工规范确定。

表 1-2-1　安装施工预留孔洞尺寸

项次	管道名称及管径		明装	暗装
			留孔尺寸/mm 长×宽	墙槽尺寸/mm 宽度×深度
1	给水或采暖立管	管径≤25	100×100	130×130
		管径＝32～50	150×150	150×150
		管径＝70～100	200×200	200×200
2	一根排水立管	管径≤50	150×150	200×130
		管径＝70～100	200×200	250×200
3	两根给水或采暖立管	管径≤25	150×100	200×130
4	一根给水立管和一根排水立管在一起	管径≤50 管径＝70～100	200×150 250×200	200×130 250×200
5	暖水支管或散热器立管	管径≤50	100×100	60×60
		管径＝0～100	150×130	150×100
6	排水支管	管径≤80	250×200	
		管径＝100	300×250	
7	采暖或排水主干管	管径≤80	300×250	
		管径＝100～125	350×300	
8	给水引入管	管径≤100	300×200	
9	排水排出管穿基础	管径≤80	300×300	
		管径＝100～150	（管径＋300）× （管径＋200）	

注：① 给水引入管管顶上部净空一般不小于 150 mm。
② 排水排出管管顶上部净空一般不小于 150 mm。

3）现场打洞法

这种施工方法的优点是方便管道工程的全面施工，避免了与土建施工交叉作业，通过运用先进的打洞机具，如冲击电钻（电锤），使得打洞工作既快又准确。它是一般建筑给排水管道施工的常用方法。

施工现场是采取管道预埋、孔洞预留还是现场打洞方法，一般根据建筑结构要求、土建施工进度和工期、安装机具配置、施工技术水平等确定。施工时，可视具体情况，决定采用哪种方式。

1.2.2.2 建筑给水系统管道安装

建筑给水管道所用的管材、配件、阀门等应根据施工图的设计选用。

建筑给水管道安装顺序：引入管→干管→立管→支管→水压试验合格→卫生器具或用水设备或配水器具→竣工验收。

1. 引入管的安装

建筑物的引入管一般只设一条管，布置的原则是引入管应靠近用水量最大或不允许间断供水的地方，这样可以使大口径管道最短，供水比较可靠；当用水点分布比较均匀时，可从建筑物的中部引入，这样可使水压平衡。当建筑物内用水设备不允许间断供水或消火栓设置总数在10个以上时，可设置两条引入管，一般应从室外管网的不同侧引入。

引入管安装时，应尽量与建筑物外墙轴线相垂直，这样穿过基础或外墙的管段最短。引入管的安装，大多为埋地敷设，埋设深度应满足设计要求，如设计无要求，需根据当地土壤冰冻深度及地面载荷情况，参照室外给水接管点的埋深而定。

引入管穿过承重墙或基础时，必须注意对管道的保护，防止基础下沉而破坏管子。引入管安装宜采取管道预埋或预留孔洞的方法。引入管敷设在预留孔洞内或直接进行引入管预埋，均要保证管顶距孔洞壁距离不小于150 mm。预留孔与管道间空隙用黏土填实，两端用水泥砂浆封口。图1-2-2为引入管穿墙基础。图1-2-3为引入管由基础下部进室内做法。当引入管穿越地下室外墙时，应采取防水措施，其做法如图1-2-4所示。

引入管上设有阀门或水表时，应与引入管同时安装，并做好防护设施，防止损坏。

引入管敷设时，为便于维修时将室内系统中的水放空，其坡度应不小于0.003，坡向室外。

当有两条引入管在同一处引入时，管道之间净距应不小于0.1 m，以便安装和维修。

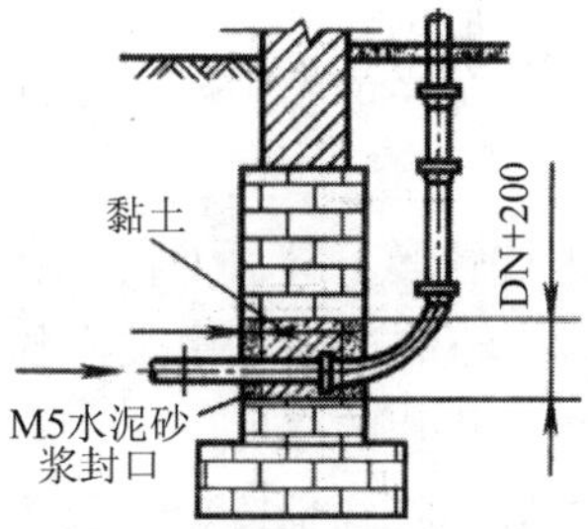

图1-2-2　引入管穿墙基础图

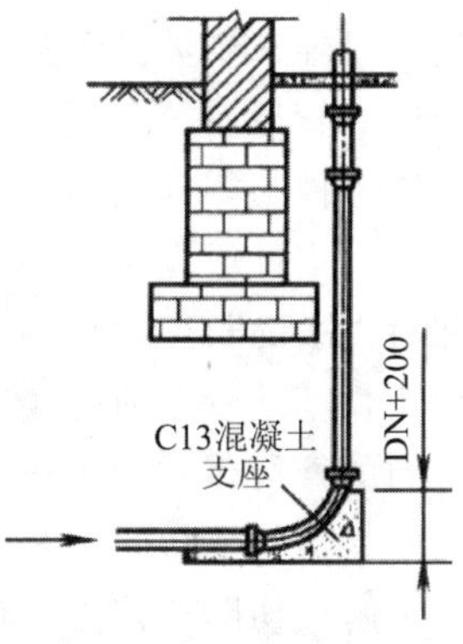

图1-2-3　引入管由基础下部进室内大样图

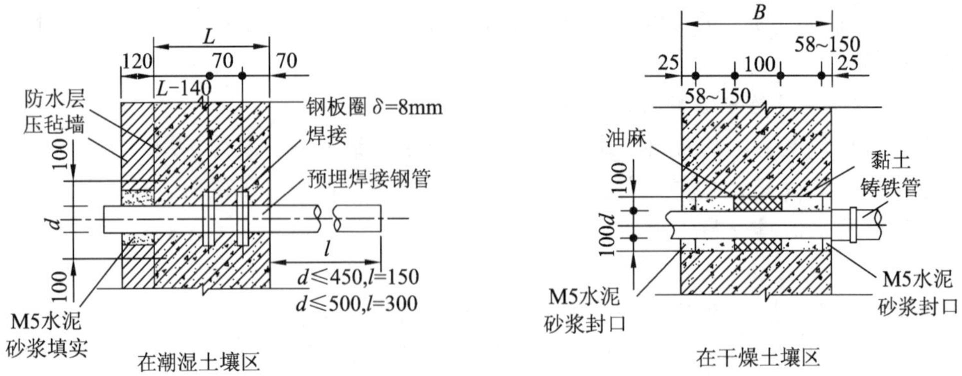

图 1-2-4 引入管穿地下室墙壁做法内大样图

2. 建筑内部给水管道的安装

建筑内部给水管道的安装方法有直接施工和预制化施工两种。直接施工是在已建建筑物中直接实测管道、设备安装尺寸，按部就班进行施工的方法。这种施工方法较落后，施工进度较慢。但由于土建结构尺寸不甚严密，安装时宜在现场根据不同部位实际尺寸测量下料，建筑物主体工程用砌筑法施工时常采用这种方法。预制化施工是在现场安装之前，按建筑内部给水系统的施工安装图和土建有关尺寸预先下料、加工、部件组合的施工方法。这种方法要求土建结构施工尺寸准确，预留孔洞及预埋套管、铁件的尺寸和位置无误（为此现在常采用机械钻孔而不必留孔）。这种方法还要求施工安装人员下料、加工技术水平高，准备工作充分。这种方法可提高施工的机械化程度，加快现场安装速度，保证施工质量，降低施工成本，是一种比较先进的施工法。随着建筑物主体工程采用预制化、装配化施工以及整体式卫生间等的推广使用，给排水系统实行预制化施工会越来越普遍。

这两种施工方法都需进行测线，只不过前者是现场测线，后者是按图测线。给水设计图只给出了管道和卫生器具的大致平面位置，所以测线时必须有一定的施工经验，除了熟悉图纸外，还必须了解给水工程的施工及验收规范、有关操作规程等，才能使下料尺寸准确，安装后符合质量标准的要求。

测线计量尺寸时经常要涉及下列几个尺寸概念：

（1）构造长度　管道系统中两零件或设备中心线之间（轴）的长度。如两立管之间的中心距离，管段零件与零件之间的距离等，如图 1-2-5 所示。

（2）安装长度　零件或设备之间管子的有效长度。安装长度等于构造长度减去管子零件或接头装配后占去的长度，如图 1-2-5 所示。

（3）预制加工长度　管子所需实际下料尺寸。对于直管段，其加工长度就等于安装长度。对于有弯曲的管段，其加工长度不等于安装长度，下料时要考虑煨弯的加工要求来确定其加工长度。法兰连接时确定加工长度应注意扣去垫片的厚度。

安装管子主要解决切断与连接、调直与弯曲两对矛盾。将管子按加工长度下料，通过加工连接成符合构造长度要求的管路系统。

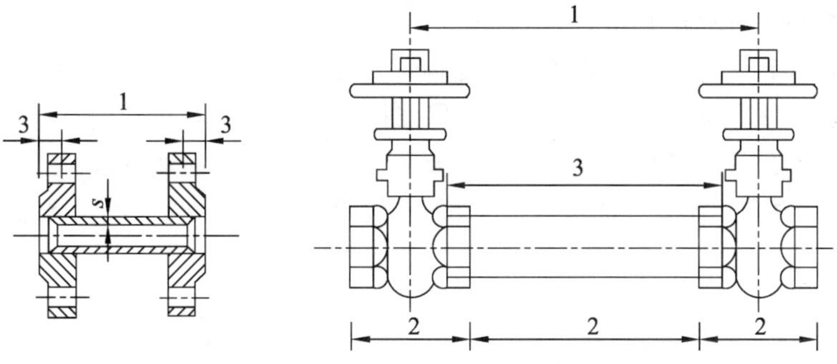

1—构造长度；2—安装长度；3—预制加工长度

图 1-2-5 管道的加工（下料）长度

测线计量尺寸首先要选择基准，基准选择正确，配管才能准确。建筑内部给排水管道安装所用的基准为水平线、水平面和垂直线、垂直面。水平面的高度除可借助土建结构，如地坪标高、窗台标高外，还须用钢卷尺和水平尺，要求精度高时用水准仪测定。角度测量可用直角尺，要求精度高时用经纬仪。决定垂直线一般用细线（绳）或尼龙丝及重锤吊线，放水平线时用细白线（绳）拉直即可。安装时应弄清管道、卫生器具或设备与建筑物的墙、地面的距离以及竣工后的地坪标高等，保证竣工时这些尺寸全面符合质量要求。如墙面未抹灰就安装管道时，则应留出抹灰厚度。

通过实测确定了管道的构造长度，可以用计算法和比量法确定安装长度。根据管配件、阀门的外形尺寸和装入管配件、阀门内螺纹长度，计算出管段的安装长度，此为计算法。比量下料法是在施工现场按照测得的管道构造长度，用实物管配件或阀门比量的方法直接决定管子的加工长度，在管上做好记号，然后进行下料。

3. 室内给水管道的安装

室内给水管道，根据建筑物的结构形式、使用性质和管道工作情况，可分为明装和暗装两种安装形式。

明装管道在安装形式上，又可分为给水干管、立管及支管均为明装，以及给水干管、立管及支管部分明装两种。暗装管道就是给水管道在建筑物内部隐蔽敷设。在安装形式上，常将暗装管道分为全部管道暗装和供水干管、立管及支管部分暗装两种。

1）给水干管安装

明装管道的给水干管安装位置，一般在建筑物的地下室顶板下或建筑物的顶层顶棚下。给水干管安装之前应将管道支架安装好。管道支架必须装设在规定的标高上，一排支架的高度、形式、离墙距离应一致。为减少高空作业，管径较大的架空敷设管道，应在地面上进行组装，将分支管上的三通、四通、弯头、阀门等装配好，经检查尺寸无误，方可进行吊装。吊装时，吊点分布要合理，尽量不使管子过分弯曲。在吊装中，要注意操作安全。各段管子起吊安装在支架上后，立即用螺栓固定好，以防坠落。

架空敷设的给水管，应尽量沿墙、柱子敷设，大管径管子装在里面，小管径管子装在外面，同时管道应避免对门窗的开闭产生影响。干管与墙、柱、梁、设备以及另一条干管之间应留有便于安装和维修的距离，通常管道外壁距墙面不小于 100 mm，管道与梁、柱及设备之间的距离可减少到 50 mm。

暗装管道的干管一般设在设备层、地沟或建筑物的顶棚里，或直接敷设于地面下。当敷设在顶棚里时，应考虑冬季的防冻、保温措施；当敷设在地沟内时，不允许直接敷设在沟底，应敷设在支架上。直接埋地的金属管道，应进行防腐处理。

管道穿越结构伸缩缝、抗震缝及沉降缝敷设时，应根据情况采取保护措施，如图 1-2-6所示。

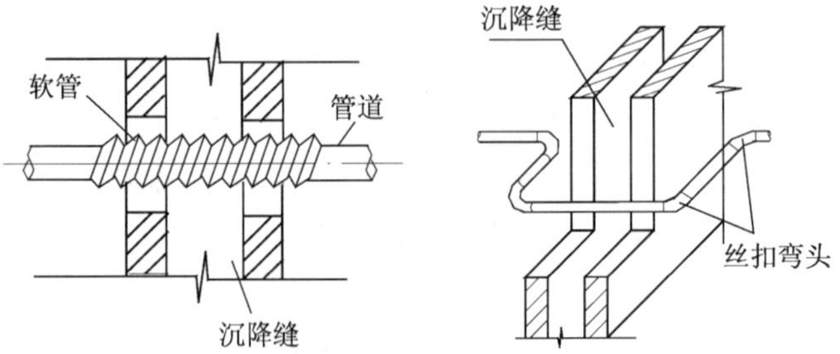

图 1-2-6　管道穿越建筑缝保护措施

2）给水立管安装

给水立管安装之前，应根据设计图纸弄清各分支管之间的距离、标高、管径和方向，应十分注意安装支管的预留口的位置，确保支管方向坡度的准确性。明装管道立管一般设在房间的墙角或沿墙、梁、柱敷设。立管外壁至墙面净距：当管径 DN≤32 mm 时，应为 25～35 mm；当管径 DN>32 mm 时，应为 30～50 mm。明装立管应垂直，其偏差每米不得超过 2 mm；高度超过 5 m 时，总偏差不得超过 8 mm。

给水立管管卡安装，层高小于或等于 5 m，每层须安装 1 个；层高大于 5 m，每层不得少于 2 个。管卡安装高度，距地面为 1.5～1.8 m，2 个以上管卡可均匀安装。

立管穿楼板应加钢制套管，套管直径应大于立管 1～2 号，套管可采取预留或现场打洞安装。安装时，套管底部与楼板底部平齐，套管顶部应高出楼板地面 10～20 mm，立管的接口不允许设在套管内，以免维修困难。

如果给水立管出地坪设阀门时，阀门应设在地坪 0.5 m 以上，并应安装可拆卸的连接件（如活接头或法兰），以便于操作和维修。

暗装管道的立管，一般设在管道井内或管槽内，采用型钢支架或管卡固定，以防松动。设在管槽内的立管安装一定要在墙壁抹灰前完成，并应做水压试验，检查其严密性。各种阀门及管道活接件不得埋入墙内，设在管槽内的阀门，应设便于操作和维修的检查门。

3）横支管安装

横支管的管径较小，一般可集中预制、现场安装。明装横支管，一般沿墙敷设，并设 0.002～0.005 的坡度坡向泄水装置。横支管安装时，要注意管子的平直度，明装横支管绕过梁、柱时，各平行管上的弧形弯曲部分应平行。水平横管不应有明显的弯曲现象，其弯曲的允许偏差为：管径 DN≤100 mm，每 10 m 为 5 mm；管径 DN>100 mm 时，每 10 m 为 10 mm。

冷、热水管上下平行安装，热水管应在冷水管上面；垂直并行安装时，热水管应装在冷水管左侧，其管中心距为 80 mm。在卫生器具上安装冷、热水龙头时，热水龙头应装在左侧，冷水龙头应装在右侧。

横支管一般采用管卡固定，固定点一般设在配水点附近及管道转弯附近。

暗装的横支管敷设在预留或现场剔凿的墙槽内，应按卫生器具接口的位置预留好管口，并应加临时管堵。

4）室内 PP—R 管安装

PP—R 管道安装连接方式有热熔连接、电熔连接、丝扣连接与法兰连接。这里仅介绍热熔连接和丝扣连接。

给水塑料管热熔连接

热熔连接：热熔连接工具为熔接器，步骤如下：

① 用卡尺与笔在管端测量并标绘出热熔深度，如图 1-2-7（a）（b）所示。

② 管材与管件连接端面必须无损伤、清洁、干燥、无油。

③ 热熔工具接通普通单相电源加热，升温时间约 6 min，焊接温度自动控制在约 260 ℃，连续施工直至工作温度指示灯亮后方能开始操作。

④ 做好熔焊深度及方向记号，在焊头上把整个熔焊深度加热，包括管道和接头，如图 1-2-7（c）所示。无旋转地把管端导入加热套内，插入到所标志的深度，同时无旋转地把管件推到加热头上，达到规定标志处。

⑤ 达到加热时间后，立即把管材与管件从加热套与加热头上同时取下，迅速无旋转地直线均匀插入到所标深度，使接头处形成均匀凸缘，如图 1-2-7（d）所示。

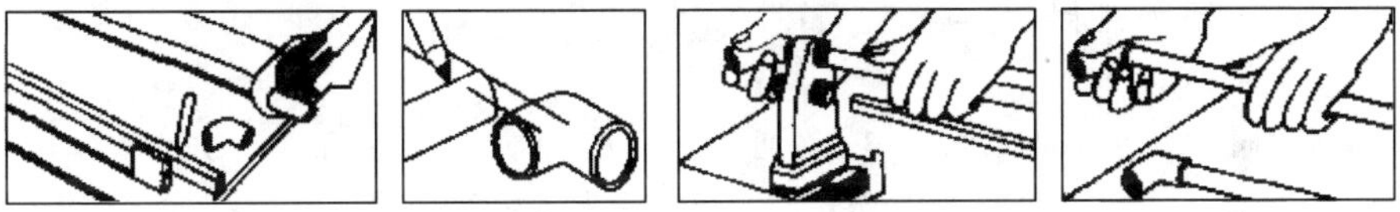

(a) (b) (c) (d)

图 1-2-7　管道热熔连接示意图

⑥ 工作时应避免焊头和加热板烫伤，或烫坏其他财物，保持焊头清洁，保证焊接质量。

⑦ 热熔连接技术要求见表 1-2-2。

表 1-2-2　热熔连接技术要求

公称直径/mm	热熔深度/mm	加热时间/s	加工时间/s	冷却时间/mm
20	14	5	4	3
25	16	7	4	3
32	20	8	4	4
40	21	12	6	4
50	22.5	18	6	5
63	24	24	6	6
75	26	30	10	8
90	32	40	10	8
110	38.5	50	15	10

丝扣连接：PP—R 管与金属管件连接，应采用带金属嵌件的聚丙烯管件作为过渡。该管件 PP—R 管采用热熔连接，与金属管件或卫生洁具五金配件采用丝扣连接。

1.2.2.3 给水系统水压试验

建筑内部给水系统，一般要进行水压试验。试压的目的，一是检查管道及接口强度，二是检查接口的严密性。建筑内部暗装、埋地给水管道应在隐蔽或填土之前做水压试验。

1. 水压试验前的准备工作

1）试压设备与装置

水压试验设备按所需动力装置分为手摇式试压泵与电动式试压泵两种。给水系统较小或局部给水管道试压，通常选择手摇式试压泵；给水系统较大，通常选择电动式试压泵。水压试验采用的压力表必须校验准确；阀门要启闭灵活，严密性好；保证有可靠的水源。

试验前，应对给水系统上各放水处（即连接水龙头、卫生器具上的配水点）采取临时封堵措施，系统上的进户管上的阀门应关闭，各立管、支管上阀门打开。在系统上的最高点装设排气阀，以便试压充水时排气。排气阀有自动排气阀、手动排气阀两种类型。在系统的最低点设泄水阀，当试验结束后，便于泄空系统中的水。

给水管道试压前，管道接口不得做油漆和保温施工，以便进行外观检查。

给水管道试压装置如图 1-2-8 所示。

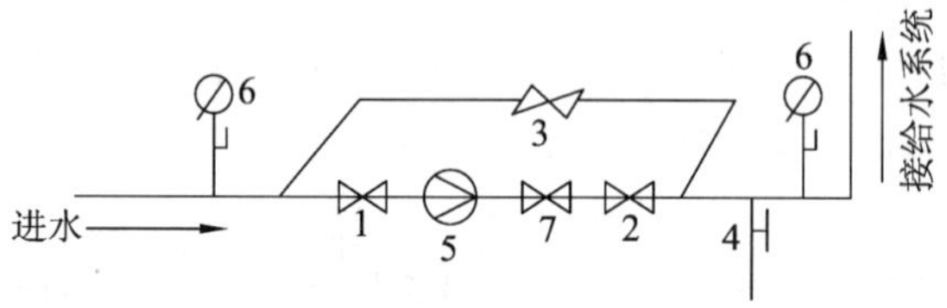

1—试压泵进水阀；2—试压泵出水阀；3—旁通阀；4—放水阀；5—试压泵；6—压力表；7—止回阀

图 1-2-8 水压实验装置示意图

2）水压试验压力

建筑内部给水管道系统水压试验压力如设计无规定，按以下规定执行。

给水管道试验压力不应小于 0.6 MPa；生活饮用水和生产、消防合用的管道，试验压力应为工作压力的 1.5 倍，但不得超过 1.0 MPa。对使用消防水泵的给水系统，以消防泵的最大工作压力作为试验压力。

经验方法：

金属及复合管给水管道系统，在试验压力下观测 10 min 内压力降不大于 0.02 MPa，然后降至工作压力进行检查，应不渗不漏。

塑料管给水系统，应在试验压力下稳压 1 h，压力降不得超过 0.05 MPa，然后在工作压力的 1.15 倍状态下稳压 2 h，压力降不得超过 0.03 MPa，同时检查各连接处，不得渗漏。

2. 水压试验的方法及步骤

对于多层建筑给水系统，一般按全系统只进行一次试验；对于高层建筑给水系统，一般分区、分系统进行水压试验。水压试验应有施工单位质量检查人员或技术人员、建设单位现场代表及有关人员到场，做好对水压试验的详细记录。各方面负责人签章，并作为技术资料存档。

水压试验的步骤如下（金属及复合管）：

(1) 将水压试验装置进水管接在市政水管、水箱或临时水池上，出水管接在给水系统上。试压泵、阀门等附件宜用活接头或法兰连接，便于拆卸。

(2) 将阀门1、2、4关闭，打开阀门3和室内给水系统最高点排气阀，试压泵前后的压力表阀也要打开。当排气阀向外冒水时，立即关闭，然后关闭旁通阀3。

(3) 开启试压泵的进出水阀1、2，启动试压泵，向给水系统加压。加压泵加压应分阶段使压力升高，每达到一个分压阶段，应停止加压，对管道进行检查；无问题时才能继续加压，一般应分2或3次使压力升至试验压力。

(4) 当压力升至试验压力时，停止加压，观测10 min，压力降不大于0.02 MPa；然后将试验压力降至工作压力，管道、附件等处未发现漏水现象为合格。

(5) 试压过程中，发现接口渗漏、管道砂眼、阀门等附件漏水等问题，应做好标记，待系统水放空，进行维修后继续试压，直至合格。

(6) 试压合格后，应将进水管与试压装置断开。开启放水阀4，将系统中试验用水放空，并拆除试压装置。

1.2.2.4 冲洗与消毒试验

水压试验合格后，应对系统进行冲洗以清除管道内的铁屑、铁锈、焊渣、尘土及其他污物。冲洗一般使用清洁水，如管道分支较多可分段冲洗。在冲洗管段的最底部设排污口，排污口的截面积不应小于被冲洗管截面积的60%，排水管应接入可靠的排水井或沟中。冲洗时，以系统内可能达到的最大流量或不小于1 m/s的流速进行。

冲洗消毒的合格标准如下：

(1) 当设计无规定时，以出口的水色和透明度与入口处目测一致为合格。

(2) 管道第一次冲洗应用清洁水冲洗至出水口水样浊度小于3 NTU（浊度：1 L的水中含1 mg的SiO_2）。

(3) 管道第二次冲洗应在第一次冲洗后，用有效氯离子含量不低于20 mg/L的清洁水（消毒常用的药剂有漂白粉、漂白精和液氯）浸泡24 h后，再用清洁水进行第二次冲洗，直至水质检测管理部门取样化验合格为止。

1.2.3 阀门附件及给水设备安装

1.2.3.1 安装准备及注意事项

(1) 一般阀门安装前检查：型号、规格应符合设计要求，并有合格证；启闭灵活，阀杆无歪斜；对安装于主干管上的阀门，应逐个做强度和严密性试验，强度和严密性试验压力为阀门出厂规定的压力，或遵照《管子与管路附件的公称压力和试验压力》规定进行；非主干管上阀门应每批（同牌号、同规格、同型号）抽查总数的10%，且不少于一个，做耐压强度试验，如有漏、裂不合格的应再抽查20%，仍有不合格的则须逐个试验。

(2) 阀门搬运时，不得随手抛掷。吊装时，严禁绳索拴在手轮或阀杆上。现场保管时，应按型号、规格整齐排列，不得叠压。阀瓣应处于关闭状态，两端敞口应用塑料板或纸板封堵。

(3) 明杆阀门不宜埋地安装。水平管上安装阀门的阀杆应向上或水平安装。立管安装阀门的阀杆朝向和高度应便于巡视、操作和维修。成排阀门安装，阀杆应成一直线，允许偏差±3 mm。分汽缸、集水罐等处安装的成排阀门，以缸（罐）体上法兰为准。

1.2.3.2 阀门安装

1. 应注意介质流向

截止阀、升降式止回阀、蝶阀，以阀体箭头所示流向为准；瓣式止回阀在阀瓣旋转轴一端为介质流入口；闸阀、旋塞、球阀等无流向规定。

2. 螺纹连接的阀门

要求管道螺纹为锥形螺纹，且螺纹有效长度稍短；螺纹填料应符合介质性能要求；并在阀门出口后安装活接头；阀门安装时，应用扳手卡住六角体旋转，不可用管子钳。

3. 法兰连接的阀门

相配的法兰类别、规格应与阀门符合；螺栓规格与法兰类别、规格相符；螺栓六角必须均在相配法兰一侧，螺母在阀门法兰一侧；法兰垫片符合介质性能和压力等级要求；紧固螺栓时，必须十字交叉、对称、均匀地分2或3次拧紧螺母（保证组对法兰的密封面平行和同心；对于铸铁等质脆材料，必须避免强力连接和各螺栓受力不均引起的损坏）。

4. 带操作机构和传动装置的阀门

应在阀门安装好后，再安装操作机构和传动装置，并应进行运行调整，使动作灵活，指示正确。

5. 减压阀安装

应根据设计规定以立式或水平安装。安装应符合如下要求：安装位置，设计无明确规定时，应设置在振动较小，便于操作和检修的地方；减压阀应垂直安装于水平管道上，不得倾斜，并与介质流向一致；介质为蒸汽时，减压阀前泄水短路应接疏水装置排放凝结水；减压阀前后管径、旁通阀管径无设计规定时，应按《暖通空调设计选用手册》施工，不得任意更改；减压阀安装高度，沿墙设置的离地面1.2 m。若需安装在高处时，应设置永久性操作平台；减压阀介质流入入口前一般均应加装过滤器，以防堵塞失灵。

6. 安全阀安装

安全阀应安装在设计规定的管道或设备上。安装应符合如下要求：安全阀应设置在振动较小，便于检修的地方；安全阀应垂直安装，不得倾斜；与安全阀连接的管道应畅通，进、出口管道的公称管径应不小于安全阀连接口的公称直径。安全阀排出管，介质为蒸汽时，应向上排至室外，离地面2.5 m以上；介质为液体时，应向下排放至排水沟或冷却池；安全阀向上排出管内积水时，应在排出管底部接泄水管排至排水沟。安全阀排出管和泄水管上不得安装阀门。

7. 安全阀调试定压要求

安全阀的开启压力、回座压力应由当地有关机构调试定压，并出具调试合格证后方可安装。若须现场调试，开启压力、回座压力按设计规定或有关安全技术监察规程执行。调压时，压力应稳定，启闭试验不少于三次，经当地有关机构检验认可后，重新铅封，并及时填写《安全阀调整试验记录》。安全阀未调试合格或未经有关部门认可的，不得投入运行。

8. 调压孔板径和安装位置

应按设计规定执行，孔板应平放贴在凹面法兰的内凹平面内，也可安装在活接头中、水嘴和消火栓前，孔板按流向要求，孔板和法兰或其他密封面均应清洗干净，无污垢、疤结等影响密封面。

1.2.3.3 不锈钢水箱安装

1. 水箱的运输

由于单块水箱板的规格为 1000 mm×1000 mm、1000 mm×500 mm、500 mm×500 mm，1000 mm×1000 mm 的单块水箱板重量为 20～25 kg，故考虑组合装配式水箱运输采用单块运输、集中组装的方式，利用人工和特制车辆将单块水箱板从汽车坡道、施工电梯运至每个水箱间，运输途中考虑进行必要的成品保护措施。

2. 安装工艺流程（图 1-2-9）

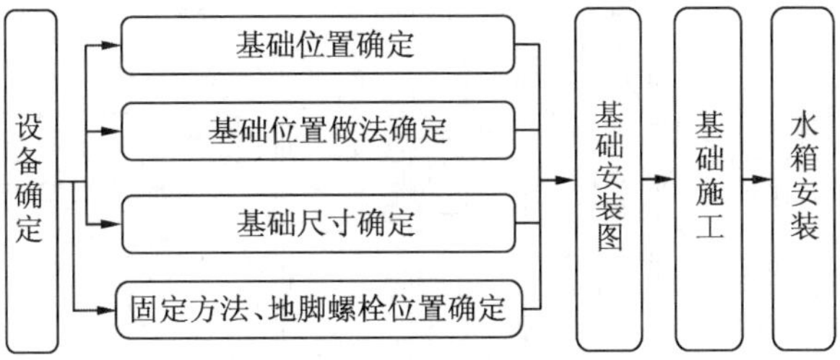

图 1-2-9 安装工艺流程

设备基础的确定必须在设备选型之后进行，主要依据设备厂家技术要求进行基础施工。

3. 水箱基础

设备全部选定型后，进行设备基础的设计和施工。

水箱基础安装示意图如图 1-2-10 所示。

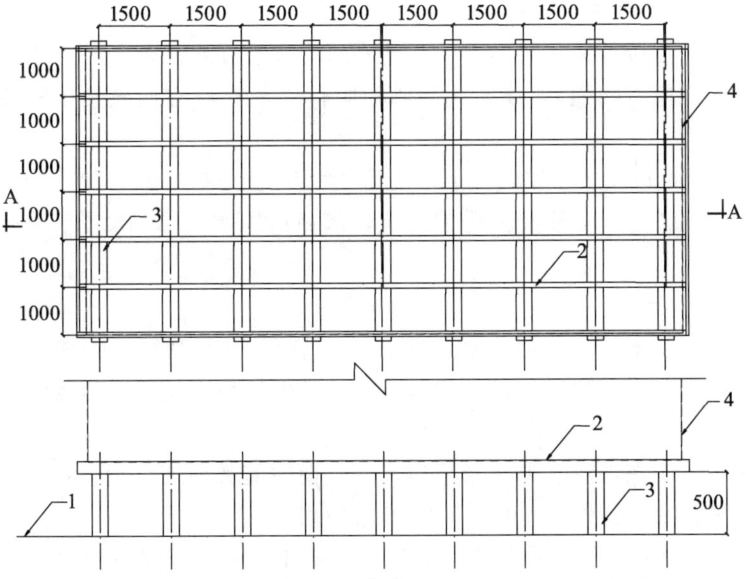

1—地面；2—镀锌型钢支架；3—水箱基础；4—水箱

图 1-2-10 不锈钢水箱基础布置示意图（单位：mm）

用地脚螺栓把钢架固定在基础上，螺栓直径及个数根据抗震要求来计算，尽量采用埋入式。

4. 装配式水箱的安装

可按照厂家提供的水箱装配图进行安装施工，步骤如下：

① 钢架放在基础上，用地脚螺栓固定。

② 组装底面板，然后放在钢架上，用装配零件固定在钢架上。

③ 组装侧面板，安装内部加强件，组装顶部面板。

④ 不锈钢组合水箱的装配安装可参照图 1-2-11。

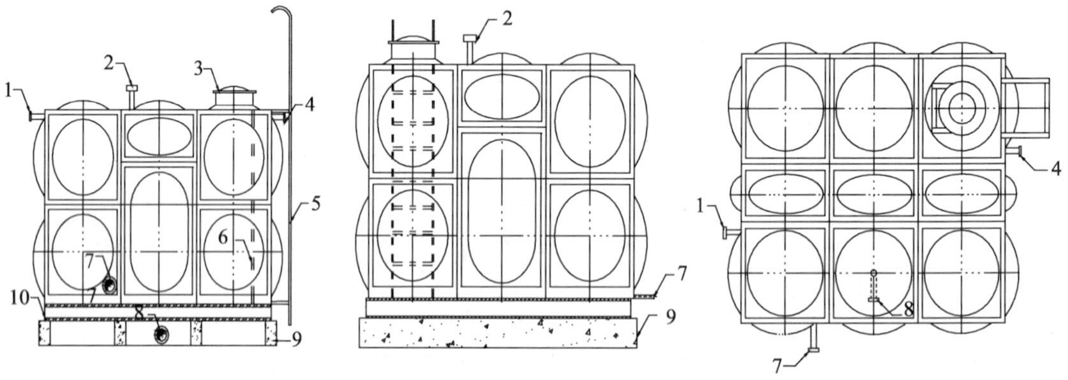

1—溢流口；2—透气口；3—人孔；4—进水口；5—外爬梯；6—内爬梯；7—出水口；8—泄水口；9—水箱基础；10—型钢支架

图 1-2-11　不锈钢组合水箱装配示意图

5. 水箱周围管道的安装

水箱和水管的连接处采用挠性接头，泄水管应安装在水箱底部，溢出管不应直接与排放管连接（中间应有间隔），浮球阀等阀门附件为了检修方便应集中安装在检修工作口附近。

在水箱的内外侧应安装不锈钢梯子，人孔尺寸不小于 600 mm×600 mm，水箱外部应安装液位计，具有水位标尺及液位传输功能，水箱周围水管布置如图 1-2-12～图 1-2-14 所示。

6. 水箱满水试验

敞口水池（箱）安装完毕后应做满水试验，静置 24 h 观察，不渗不漏为合格。在满水试验准备完成后报总包及监理工程师验收。为保证满水试验的有效性要做好影像记录及监理工程师过程监察。

生活饮用水系统在试压和冲洗合格后、交付使用前必须进行消毒，并经有关部门取样检验，符合国家《生活饮用水标准》后方可使用。

水箱在试压合格后，宜采用 0.03%高锰酸钾消毒液灌满进行消毒。消毒液在管道中应静置 24 h，排空后，再用饮用水冲洗，饮用水的水质应达到现行的国家标准。

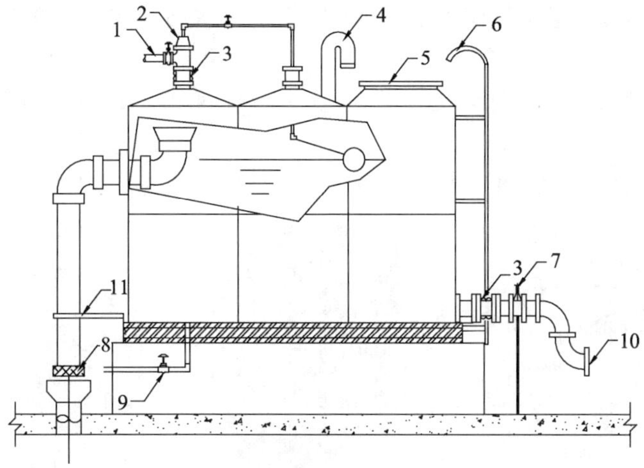

1—水箱进水管；2—液压水位控制阀；3—挠性接头；4—透气管；5—检修孔；6—外部梯；7—蝶阀；8—防虫网；9—泄水阀；10—连接给水管；11—管道支架

图 1-2-12　水箱周围水管的布置图

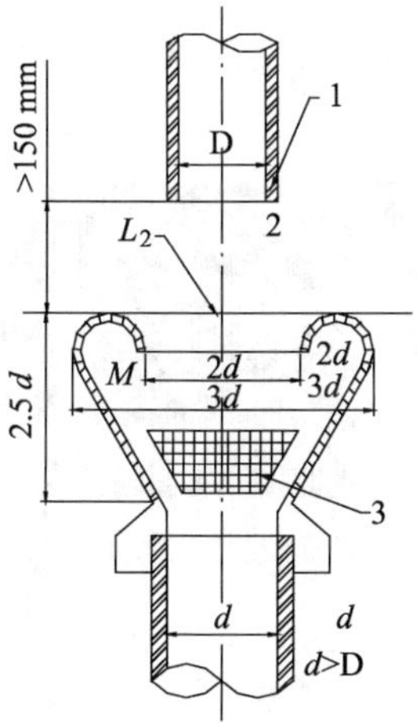

1—间接排水管；2—溢水线；3—铁丝网

L 大于 150 mm；*M* 大于 2.5*d*

图 1-2-13　水箱溢水管间接排放示意图

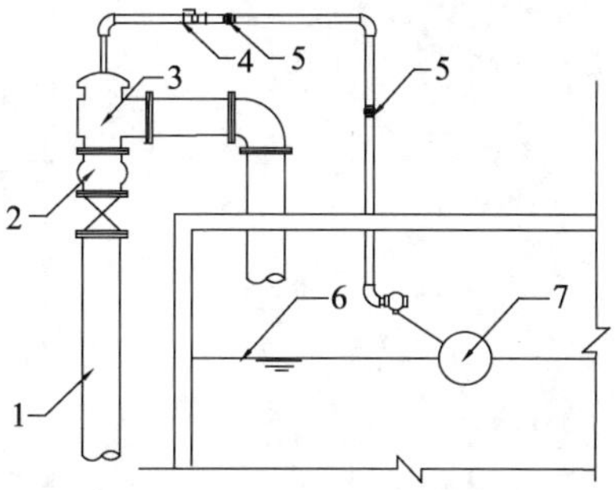

1—进水管；2—软接头；3—液压水位控制阀；4—球阀；5—活接头；6—关闭水位；7—控制浮球阀

图 1-2-14　液压水位控制阀安装示意图

1.2.4　管道支架的制作安装

支架又称管路支撑件，管道标高、坡度的保持依赖于支架的合理设置。根据支架对管道的制约不同，可分为普通支架、防晃支架、固定支架、抗震支架等；根据支架的结构形式可分为托架、吊架和管卡。

1.2.4.1　支架的形式

1. 固定支架

指与管道相互之间不能产生相对位移，将管道固定在确定的位置上，管道只能在两个固定支架之间胀缩，以保证各分支管路位置一定的支架。建筑机电安装工程常用的支架有以下几种：

（1）5 号角钢和 10 号圆钢组成的管卡，适用于 DN15～DN150 的管道，如图 1-2-15（a）所示。

（2）5 号槽钢和 10 号圆钢组成的管卡，适用于 DN100～DN700 的管道，如图 1-2-15（b）所示。

（3）梁上安装的角钢支架适用于 DN25～DN400 的管道，如图 1-2-15（c）所示。

(a) 角钢管卡　　(b) 槽钢管卡　　(c) 角钢管道支架

图 1-2-15　某工程管卡安装 1

（4）角钢支架在梁上安装、角钢管卡在屋面上安装、角钢管卡落地安装，如图 1-2-16 所示。

(a) 角钢支架在梁上安装　　(b) 角钢管卡在屋面上安装　　(c) 角钢管卡落地安装

图 1-2-16　某工程管卡安装 2

2. 防晃支架、普通支架

防晃支架与管并不完全固定，管是可以轴向移动的。例如：在通风空调工程中，防晃支架的吊杆一般采用的是角钢或槽钢，吊架紧靠风管表面，横担的尺寸短一些。普通支架的吊杆一般是用通丝吊杆，吊杆与风管表面一般应该有 50～150 mm 的间距，横担长一些。

3. 抗震支架

如图 1-2-17 所示，管道抗震支吊架不应限制管线热胀冷缩产生的位移，组成抗震支吊架的所有构件应采用成品构件，连接紧固件的构造应便于安装，它由锚固件、加固吊杆、抗震连接构件及抗震斜撑组成。

4. 综合管道支架、弹性支吊架

目前，支架的标准化、商品化生产已逐步推广，各专业安装管线优化设计后集中布置，多条管线共用支架，综合支架设计应用也越来越普遍。管道支架安装完成后应刷油漆防腐。图1-2-18所示的综合支架，其吊臂由角钢组成，横梁为槽钢，U形管卡为10号圆钢。另外，风机、新风机组吊装为了减震，一般采用弹性吊架。

图1-2-17 管道的抗震支架

图1-2-18 并排安装的管道支架

1.2.4.2 支架的制作

在实际施工中，抗震支架、综合支架一般采用成品，普通支架、固定支架一般是现场制作的。在制作支架时应注意：管道支架的形式、材质、加工尺寸、精度及焊接等应符合支架标准图集的要求；下料时应采用机械切割，如用气割，则应清除氧化物；支架的孔眼应采用电钻加工，其孔径应比管卡或吊杆直径大1～2 mm，不得以气割开孔；支架应进行除锈、防腐处理，焊接变形的应予以矫正。

1.2.4.3 支架的安装

1. 支架安装的一般要求

固定支架、抗震支架按设计要求安装。普通支架安装前，应按图纸的标高、坡度测量放线。按两点一线的原理，管道测量放线时，测量控制点为管道的起点、终点和转折点；支架的位置根据墙不作架、托稳转角、中间等分、不超最大的原则（管道施工验收规范规定的最大间距）来确定。抗震支吊架应和结构主体可靠连接，当管道穿越建筑沉降缝时应考虑不均匀沉降，其设置和设计应满足相关规范规定。

土建有预埋钢板或预留支架孔洞的，应检查预留孔洞或预埋件的标高及位置是否符合要求，同时要检查预埋板的牢固性、平整度，清除预埋钢板上的砂浆或油漆。滑动支架的滑托与滑槽两侧间应留有3～5 mm的间隙，并留有一定的偏移量；铸铁或大口径钢管上的阀门应设有专用的阀门支架，不得以管道承重。

2. 支架的安装方法

1）栽埋法

墙上有预留孔洞的，可将支架横梁埋入墙内，埋设前应清除洞内的碎砖及灰尘，并用水将洞浇湿，填塞用M5（1∶6）水泥砂浆，插栽支架角钢（注意应将支架末端劈成燕尾状），用碎石捣实挤牢。支架墙洞要填得密实饱满、砂浆不外流，墙洞口要凹进3～5 mm，当砌体未达到设计强度的75%时，不得安装管道。

2）焊接法

在预制或现浇钢筋混凝土时，在各支架的位置处预埋钢板后，将支架横梁焊接在预埋的钢板上。

3）膨胀螺栓法和射钉法

用射钉或膨胀螺栓紧固支架，具体做法：根据支架在墙、柱上的安装位置，用电钻钻孔或用射钉枪射入射钉，钻孔深度与膨胀螺栓相等，孔径与膨胀螺栓套管外径相等，射钉直径为 8～12 mm；在清除孔洞内碎屑后，装入套管或膨胀螺栓，将支架横梁安装在螺栓上，拧紧螺母使螺栓锥形尾部胀开，膨胀螺栓的选用见表 1-2-3。

表 1-2-3　膨胀螺栓的选用

单位：mm

管道直径	膨胀螺栓规格	钻头直径
≤70	M8	10.5
80～100	M10	13.5
125	M12	17.0
150	M14	19.0

小　结

本章系统地介绍了室内常用的给水系统分类与组成、给水方式、给水管材与附件、给水管道的布置与敷设、给水增压与调节设备、给水设计流量计算、给水管网水力计算等基本知识。

在学习建筑给水基本知识时，首先要了解建筑给水系统的分类和组成；在掌握给水方式的基础上，抓住水箱、减压阀、贮水池三个环节，根据室外给水管网的水压情况，合理确定室内给水方式以满足室内给水管网布置的基本原则，并符合节能要求。学习用水定额、给水设计流量、给水管网水力计算，目的在于能够进行管径确定、管网水头损失确定，进而确定水泵扬程，合理选择加压设备。

在掌握室内给水基本知识的同时，为了今后走上工作岗位能够迅速开展室内给水工程的施工安装、招投标、工程决算、工程管理等方面的工作，本学习情境另一个重点就是室内给水工程的施工安装。因此，对于各种给水管材（件）主要性能、连接方法步骤，各种给水管材安装工艺要求，水泵水箱安装，阀门仪表安装，卫生器具给水安装等应作为重中之重加以掌握理论知识和进行安装训练。通过动手进一步强化训练学过的知识，使学生成为符合现场需要的应用型高技能人才。

复习思考题

1. 建筑给水系统的任务是什么？
2. 建筑给水系统的组成及各部分组成有什么作用？
3. 给水系统有哪些供水方式？各种方式的适应条件是什么？
4. 如何进行建筑给水系统所需水压估算？
5. 建筑给水系统中常用哪些管材？各有何特点？如何连接？

6. 建筑给水的给水附件有哪些？
7. 简述室内给水水力计算的步骤。
8. 给水管道的管径如何确定？
9. 建筑给水管道的敷设形式有哪几种？敷设管道时主要应考虑哪些因素？
10. 建筑给水管道的布置原则是什么？
11. 应该如何防止建筑给水系统的水质被二次污染？
12. 水泵吸、压水管的布置应注意哪些问题？
13. 给水管道明设和暗设各有什么优缺点？敷设时有什么要求？
14. 简述给水管道防腐、防冻、防结露、防高温、防振措施。
15. 如何确定给水系统中水泵的流量和扬程？
16. 水箱、贮水池的设置有哪些要求？
17. 为什么要将给水管道的水流速度控制在一定范围内？常用的流速范围是多少？
18. PP—R塑料给水管安装要求是什么？

模块2

消火栓给水系统与施工技术

项目2.1 消火栓给水系统

2.1.1 室外消防给水系统

室外消防给水系统指设置在建筑物外墙中心线以外的一系列消防给水工程设施。该系统大到可以担负整个城市（镇）的消防给水任务，小到可能仅担负居住区、工矿企业等建筑小区或单体建筑物室外部分的消防给水任务。其完善与否直接关系着灭火的成败，是城市公共消防设施的重要组成部分。

2.1.1.1 室外消防给水系统概述

1. 室外消防给水系统的任务

室外消防给水系统的任务：一是供消防车从该系统取水，经水泵接合器向室内消防系统供水，增补室内消防用水量的不足；二是消防车从该系统取水，供消防车、曲臂车等的带架水枪用水，以控制和扑救火灾。

消防基础知识

室外消防给水系统应满足消防作业时各种消防用水设备对水量、水压、水质的基本要求。

2. 室外消防给水系统的组成

根据系统的类型和水源、水质等情况的不同，室外消防给水系统的组成不尽相同。有的比较复杂，像生活、生产、消防合用给水系统，而独立消防给水系统相对就比较简单，省去了水处理设施。通常室外消防给水系统由以下几部分组成，如图 2-1-1 所示。

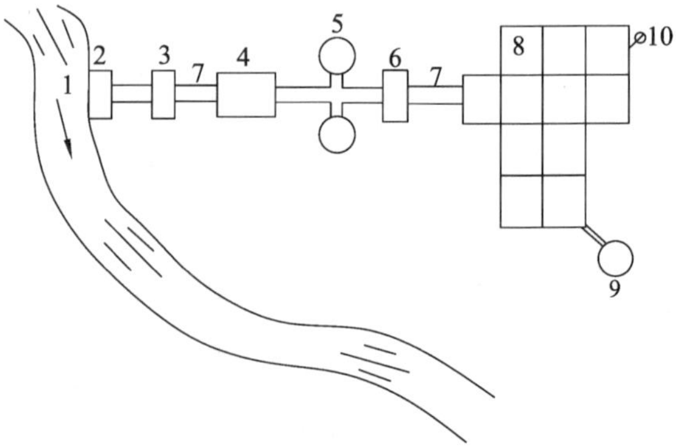

1—消防水源；2—取水设施；3—一级泵站；4—净化水处理设施；5—清水池；6—二级泵站；7—输水管；8—给水管网；9—水塔；10—室外消火栓

图 2-1-1 室外消防给水系统组成示意图

1）消防水源

担任消防给水的水源分天然水源和人工水源。天然水源有地表水源和地下水源两种，人工水源指消防水池等。作为消防水源一定要保证在任何时候、任何情况下，都能提供足够的消防用水。

2）取水设施

取水设施的作用就是保证从水源地取到所需要的水量。能否取到足够且符合水质要求的水，对确保消防给水系统的正常运行非常重要。地表水，特别是河流的取水设施较复杂，地下水取水设施相对较为简单。

3）净化水处理设施

由于用水对象不同，对水质的要求也不尽相同，城镇给水系统的水质应符合生活饮用水标准，而消防用水一般无特殊要求。因此，可根据水源地水质的污染情况，选取不同的净化水处理工艺，以生产出符合用水对象所要求水质的水。

4）调节构筑物

调节构筑物主要有清水池和水塔，用以调节供水与用水之间的矛盾。为满足消防时的要求，这些构筑物在调节生活、生产用水的同时，还应储存足够量的消防用水。

5）输配水设施

输配水工程包括加压水泵和输水管网两部分，负责将水厂生产的水输送至各用水点。对消防用水有直接影响的主要是输配水设施。首先，水泵的扬程应满足消防时的水压要求；其次，通过管网上的室外消火栓为消防车提供消防用水，或通过水泵接合器为建筑物提供其消防给水系统用水量。

6）消防用水设备

消防用水设备是指设置在室外消防给水管网上的室外消火栓，通过它直接提供火场消防用水。

3. 室外消防给水系统的设置原则

室外消防给水系统是有效扑灭城市火灾的重要条件。因此，为提高城市预防和抵御火灾的整体能力，建立起与城市发展目标所匹配的能满足综合防灾需要的城市消防安全体系，防止和减少火灾的危害，保障城市现代化建设的顺利进行，《建筑设计防火规范》GB50016－2014 规定：在进行城市、居住区、工厂、仓库等的规划和建筑设计时，必须同时设计消防给水系统。但对于耐火等级不低于二级，且建筑物体积小于等于 3000 m^3 的戊类厂房或居住区人数不超过 500 人且建筑物层数不超过两层的居住区，可不设置消防给水（因为上述两种情况的消防用水量不大，一般消防队第一出动力量就能控制和扑灭火灾。当设置消防给水系统有困难时，这样做比较经济，其火场的消防用水问题由当地消防队解决）。室外消防给水系统应和市政其他基础设施建设同步进行，以避免留下消防用水不足的隐患。

2.1.1.2 室外消防给水系统的类型

1. 按消防给水系统水压要求分类

1）高压消防给水系统

室外高压消防给水系统是指无论有无火警，系统管网内经常保持足够的水压和消防用水量，火场上不需使用消防车或其他移动式消防水泵加压，直接从消火栓接出水带、水枪即可实施灭火。在有可能利用地势设置高地水池或设置集中高压消防水泵房时，可采用室外高压消防给水系统。

根据实践经验，为有效扑救火灾和保证消防人员安全，采用室外高压消防给水系统时，其管道内的供水压力应能保证在生产、生活和消防用水量达到最大用水量时，布置在保护范围内任何建筑物最高处水枪的充实水柱仍不小于 10 m。

如图 2-1-2 所示，高压消防给水系统最不利点消火栓处的压力应按下式计算：

$$H_s = H_p + H_q + h_d \tag{2-1}$$

式中，H_s 为系统最不利点消火栓处的压力，Pa；H_p 为水枪手与消火栓之间的标高差所产生的静压，Pa；H_q 为 19 mm 水枪充实水柱不小于 10 m，每支水枪的流量不小于 5 L/s 时，水枪喷嘴所需要的压力，Pa；h_d 为长度为 120 m（6 条水带）、直径为65 mm的麻质水带的压力损失，Pa。

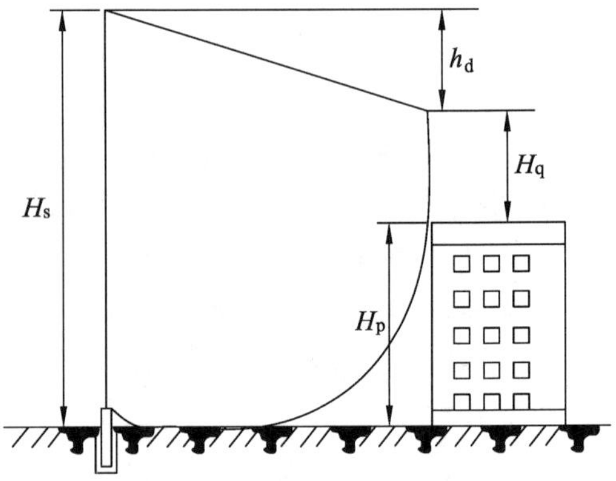

图 2-1-2 消火栓压力计算图

2）临时高压消防给水系统

临时高压消防给水系统是指系统管网内平时水压不高，发生火灾时，临时启动泵站内的高压消防水泵，使管网内的供水压力达到高压消防给水管网的供水压力要求。一般在石油化工厂或甲、乙、丙类液体，可燃气体储罐区内多采用这种系统。

当不具备采用高压消防给水系统条件时，一般情况下，多采用临时高压消防给水系统。

3）低压消防给水系统

低压消防给水系统是指系统管网内平时水压较低，一般只负担提供消防用水量，火场上水枪所需的压力由消防车或其他移动式消防水泵加压产生。一般城镇和居住区多为这种系统。

采用低压消防给水系统时，其管道内的供水压力应保证灭火时最不利点消火栓处的水压不小于 0.1 MPa（从室外设计地面算起）。

2. 按室外给水系统供水对象分类

1）生活、消防合用给水系统

城镇、居住区和机关事业单位内广泛采用生活用水和消防用水合并的给水系统。这种系统形式可以保持管网内的水经常处于流动状态，水质不易变坏，而且在投资上也比较经济，并便于日常检查和保养，消防给水较安全可靠。

采用生活、消防合用的给水系统，当生活用水达到最大小时流量时，仍应保证全部消防用水量。

2）生产、消防合用给水系统

在某些工业企业内，采用生产、消防合用给水系统。采用这种给水系统，当生产用水量达到最大小时用水量时，仍应保证全部消防用水量，而且要求当使用消防用水时不致因水压降低而引起生产事故，生产设备检修时也不致造成消防用水中断。

由于生产用水与消防用水的水压要求往往相差很大，在使用消防用水时可能影响生产用水，另外有些工业企业对水质又有特殊要求，所以在工业企业内较少采用生产、消防合用给水系统，而较多采用生活、消防合用给水系统，并辅以独立的生产给水系统。当生产用水采用独立给水系统时，在不引起生产事故的前提下，可在生产管网上设置必要的消火栓，作为消防备用水源；或将生产给水管网与消防给水管网相连接，作为消防的第二水源，但生产用水转换成消防用水的阀门不应超过两个，以利于及时供应火场消防用水。如果不能符合上述条件，生产用水不得作为消防用水。

3）生活、生产和消防合用给水系统

大中城镇的给水系统基本上都是生活、生产和消防合用给水系统。采用这种给水系统有时可以节约大量投资，比较经济实惠，符合我国国民经济的发展方针。从维护使用方面看，这种系统也比较安全可靠。当生活和生产用水量很大，而消防用水量不大时，宜采用这种给水系统。

生活、生产和消防合用给水系统，要求当生产、生活用水达到最大小时用水量时(淋浴用水量可按15%计算，浇洒及洗刷用水量可不计算在内)，仍应保证全部消防用水量，消防用水量按最大秒流量计算。

以上三种合用给水系统，通常是建筑的室外消防给水系统为低压消防给水系统时方可采用。室外消防给水系统为高压或临时高压系统时应慎用，以免损坏生活、生产给水管道。

4）独立的消防给水系统

当工业企业内生活、生产用水量较小而消防用水量较大，合并在一起不经济时，或者三种用水合并在一起技术上不可能时，或者是生产用水可能被易燃、可燃液体污染时，常采用独立的消防给水系统。设置有高压带架水枪、水喷雾消防设施等的消防给水系统基本上也都是独立的消防给水系统。在易燃液体和可燃气体储罐区，通常也建成独立的消防给水系统。独立的消防给水系统只在灭火时才使用，投资较大，通常建成临时高压给水系统。

3. 按管网平面布置形式分类

《消防给水消火栓系统规范》GB50974—2014，以下简称《消火栓规范》规定：室外消防给水管网应布置成环状，当室外消防用水量小于等于15 L/s时，可布置成枝状。

1）环状消防给水管网系统

环状消防给水管网系统是指系统管网在平面布置上，干线形成若干闭合环。由于环状管网的干线彼此相通，水流四通八达，供水安全可靠，并且其供水能力比枝状管网供水能力大1.5～2.0倍（在管径和水压相同的条件下）。因此，在一般情况下，凡负担有消防给水任务的系统均应布置成环状管网，以确保消防用水。

2）枝状消防给水管网系统

枝状消防给水管网系统是指系统管网在平面布置上，干线呈树枝状，分枝后干线彼此无联系。由于在枝状管网内，水流从水源地向用水对象单一方向流动，当某段管网检修或损坏时，其后方就无水，就会造成火场供水中断，因此，室外消防给水系统应限制枝状管网的使用范围。

2.1.1.3 室外消防用水量

室外消防用水量是指扑救火灾所必需的总供水强度。室外消防用水量用于供消防车或移动式消防水泵直接扑灭或控制低层建筑、高层建筑低层部分的火灾。室外消防用水由市政给水管网提供（一般为低压消防给水系统）。有条件时可就近利用天然水源供室外消防用水，也可以利用建筑的室内（外）水池中的储备消防用水作为室外消防水源。

我国《消火栓规范》指出：建筑的全部消防用水量应为其室内、室外消防用水量之和。

室外消防用水量应为民用建筑、厂房（仓库）、储罐（区）、堆场室外设置的消火栓、水喷雾、水幕、泡沫等灭火、冷却系统等需要同时开启时的用水量之和。

室内消防用水量应为民用建筑、厂房（仓库）室内设置的消火栓、自动喷水、泡沫等灭火系统需要同时开启时的用水量之和。

1. 城镇、居住区的室外消防用水量

城镇或居住区的室外消防用水量可按下式计算：

$$Q = Nq \tag{2-2}$$

式中，Q 为城镇或居住区的室外消防用水量，L/s；N 为城镇或居住区同一时间内的火灾次数；q 为城镇或居住区一次灭火用水量，L/s。

1）城镇、居住区同一时间内的火灾次数

同一时间内的火灾次数是指火灾延续时间内可能同时发生火灾的次数，也即需同时由室外消防给水系统提供消防用水量的起数。它与城市的规模、人口数量、建筑物的耐火性能、电气设备的使用情况、人们的消防意识、气候与季节等因素有关，且影响过程复杂，难以统筹考虑，目前仅根据城镇或居住区的人口数来确定同一时间内的火灾次数。人口越多，城镇或居住区的规模也就越大，同一时间内的火灾次数也相对越多。表2-1-1是《消火栓规范》根据多年火灾统计归纳总结出的同一时间内的火灾次数与人口数量的关系。

表 2-1-1　城市、居住区同一时间内的火灾次数和一次灭火用水量

人数 N/万人	同一时间内的火灾次数/次	一次灭火用水量/（L/s）	人数 N/万人	同一时间内的火灾次数/次	一次灭火用水量/（L/s）
$N \leqslant 1$	1	10	$30 < N \leqslant 40$	2	65
$1 < N \leqslant 2.5$	1	15	$40 < N \leqslant 50$	3	75
$2.5 < N \leqslant 5$	2	25	$50 < N \leqslant 60$	3	85
$5 < N \leqslant 10$	2	35	$60 < N \leqslant 70$	3	90
$10 < N \leqslant 20$	2	45	$70 < N \leqslant 80$	3	95
$20 < N \leqslant 30$	2	55	$80 < N \leqslant 100$	3	100

注：城市的室外消防用水量应包括居住区、工厂、仓库、堆场、储罐（区）和民用建筑的室外消火栓用水量。当工厂、仓库和民用建筑的室外消火栓用水量按《消火栓规范》的规定计算，其值与按本表计算不一致时，应取较大值。

2）城镇、居住区一次灭火用水量

我国大多数城市消防队第一出动力量到达火场时，常出两支口径 19 mm 的水枪扑救初期火灾，每支水枪的平均出水量在 5 L/s 以上，因此，室外消防用水量最小不应小于 10 L/s。

一次灭火用水量指扑救该火场火灾所需的供水强度。不同的火场，所需的消防用水量不同。火势越大，扑救难度越大，需要的一次灭火用水量就越大。一次灭火用水量也和城市的大小有关，城市越大，发生大火灾的概率就越大，其用水量就很大。若采用管网来保证其消防用水量，根据我国目前国民经济水平，确有困难。因此，确定一次灭火用水量时，既要满足城镇基本安全的需要，又要考虑国民经济的发展水平。

综上所述，为保证城镇或居民区扑救初、中期火灾用水量的需要，《消火栓规范》给出了城市、居住区同一时间内火灾次数与一次灭火用水量，其实际的一次灭火用水量不应小于表 2-1-1 的规定。

2. 工厂、仓库、堆场、储罐（区）和民用建筑的室外消防用水量

工厂、仓库、堆场、储罐（区）和民用建筑的室外消防用水量，也是根据同一时间内的火灾次数和一次灭火用水量确定的。其室外消防用水量可按下式计算：

$$Q_1 = N_1 q_1 \tag{2-3}$$

式中，Q_1 为工厂、仓库室外消防用水量，L/s；N_1 为工厂、仓库同一时间内的火灾次数，不应低于表 2-1-1 的规定；q_1 为工业建筑物一次灭火用水量，L/s，低层工业建筑应按《建筑设计防火规范》确定，高层工业建筑应按表 2-1-4 确定。

1）同一时间内的火灾次数

工厂、仓库、堆场、储罐（区）和民用建筑在同一时间内火灾次数不应小于表 2-1-2 的规定。

表 2-1-2　工厂、仓库、堆场、储罐（区）和民用建筑在同一时间内的火灾次数

名称	基地面积/hm^2	附有居住区人数/万人	同一时间内的火灾次数/次	备注
工厂	≤100	≤1.5	1	按需水量最大的一座建筑物（或堆场、储罐）计算
		>1.5	2	工厂、居住区各一次
	>100	不限	2	按需水量最大的两座建筑物（或堆场、储罐）计算
仓库、民用建筑	不限	不限	1	按需水量最大的一座建筑物（或堆场、储罐）计算

注：① 采矿、选矿等工业企业当各分散基地有单独的消防给水系统时，可分别计算。
② 1 hm^2（公顷）=10000 m^2。

2）一次灭火的用水量

（1）工厂、仓库和民用建筑一次灭火用水量

① 工厂、仓库和民用建筑一次灭火的室外消火栓用水量不应小于表 2-1-3 的规定。

表 2-1-3　工厂、仓库和民用建筑一次灭火的室外消火栓用水量

单位：L/s

耐火等级	建筑物类别		建筑物体积 V/m^3					
			$V\leqslant1500$	$1500<V\leqslant3000$	$3000<V\leqslant5000$	$5000<V\leqslant20000$	$20000<V\leqslant50000$	$V>50000$
一、二级	厂房	甲、乙类	10	15	20	25	30	35
		丙类	10	15	20	25	30	40
		丁、戊类	10	10	10	15	15	20
	仓库	甲、乙类	15	15	25	25	—	—
		丙类	15	15	25	25	35	45
		丁、戊类	10	10	10	15	15	20
	民用建筑		10	15	15	20	25	30
三级	厂房仓库	乙、丙类	15	20	30	40	45	—
		丁、戊类	10	10	15	20	25	35
	民用建筑		10	15	20	25	30	—
四级	丁、戊类厂房（仓库）		10	15	20	25	—	—
	民用建筑		10	15	20	25	—	—

注：① 室外消火栓用水量应按消防用水量最大的一座建筑物计算。成组布置的建筑物应按消防用水量较大的相邻两座计算。
② 国家级文物保护单位的重点砖木或木结构的建筑物，其室外消火栓用水量应按三级耐火等级民用建筑的消防用水量确定。
③ 铁路车站、码头和机场的中转仓库其室外消火栓用水量可按丙类仓库确定。

当一个单位内有泡沫灭火设备、带架水枪、自动喷水灭火系统以及其他室外消防用水设备时，其室外消防用水量应按上述同时使用设备所需的全部消防用水量加上表 2-1-3 规定的室外消火栓用水量的 50%计算确定，且不应小于表 2-1-3 的规定。

② 高层工业建筑和高层民用建筑一次灭火的室外消火栓用水量不应小于表 2-1-4 和表 2-1-5 的规定。

表 2-1-4　高层工业建筑室外消火栓用水量

高层工业建筑物名称		建筑高度/m	室外消火栓用水量/（L/s）
厂房	纺织工业楼、服装加工楼、特种工艺美术制作楼、制革工业楼、卷烟工业楼、电视机和录音机装配楼、电子工业楼、综合加工楼、其他丙类生产工业楼	≤50	35
		>50	40
	精密仪器仪表生产楼，手表生产楼，其他丁、戊类生产工业楼	≤50	15
		>50	20
库房	棉、毛、丝、化纤织物及制品楼库，电子产品，家用电器楼，日用百货楼库，其他丙类物品楼库	≤50	40
		>50	45
	非燃烧物品和难燃烧物品楼库	≤50	20
		>50	25

表 2-1-5 高层民用建筑室外消火栓用水量

高层建筑类别	建筑高度/m	室外消火栓用水量/（L/s）
普通住宅	≤50	15
	>50	15
1. 高级住宅 2. 医院 3. 二类建筑的商业楼、展览楼、综合楼、财贸金融楼、电信楼、商住楼、图书馆、书库 4. 省级以下的邮政楼、防灾指挥调度楼、广播电视楼、电力调度楼 5. 建筑高度不超过 50 m 的教学楼和普通的旅馆、办公楼、科研楼、档案楼等	≤50	20
	>50	20
1. 高级旅馆 2. 建筑高度超过 50 m 或每层建筑面积超过 1000 m^2 的商业楼、展览楼、综合楼、财贸金融楼、电信楼 3. 建筑高度超过 50 m 或每层建筑面积超过 1500 m^2 的商住楼 4. 中央和省级（含计划单列市）广播电视楼 5. 网局级和省级（含计划单列市）电力调度楼 6. 省级（含计划单列市）邮政楼、防灾指挥调度楼 7. 藏书超过 100 万册的图书馆、书库 8. 重要的办公楼、科研楼、档案楼 9. 建筑高度超过 50 m 的教学楼和普通的旅馆、办公楼、科研楼、档案楼等	≤50	30
	>50	30

注：建筑高度不超过 50 m，室内消火栓用水量超过 20 L/s，且设有自动喷水灭火系统的建筑物，其室内外消防用水量可按本表减少 5 L/s。

（2）可燃材料堆场、可燃气体储罐（区）的室外消防用水量

可燃材料堆场、可燃气体储罐（区）的室外消防用水量不应小于表 2-1-6 的规定。

（3）甲、乙、丙类液体储罐（区）的室外消防用水量

甲、乙、丙类液体储罐（区）的室外消防用水量应按灭火用水量和冷却用水量之和计算。

① 灭火用水量应按罐区内最大罐泡沫灭火系统、泡沫炮和泡沫管枪灭火所需的灭火用水量之和确定，并应按现行国家标准《低倍数泡沫灭火系统设计规范》GB 50151、《高倍数、中倍数泡沫灭火系统设计规范》GB 50196 或《固定消防炮灭火系统设计规范》GB 50338 的有关规定计算。

② 冷却用水量应按储罐区一次灭火最大需水量计算。距着火罐罐壁 1.5 倍直径范围内的相邻储罐应进行冷却，其冷却水的供给范围和供给强度不应小于表 2-1-7 的规定。

表 2-1-6　可燃材料堆场、可燃气体储罐（区）的室外消防用水量

单位：L/s

<table>
<tr><th colspan="2">名称</th><th>总储量或总容量</th><th>消防用水量</th></tr>
<tr><td rowspan="2">粮食 W/t</td><td>土圆囤</td><td>$30<W\leqslant 500$
$500<W\leqslant 5000$
$5000<W\leqslant 20000$
$W>20000$</td><td>15
25
40
45</td></tr>
<tr><td>席穴囤</td><td>$30<W\leqslant 500$
$500<W\leqslant 5000$
$5000<W\leqslant 20000$</td><td>20
35
50</td></tr>
<tr><td colspan="2">棉、麻、毛、化纤百货 W/t</td><td>$10<W\leqslant 500$
$500<W\leqslant 1000$
$1000<W\leqslant 5000$</td><td>20
35
50</td></tr>
<tr><td colspan="2">稻草、麦秸、芦苇等易燃材料 W/t</td><td>$50<W\leqslant 500$
$500<W\leqslant 5000$
$5000<W\leqslant 10000$
$W\geqslant 10000$</td><td>20
35
50
60</td></tr>
<tr><td colspan="2">木材等可燃材料 V/m^3</td><td>$50<V\leqslant 1000$
$1000<V\leqslant 5000$
$5000<V\leqslant 10000$
$V>10000$</td><td>20
30
45
55</td></tr>
<tr><td colspan="2">煤和焦炭 W/t</td><td>$100<W\leqslant 5000$
$W>5000$</td><td>15
20</td></tr>
<tr><td colspan="2">可燃气体储罐（区）V/m^3</td><td>$500<V\leqslant 10000$
$10000<V\leqslant 50000$
$50000<V\leqslant 100000$
$100000<V\leqslant 200000$
$V>200000$</td><td>15
20
25
30
35</td></tr>
</table>

注：固定容积的可燃气体储罐的总容积按其几何容积（m^3）和设计工作压力（绝对压力，10^5 Pa）的乘积计算。

表 2-1-7　甲、乙、丙类液体储罐冷却水的供给范围和供给强度

单位：L/（s·m）

<table>
<tr><th>设备类型</th><th colspan="3">储罐名称</th><th>供给范围</th><th>供给强度</th></tr>
<tr><td rowspan="4">移动式水枪</td><td rowspan="4">着火罐</td><td colspan="2">固定顶立式罐（包括保温罐）</td><td>罐周长</td><td>0.60</td></tr>
<tr><td colspan="2">浮顶罐（包括保温罐）</td><td>罐周长</td><td>0.45</td></tr>
<tr><td colspan="2">卧式罐</td><td>罐壁表面积</td><td>0.10</td></tr>
<tr><td colspan="2">地下立式罐、半地下和地下卧式罐</td><td>无覆土罐壁表面积</td><td>0.10</td></tr>
<tr><td rowspan="4">移动式水枪</td><td rowspan="4">相邻罐</td><td rowspan="2">固定顶立式罐</td><td>不保温罐</td><td rowspan="2">罐周长的一半</td><td>0.35</td></tr>
<tr><td>保温罐</td><td>0.20</td></tr>
<tr><td colspan="2">卧式罐</td><td>罐壁表面积的一半</td><td>0.10</td></tr>
<tr><td colspan="2">半地下、地下罐</td><td>无覆土罐壁表面积的一半</td><td>0.10</td></tr>
</table>

续表

设备类型	储罐名称		供给范围	供给强度
固定式设备	着火罐	立式罐	罐周长	0.50
		卧式罐	罐壁表面积	0.10
	相邻罐	立式罐	罐周长的一半	0.50
		卧式罐	罐壁表面积的一半	0.10

注：① 冷却水的供给强度还应根据实地灭火战术所使用的消防设备进行校核。
② 当相邻罐采用不燃材料作绝热层时，其冷却水供给强度可按本表数据减少50%。
③ 储罐可采用移动式水枪或固定式设备进行冷却。当采用移动式水枪进行冷却时，无覆土保护的卧式罐的消防用水量，当计算出的水量小于15 L/s时，仍应采用15 L/s。
④ 地上储罐的高度大于15 m或单罐容积大于2000 m^3 时，宜采用固定式冷却水设施。
⑤ 当相邻储罐超过4个时，冷却用水量可按4个计算。

③ 覆土保护的地下油罐应设置冷却用水设施。冷却用水量应按最大着火罐罐顶的表面积（卧式罐按其投影面积）和冷却水供给强度等计算确定。冷却水的供给强度不应小于0.10 L/（s·m^2）。当计算水量小于15 L/s时，仍应采用15 L/s。

（4）液化石油气储罐（区）的消防用水量

液化石油气储罐（区）的消防用水量应按储罐固定喷水冷却装置用水量和水枪用水量之和计算，其设计应符合下列规定：

① 总容积大于50 m^3 的储罐区或单罐容积大于20 m^3 的储罐应设置固定喷水冷却装置。

固定喷水冷却装置的用水量应按储罐的保护面积与冷却水的供水强度等经计算确定。冷却水的供水强度不应小于0.15 L/（s·m^2），着火罐的保护面积按其全表面积计算。距着火罐直径（卧式罐按其直径和长度之和的一半）1.5倍范围内的相邻储罐的保护面积按其表面积的一半计算。

② 水枪用水量不应小于表2-1-8的规定。

表2-1-8 液化石油气储罐（区）的水枪用水量

总容积 V/m^3	$V \leqslant 500$	$500 < V \leqslant 2500$	$V > 2500$
单罐容积 V/m^3	$V \leqslant 100$	$V \leqslant 400$	$V > 400$
水枪用水量/（L/s）	20	30	45

注：① 水枪用水量应按本表总容积和单罐容积较大者确定。
② 总容积小于50 m^3 的储罐区或单罐容积小于等于20 m^3 的储罐，可单独设置固定喷水冷却装置或移动式水枪，其消防用水量应按水枪用水量计算。

③ 埋地的液化石油气储罐可不设固定喷水冷却装置。

2.1.1.4 室外消防水源、消防管网和室外消火栓

1. 室外消防水源

为了节约投资，因地制宜，对于消防用水，《消火栓规范》中规定由给水管网、消防水池或天然水源提供均可。消防给水系统的完善程度和能否确保消防给水水源，直接影响火灾扑救效果。而扑救失利的火灾案例中，根据上海、抚顺、武汉、株州等市火灾

统计，有81.5%是由于缺乏消防用水而造成大火。

由于消防给水系统是目前国内外扑救高层建筑火灾的主要灭火设备，因此，周密地考虑消防给水设计，保证高层建筑灭火的需要，尤其是确保消防给水水源十分重要。

消防用水可由城市给水管网、天然水源或消防水池供给。利用天然水源时，应确保枯水期最低水位时的消防用水量，且应设置可靠的取水设施。

1）城市给水管网供水

城镇、居住区、企业事业单位的室外消防给水，一般均采用低压给水系统，为了管理方便和节约投资，消防给水管道宜与生产、生活给水管道合用。一般情况下，消防用水由城市给水管网供给，但必须保证在生产、生活用水量达到最大时，城市给水管网应仍能满足室内外消防用水量，才可作为消防供水水源；否则，应增设第二水源。

2）天然水源

我国地域辽阔，许多地区有天然水源，而且与建筑距离较近，当条件许可时，天然水源可作为消防用水的水源。天然水源包括存在于地壳表面暴露于大气的地表水（江、河、湖、泊、池、塘水等），也包括存在于地壳岩石裂缝或土壤空隙中的地下水（阴河、泉水等）。

当天然水源很丰富时，可利用天然水源作为消防供水水源。利用天然水源作为消防供水水源应满足下列要求：

（1）利用天然水源，应确保枯水期最低水位时，仍能供应消防用水。一般情况下，城镇、居住区、企事业单位的天然水源的保证率不应小于97%；《消火栓规范》则要求天然水源水量不足时，可以采取设置消防水池等措施来确保消防用水所需。

（2）利用天然水源作为消防水源时，应在天然水源地建立可靠的、任何季节、任何水位都能确保消防车取水的设施。

（3）利用天然水源作为消防水源时，为便于消防车到达火场后从天然水源地取水，应设置通向天然水源地的消防车道。道路的路面至少应用碎石或炉渣铺设，路面的宽度不宜小于3.5 m。若为单行道，应在水源地建立回车场，其面积不宜小于15 m×15 m。

（4）利用天然水源作为消防水源时，应在取水设备的吸水管上加设滤水器，以阻止河、塘水中杂物等吸入管道，影响水流速度，堵塞消防用水设备。

（5）被易燃、可燃液体污染的天然水源，不能作为消防水源。

3）消防水池

储有消防用水的水池均称为消防水池。除独立设置的消防水池外，也可以和其他用水水池合建。《消火栓规范》规定有下列情况之一者应设消防水池：当生产、生活用水量达到最大时，市政给水管道、进水管或天然水源不能满足室内外消防用水量；市政给水管道为树状或只有一条进水管，且室内外消防用水量之和大于25 L/s。《消火栓规范》规定有下列情况之一者，高层建筑应设消防水池：市政给水管道和进水管或天然水源不能满足消防用水量；市政给水管道为枝状或只有一条进水管（二类居住建筑除外）。

2. 室外消防给水管网

供应消防用水的室外消防给水管网应布置成环状管网（图2-1-3），以保证消防用水的安全，提高供水的可靠性。但在建设初期，采用环状管网有困难时，可采用枝状管网，但应考虑将来形成环状管网的可能。一般居住区或企事业单位内，当消防用水量不超过 15 L/s 时，为节约投资，可布置成枝状。其火场用水可由消防队采取相应措施予以保证，但高层建筑室外消防给水管道应布置成环状。

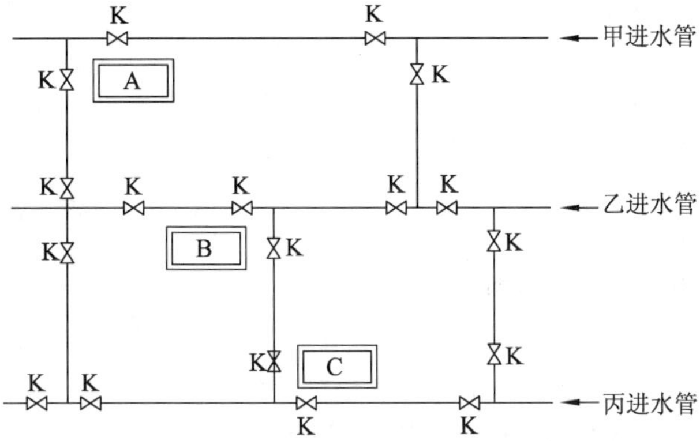

图 2-1-3　环状管网布置示意图

为确保环状给水管网的水源，要求向环状管网输水的进水管不应少于 2 条，并宜从两条市政给水管道引入。当其中 1 条发生故障时，其余进水管应能满足消防用水总量的供给要求。

为了保证火场消防用水，避免因个别管段损坏导致管网供水中断，环状管网上应设置消防分隔阀门将其分成若干独立段。阀门应设在管道的三通、四通分水处，阀门的数量应按 $n-1$ 原则设置（三通 n 为 3，四通 n 为 4），皆设在下游侧（图 2-1-3）。为使消防队第一出动力量到达火场后，能就近利用消火栓一次串联供水，及时扑灭初期火灾，两阀门之间的管段上室外消火栓的数量不宜超过 5 个。

设置室外消防给水管道的直径不应小于 DN100。根据火场供水实践和水力试验，直径为 100 mm 的管道只能供应一辆消防车用水。因此，在条件许可时，宜采用较大的管径，例如，上海的室外消防给水管道的最小直径采用 150 mm。

室外消防给水管道设置的其他要求应符合现行国家标准《室外给水设计规范》GB 50013 的有关规定。

3. 室外消火栓

室外消火栓是指设置在市政给水管网和建筑物外消防给水管网上的一种供水设施，其作用是供消防车或其他移动灭火设备从市政给水管网或室外消防给水管网取水或直接接出水带、水枪实施灭火。室外消火栓是城镇或建筑小区的公共消防设施，其设置对提高城市综合防灾能力，减少火灾危害有着很大的影响，应引起足够的重视。

我国《消火栓规范》规定：城市、居住区应设市政消火栓；民用建筑、厂房（仓库）、储罐（区）、堆场应设室外消火栓，而高层建筑必须设置室外消火栓给水系统。

1） 室外消火栓的类型

按设置条件，室外消火栓分为地上式消火栓和地下式消火栓两种。

（1）地上式消火栓

地上式消火栓大部分露出地面，是由本体、进水弯管、阀塞、出水口和排水口组成，如图 2-1-4 所示。目前，地上式消火栓有两种型号：SS100 和 SS150，其主要性能参数见表 2-1-9。地上式消火栓具有目标明显、易于寻找、出水操作方便等优点；但地上消火栓也具有容易冻结、易损坏，在有些场合妨碍交通、影响市容等缺点。地上式消火栓通常适应于气温 0 ℃以上地区。

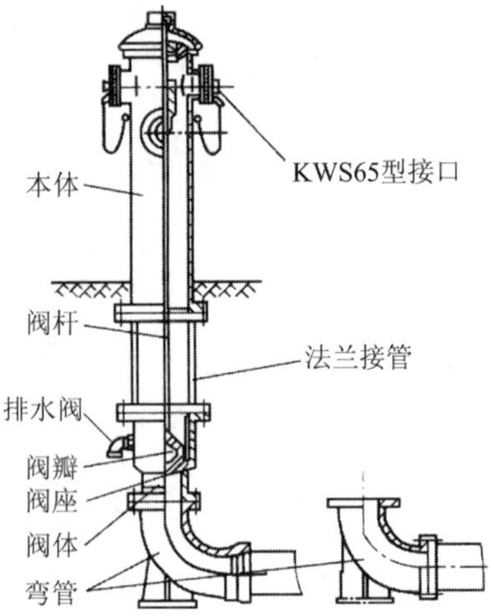

图 2-1-4　地上式消火栓

（2）地下式消火栓

地下式消火栓设置在消火栓井内，是由弯头、排水口、阀塞、丝杆、丝杆螺母、出水口等组成，如图 2-1-5 所示。目前地下消火栓有两种型号：SX65（有 2 个 65 mm 栓口，不符合规范要求，建议选用 SX100）和 SX100，其主要性能参数见表 2-1-9。地下式消火栓具有不易冻结、不易损坏、便利交通等优点，但地下消火栓也具有操作不便、目标不明显等缺点。因此，要求在地下消火栓旁设置明显标志，地下式消火栓通常适应于北方寒冷地区使用。

为了使用和检修方便，地下消火栓井的尺寸大小可参考图 2-1-6。

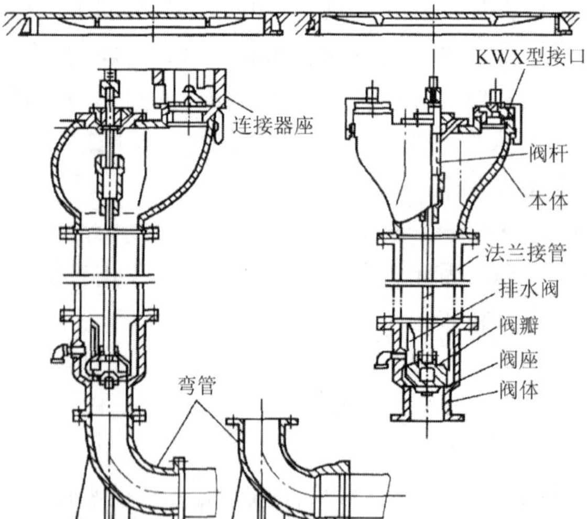

图 2-1-5　地下式消火栓

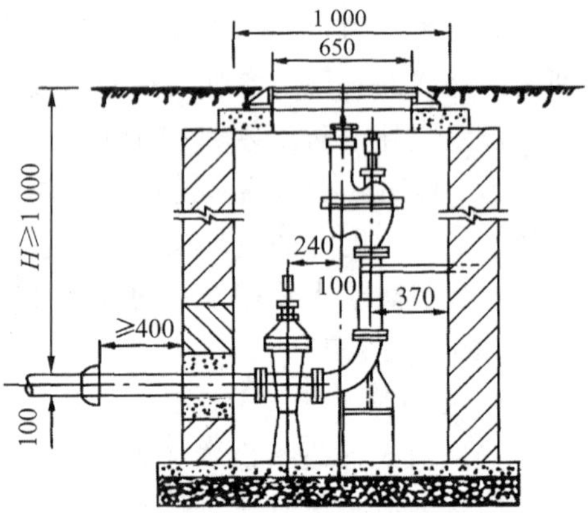

图 2-1-6　地下消火栓井（单位：mm）

按压力分，室外消火栓分为低压消火栓和高压消火栓。

设置在室外低压消防给水系统管网上的消火栓，称为低压消火栓。低压消火栓供消防车取水灭火使用。设置在室外高压或临时高压消防给水系统管网上的消火栓，称为高压消火栓。高压消火栓可直接接出水龙带、水枪进行灭火，不需消防车或其他移动式消防水泵加压。

表 2-1-9 室外消火栓规格及主要性能参数

参数 类别	型号	公称压力/MPa	进水口 DN/mm	出水口（栓口）		计算出水量/（L/s）
				口径 DN/(mm)	个数/个	
地上式	SS100－1.0	1.0	100	65	2	10～15
				100	1	
	SS100－1.6	1.6	100	65	2	10～15
				100	1	
	SS150－1.0	1.0	150	65	2	15
				150	1	
	SS150－1.6	1.6	150	65	2	15
				150	1	
地下式	SX100×65－1.0	1.0	100	65	1	10～15
				100	1	
	SX100×65－1.6	1.6	100	65	1	10～15
				100	1	

2）室外消火栓的流量与压力

（1）室外低压消火栓的流量与压力

室外低压消火栓一般只供一辆消防车出水，常出两支口径为 19 mm 的直流水枪，当水枪充实水柱为 10～15 m，则每支水枪的流量为 5～6.5 L/s，两支水枪的流量为 10～13 L/s，考虑接口及水带的漏水，每个低压消火栓的流量按 10～15 L/s 计。例如，室外消防用水量为 30 L/s，每个消火栓的出水量按其平均数 13 L/s 计算，则该建筑物室外消火栓数量为 30÷13＝2.3（个），即需采用 3 个消火栓（一般情况下，应设备用消火栓）。室外低压消火栓的出口压力，按照一条水带给消防车水罐上水考虑，要保证两支水枪的流量，通过计算可得，最不利点室外消火栓处的出口压力不应小于 0.1 MPa（从室外地面算起）。

（2）室外高压消火栓的流量与压力

每个室外高压消火栓一般按出一支口径为 19 mm 的直流水枪考虑，水枪充实水柱为 10～15 m，则要求每个高压消火栓流量不小于 5 L/s。室外高压消火栓的出口压力按式（2-1）计算确定。

3）室外消火栓的保护半径和最大布置间距

室外低压消火栓的保护半径一般按消防车串接 9 条水带考虑。火场上，水枪手需留约 10 m 的机动水带，若水带沿地面的铺设系数按 0.9 计，则消防车往火场供水的距离为（9×20－10）×0.9＝153（m）。因此，室外低压消火栓的保护半径为 150 m。室外高压消火栓保护半径按串接 6 条水带计，同理，其供水距离为（6×20－10）×0.9＝99（m），因此，室外高压消火栓的保护半径为 100 m。

室外消火栓的布置，应保证城市任何部位都在两个室外消火栓的保护半径之内。结合城市道路布置和街坊道路规划间距要求（约为 160 m），可得室外低压消火栓的布置间距为 127 m，如图 2-1-7 所示；同理可得，室外高压消火栓的布置间距为 60 m。考虑火场供水实际需要，要求室外低压消火栓的最大布置间距不应大于 120 m；室外高压消火栓的最大布置间距不应大于 60 m。

高层建筑的室外消火栓应沿该建筑的周围均匀布置，消火栓距高层建筑外墙的距离不宜小于 5.00 m，并不宜大于 40 m；距路边的距离不宜大于 2.00 m。在该范围内的市政消火栓可计入室外消火栓的数量。

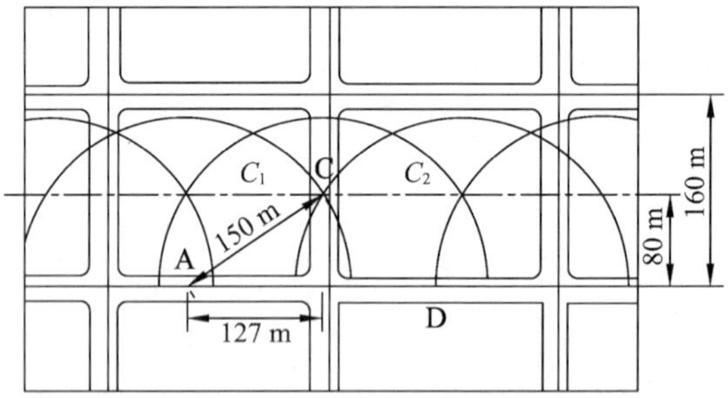

图 2-1-7　室外消火栓的间距

4）室外消火栓的布置应符合的规定

（1）室外消火栓应沿道路设置，当道路宽度大于 60 m 时，宜在道路两边设置消火栓，并宜靠近十字路口。

（2）甲、乙、丙类液体储罐区和液化石油气储罐区的消火栓应设置在防火堤或防护墙外。距罐壁 15 m 范围内的消火栓，不应计算在该罐可使用的数量内。

（3）室外消火栓的间距不应大于 120 m。

（4）室外消火栓的保护半径不应大于 150 m；在市政消火栓保护半径 150 m 以内，当室外消防用水量小于等于 15 L/s 时，可不设置室外消火栓。

（5）室外消火栓的数量应按其保护半径和室外消防用水量等综合计算确定，每个室外消火栓的用水量应按 10～15 L/s 计算；与保护对象的距离在 5～40 m 范围内的市政消火栓，可计入室外消火栓的数量内。

（6）室外消火栓宜采用地上式消火栓。地上式消火栓应有 1 个 DN150 或 DN100 和 2 个 DN65 的栓口。采用室外地下式消火栓时，应有 DN100 和 DN65 的栓口各 1 个。寒冷地区设置的室外消火栓应有防冻措施。

（7）消火栓距路边不应大于 2 m，距房屋外墙不宜小于 5 m。

（8）工艺装置区内的消火栓应设置在工艺装置的周围，其间距不宜大于 60 m。当工艺装置区宽度大于 120 m 时，宜在该装置区内的道路边设置消火栓。

（9）建筑的室外消火栓、阀门、消防水泵接合器等设置地点应设置相应的永久性固定标识。

（10）寒冷地区设置市政消火栓、室外消火栓确有困难的，可设置水鹤等为消防车加水的设施，其保护范围可根据需要确定。

5）室外消火栓的安装

室外消火栓的防冻措施：我国北方寒冷地区的室外消火栓都选用地下式，并采用保温井，如图 2-1-8、图 2-1-9 所示。

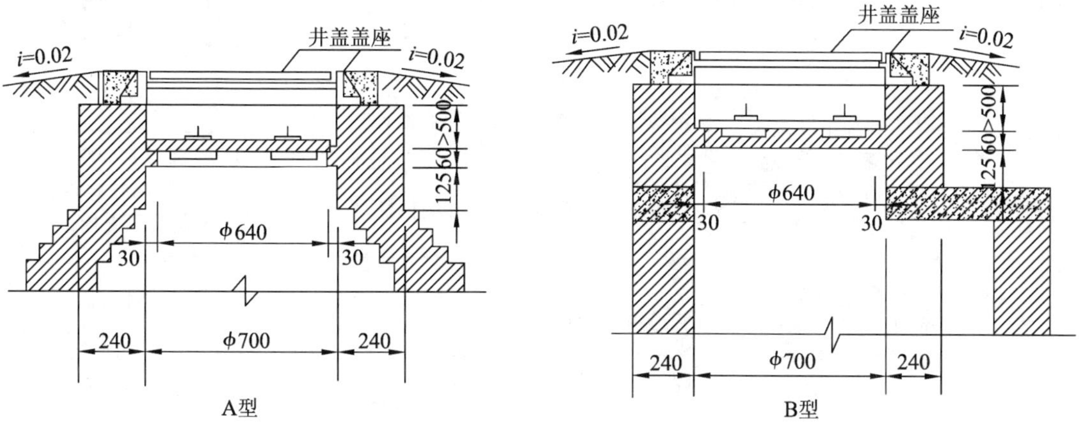

图 2-1-8　砖砌保温井口

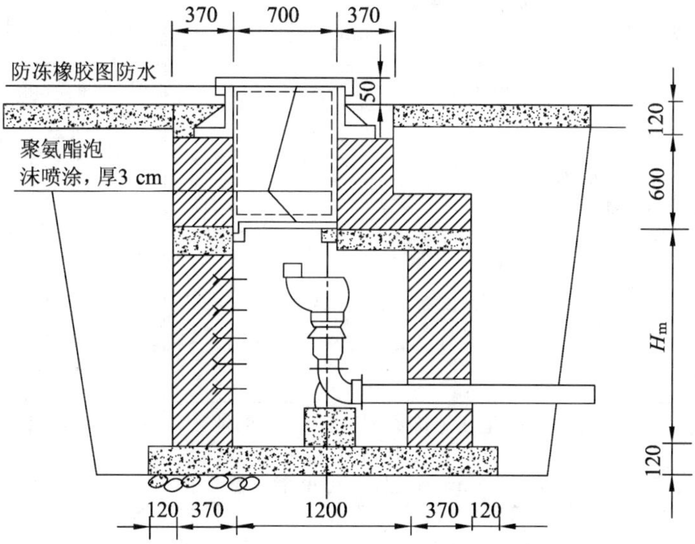

图 2-1-9　混凝土浇筑保温井口

室外消火栓安装简图见表 2-1-10。

表 2-1-10 室外消火栓安装简图表

图号	图名	说明	图示
88S162/4	室外地上式消火栓安装图(浅 100 型)[消火栓 SS100—1.0(1.6)型]	1. 管道最小覆土 H_m SS100—1.0 型:550 mm SS100—1.6 型:800 mm SS150—1.0 型:640 mm SS150—1.6 型:890 mm 若要加大埋深,在栓体和底座间可加设配套的法兰短管,每节长 250 mm,最多 7 节 2. 适用冰冻浓度≤200 mm 的地区	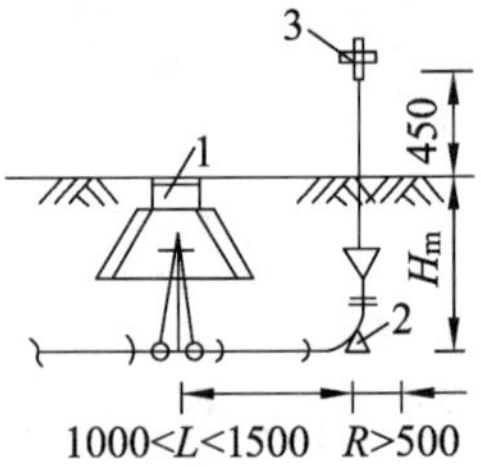 1—阀门套管;2—弯管底座;3—室外地上式消火栓
88S162/5	室外地上式消火栓安装图(浅 150 型)[消火栓 SS150—1.0(1.6)型]		
88S162/6	室外地上式消火栓安装图(深 100 型)[消火栓 SS100—1.0(1.6)型]	1. 管道覆土深度 H_m 深 100 型:1050~2800 mm 深 100 型:1140~2890 mm 深度可由配套法兰接管调整,每节 250 mm,最多 7 节 2. 适用冰冻深度>200 mm 地区 3. 阀门井 $D=1200$ mm,详见国标 S143	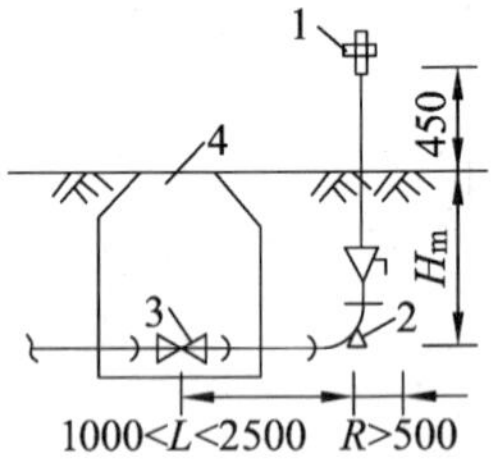 1—室外地上式消火栓;2—弯管底座;3—阀门;4—阀门井
88S162/7	室外地上式消火栓安装图(深 150 型)[消火栓 SS150—1.0(1.6)型]		
88S162/9	室外地下式消火栓安装图(浅 100 型)[消火栓 SX100×65—1.0(1.6)][①]	适用冰冻深度≤400 mm 的地区	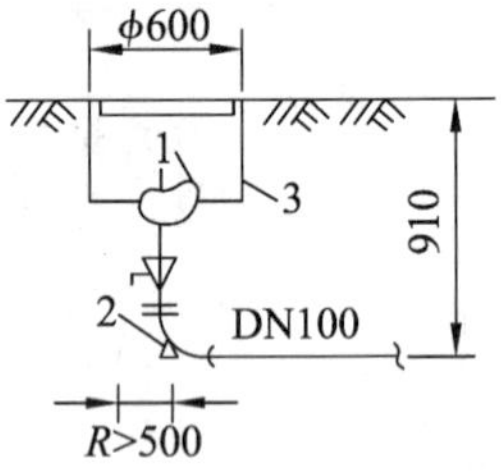 1—室外地下式消火栓;2—弯管底座;3—阀门井
88S162/11	室外地下式消火栓安装图(深 100 Ⅰ型)[消火栓 SX100×65—1.0(1.6)型][①]	1. 适用冰冻深度>400 mm 的地区 2. 管道覆土深度 H_m 可在 1200~2950 mm 范围内,可由配套法兰接管调整,节管每段长 250 mm,最多 7 节 3. 圆形阀门井 $D=1200$ mm,详见图册 S143 4. 消火栓用 90°弯管与给水干管连接	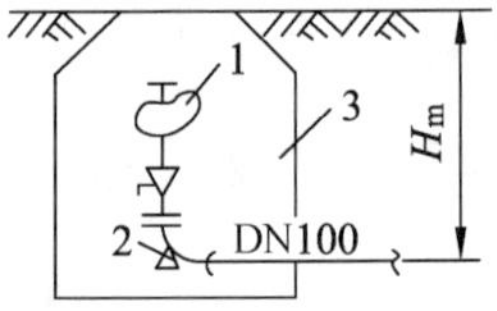 1—室外地下式消火栓;2—弯管底座;3—阀门井
88S162/13	室外地下式消火栓安装图(深 100 Ⅱ型)[消火栓 SX100×65—1.0(1.6)型][①]	1. 适用条件、覆土深度、阀门井和消火栓选型同 88S162/11 2. 消火栓用三通与给水干管直接连接	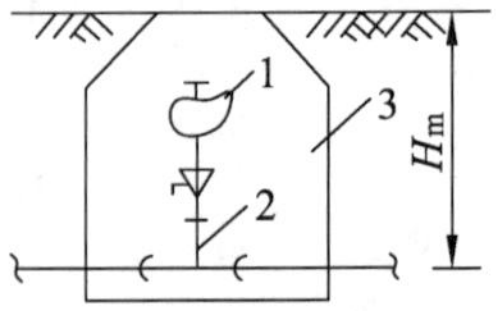 1—室外地下式消火栓;2—三通;3—阀门井

2.1.2 室内消火栓给水系统

2.1.2.1 室内消火栓的设置场所及系统组成

1. 室内消火栓的设置场所

我国现行的《建筑设计防火规范》GB 50016—2014 规定：

(1) 存有与水接触能引起燃烧爆炸的物品的建筑物和室内没有生产、生活给水管道，室外消防用水取自储水池且建筑体积小于等于 5000 m^3 的其他建筑，可不设置室内消火栓。

(2) 除上述规定外的下列建筑应设置 DN65 的室内消火栓：

① 建筑占地面积大于 300 m^2 的厂房（仓库）；但对于耐火等级为一、二级且可燃物较少的单层、多层丁、戊类厂房（仓库），耐火等级为三、四级且建筑体积小于等于 3000 m^3 的丁类厂房和建筑体积小于等于 5000 m^3 的戊类厂房（仓库）、粮食仓库、金库可不设置室内消火栓。

② 体积大于 5000 m^3 的车站、码头、机场的候车（船、机）楼、展览建筑、商店、旅馆建筑、病房楼、门诊楼、图书馆建筑等。

③ 特等、甲等剧场，超过 800 个座位的其他等级的剧场和电影院等；超过 1200 个座位的礼堂、体育馆等。

④ 超过 5 层或体积大于 10000 m^3 的办公楼、教学楼、非住宅类居住建筑等其他民用建筑。

⑤ 超过 7 层的住宅应设置室内消火栓系统；当确有困难时，可只设置干式消防竖管和不带消火栓箱的 DN65 的室内消火栓。消防竖管的直径不应小于 65 mm。

(3) 国家级文物保护单位的重点砖木或木结构的古建筑，宜设置室内消火栓。

(4) 设有室内消火栓的人员密集公共建筑以及低于第 2 条规定规模的其他公共建筑，宜设置消防软管卷盘；建筑面积大于 200 m^2 的商业服务网点，应设置消防软管卷盘或轻便消防水龙。

2. 室内消火栓给水系统的组成

建筑室内消火栓给水系统一般由水枪、水带、消火栓、消防管道、消防水池（或水源）、高位水箱、水泵接合器及增压水泵等组成，如图 2-1-10 所示。

消火栓系统的组成

1) 消火栓箱

消火栓箱俗称室内消防箱，一般规格为 800 mm(高)×650 mm(宽)×220 mm(厚)，内置水枪、水带和消火栓以及火灾报警按钮等，为便于快速灭火，水枪、水带和消火栓均采用内扣式快速接口（卡口）。根据室内美观等要求，箱体形式有嵌墙暗箱、半明装箱和挂墙明箱三种。通常消火栓安装在箱体下部，出水口面向前方，水带折放在框架内，也可双层绕于水带转盘上；水枪安装于水带转盘旁边弹簧卡上，如图 2-1-11 所示。

消火栓箱宜采用在紧急情况下能方便开启或破坏的门，如玻璃门等，不应采用锁闭的封闭金属门等开启困难的箱门。

(1) 水枪

水枪的功能是把水带内的均匀水流转化成所需流态，喷射到火场的物体上，达到灭火、冷却或防护的目的。按出水水流状态，消防水枪可分为直流水枪、喷雾水枪、开花水枪三类；按水流是否能够调节可分为普通水枪（流量和流态均不可调）、开关水枪（流量可调）、多功能水枪（流量和流态均可调）三类。

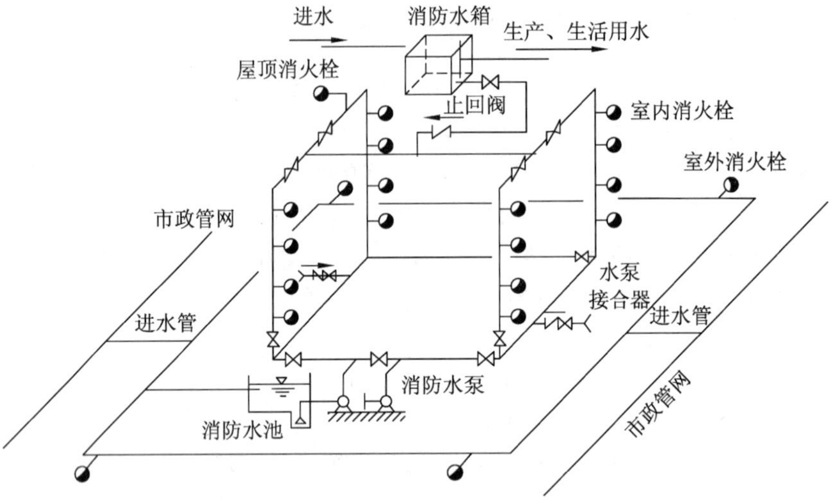

图 2-1-10 低层建筑消火栓消防给水系统组成示意

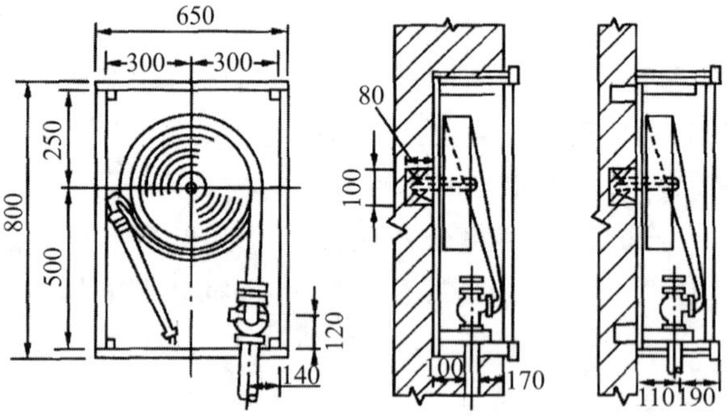

图 2-1-11 消火栓箱安装图（单位：mm）

室内消防箱内一般为直流式水枪，喷嘴口径有 13、16、19 mm 三种，是消防队员投入火场后用于直接灭火的工具。低层建筑的消火栓箱，当每支水枪最小流量小于 3 L/s时，一般可选用 13 mm 或 16 mm 口径的水枪；当流量大于 3 L/s 时应选用 19 mm 口径的水枪。

（2）水带

水带口径有 50、65 mm 两种，水带长度一般为 15、20、25、30 m 四种。水带材质有麻织和化纤两种，有衬橡胶与不衬橡胶之分，衬胶水带阻力较小。水带的长度应根据其服务半径和水力计算选定。水带与消火栓栓口的口径应完全一致。

（3）消火栓

消火栓是安装在室内消防给水管网上，向火场供水的带有阀门的标准接口，是室内消防供水的主要设备之一。消火栓的作用是用于截断和控制水流，发生火灾时连接水带和水枪，直接用于扑灭火灾。其进水端与消防管道相连，出水端与水带相连。消火栓有

SN 型直角单出口、SN 型 45°单出口和 SNS 型直角双出口三种。单出口消火栓口径有 50 mm 和 65 mm 两种，通常选用 SN65 型消火栓，双阀双出口消火栓口径为 65 mm，一般不推荐使用双出口消火栓。

室内消火栓的规格性能见表 2-1-11。

表 2-1-11 室内消火栓规格性能

型号	进水口/mm	出水口/mm	工作压力/MPa	强度试验压力/MPa	外形尺寸（长×宽×高）/mm	质量/kg
SN50	50	50	1.6	2.4	165×125×180	3.5
SNA50	50	50			200×120×180	4.0
SNS50	65	50×2			220×190×200	5.3
SN65	65	65			190×140×200	5.0
SNA65	65	65			230×140X 200	5.4
SNS65	75	65×2			230×190×220	7.2

（4）消防卷盘

消防卷盘叫法不一，有小口径自救式消火栓、自救水枪、消防水喉、消防软管卷盘、消防软管转轮、急救消火枪等叫法。它对尽早及时控制初期火灾且有明显作用，也是控制建筑物内固体可燃物初期火灾的有效灭火设备，且用水量小、构造简单、价格便宜、操作方便，未经专门训练的非专业消防人员也能使用，是消火栓给水系统中一种重要的辅助灭火设备，近年来大量兴建的民用建筑中已有应用，并受到欢迎。在设置消火栓有困难或不经济时，可考虑配置这类灭火设备。它主要是供建筑物内工作人员为扑灭初期火灾配备的，其技术性能如表 2-1-12、表 2-1-13 所列。

表 2-1-12 自救式小口径消火栓设备技术性能

室内消火栓		输水管和水带				水枪	
栓口直径/mm	数量/个	名称	公称压力/Pa	公称直径/mm	长度/m	型号	数量/个
25	1	胶管	1×10^6	19	25	特制小口径直流开关水枪	1
65	1	衬胶水带	0.8×10^6	65	20	ϕ19 mm 直流水枪	1

表 2-1-13 消防软管卷盘技术性能

消火栓栓口直径/mm	水枪喷嘴口径/mm	输入压力/MPa	有效射程/m	流量/(L/s)	软管			
					口径/mm	长度/m	工作压力/Pa	爆破压力/Pa
25	6	0.1～1	6.75～15.30	0.2～0.86	19	20、25、30	1×10^6	3×10^6
25	7	0.1～1	6.75～16.20	0.25～1.06	19	20、25、30	1×10^6	3×10^6
25	8	0.1～1	6.75～17.10	0.30～1.26	19	20、25、30	1×10^6	3×10^6

消防卷盘由小口径室内消火栓（口径为 25 mm 或 32 mm）、输水胶管（内径 19 mm）、小口径开关水枪（喷嘴口径为 6.8 mm 或 9 mm）和转盘配套组成，长度 20～40 mm 的胶管卷绕在由摇臂支撑并可旋转的转盘上，胶管一头连接小口径消火栓，另一头连接小口径水枪，整套消防卷盘与普通消火栓共放在组合型消防箱内［图 2-1-12（a）］或单独放置在专用消防箱内［图 2-1-12（b）］。

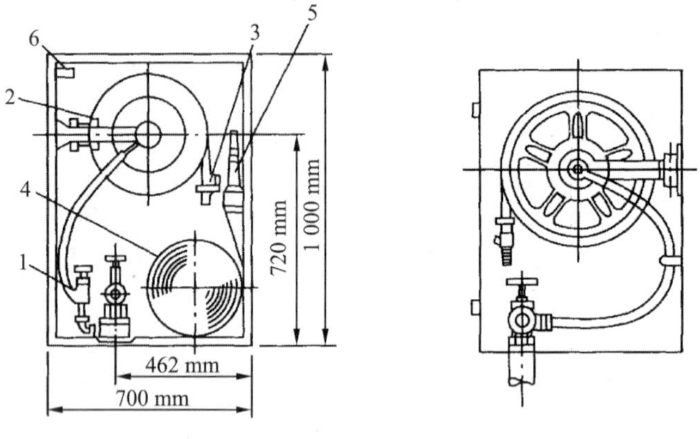

(a)自救式小口径消火栓设备　　(b)消防软管卷盘

1—小口径消火栓；2—卷盘；3—小口径直流开关水枪；4—ϕ 65 输水衬胶水带；5—大口径直流水枪；6—控制按钮

图 2-1-12　消防水喉设备

消防卷盘可与消防给水管道连接，也可与生活给水管连接。在设有室内消火栓的建筑物内，若设有这类设施，一般首先使用其进行灭火，由于用水量较少，消防队不使用这种设备进行灭火，只供本单位职工使用。若还控制不了火势需使用室内消火栓时，关闭消防卷盘。消防卷盘消防用水量较少，在设计时可不计算其用水量。

2）水泵接合器

水泵接合器是利用消防车从室外消火栓、消防水池或天然水源取水，通过水泵接合器将水加压送至室内消防管网供灭火使用的装置。其一端由室内消防给水管网底部水平干管引出，另一端设于消防车易于接近和使用的地方。一个消防水泵接合器一般供一辆消防车向室内管网送水。

我国现行的《消火栓规范》规定：

（1）高层厂房（仓库）、设置室内消火栓且层数超过 4 层的厂房（仓库）、设置室内消火栓且层数超过 5 层的公共建筑，其室内消火栓给水系统应设置消防水泵接合器。

（2）消防水泵接合器应设置在室外便于消防车使用的地点，与室外消火栓或消防水池取水口的距离宜为 15～40 m。消防水泵接合器的数量应按室内消防用水量计算确定，每个消防水泵接合器的流量宜按 10～15 L/s 计算。消防车能长期正常运转且能发挥消防车较大效能时的流量一般为 10～15 L/s。

这主要是为使消防人员到达火场后消防车能及时出水，减少消防人员登高扑救、铺设水带的时间，方便向建筑内加压和供水做出的规定。

水泵接合器有地上、地下和墙壁式三种，如图 2-1-13 所示。宜采用地上式，当采用地下式时应有明显标志。

水泵接合器的技术性能见表 2-1-14。

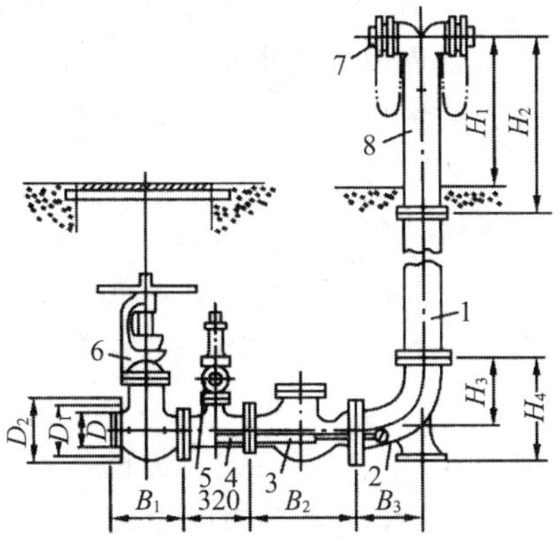

(a) SQ型地上式

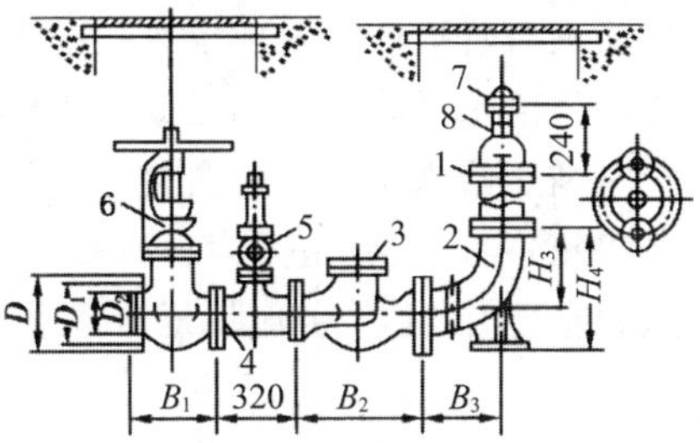

(b) SQ型地下式

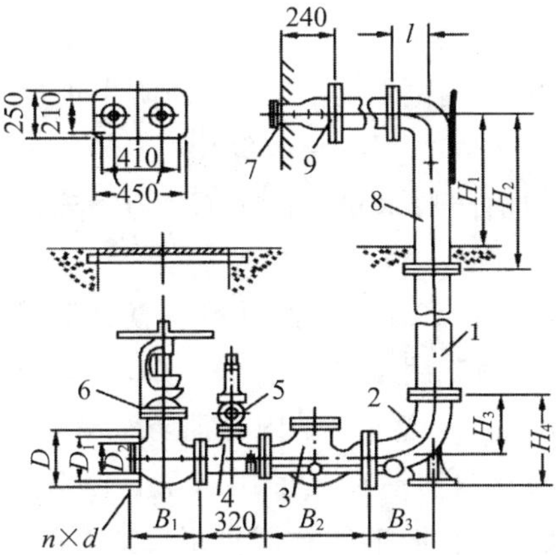

(c) SQ型墙壁式

1—法兰接管；2—弯管；3—升降式单向阀；4—放水阀；5—安全阀；6—楔式闸阀；7—进水用消防接口；8—本体；9—法兰弯管

图 2-1-13　水泵接合器外形图

表 2-1-14　水泵接合器技术性能

名称	型号	公称压力/MPa	直径/mm	进水口尺寸/mm	备注
地上式水泵接合器	SQ100	1.6	100	65×65	直径为 150 mm 的水泵接合器适用于大功率消防车供水使用
	SQ150		150	80×80	
地下式水泵接合器	SQX100	1.6	100	65×65	
	SQX150		150	80×80	
墙壁式水泵接合器	SQB100	1.6	100	65×65	
	SQB150		150	80×80	

3）消防水箱

设置常高压给水系统并能保证最不利点消火栓和自动喷水灭火系统等的水量和水压的建筑物，或设置干式消防竖管的建筑物，可不设置消防水箱。这主要是因为干式消防竖管系统平时管道内无水，灭火时要依靠消防队向管道内加压供水；而常高压给水系统一般能满足灭火时管道内以及建筑内任一处消火栓的水量和水压要求，故可不设消防水箱。但当常高压给水系统不能满足此要求时，仍需要设置消防水箱。

设置临时高压给水系统的建筑物应设置消防水箱（包括气压水罐、水塔、分区给水系统的分区水箱）。这主要是因为临时高压给水系统给水可靠性较低，消防水箱对扑救初期火灾起着重要作用，为确保其自动供水的可靠性，消防水箱的设置应符合下列规定：

（1）重力自流的消防水箱应设置在建筑的最高部位。由于重力自流的水箱供水安全可靠，因此，消防水箱应尽量采用重力自流式，并设置在建筑物的顶部（最高部位），且要求能满足最不利点消火栓栓口静压要求。对于建筑高度不超过 24 m 的多层民用建筑和工业建筑，在建筑物的最高处设置重力自流消防水箱时，其水箱设置高度应满足最高一层的消火栓栓口静压不低于 0.07 MPa。

（2）消防水箱应储存 10 min 扑救初期火灾的消防用水量。其计算公式：

$$V_X = 0.6Q_X \tag{2-3}$$

式中，V_X 为消防水箱储存的消防用水量，m^3；Q_X 为室内消防用水总量，L/s；0.6 为单位换算系数。

当室内消防用水量小于等于 25 L/s，经计算消防水箱所需消防储水量大于 12 m^3 时，仍可采用 12 m^3；当室内消防用水量大于 25 L/s，经计算消防水箱所需消防储水量大于 18 m^3 时，仍可采用 18 m^3。这主要是因为消防水箱是储存扑救初期火灾用水量的储水设备，一般考虑 10 min 扑救初期火灾的用水量。但对于用水量较大的建筑物，因该建筑用水量常较大，而初期灭火时的实际出水水枪数有限，为避免消防水箱过大，而做出上述规定。

（3）消防用水与其他用水合用的水箱应采取消防用水不作他用的技术措施。消防水箱宜与生活（或生产）高位水箱合用，以保证箱内水质良好，防止水质腐败，并能及时检修；但应有消防用水不作他用的技术措施。例如，将生产、生活用水管置于消防水面以上，或在消防水面处的生产、生活用水的出水管上打孔，保证消防用水安全。消防用水的出水管应设在水箱的底部，保证供应消防用水。具体做法如图 2-1-14、图 2-1-15 所示。

（4）发生火灾后，由消防水泵供给的消防用水不应进入消防水箱。固定消防水泵启动后，消防管路内的水不应进入水箱，以维持管网内的消防水压。消防水箱的补水应由生产或生活给水管道供应。采用消防水泵直接向消防水箱补水，容易导致灭火时消防用水进入水箱，在设计时应引起注意。通常水箱消防出水管上应设置止回阀以防消防水倒流入水箱。

（5）消防水箱可分区设置。

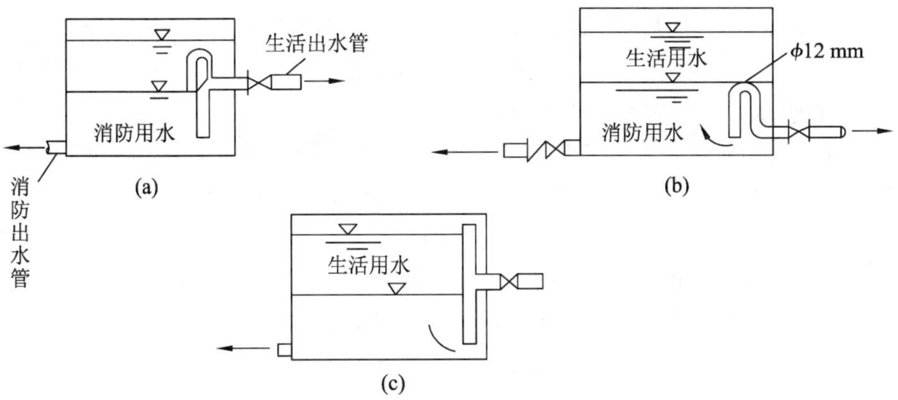

图 2-1-14 共用水箱中生活和消防出水管不同出水管安装方式

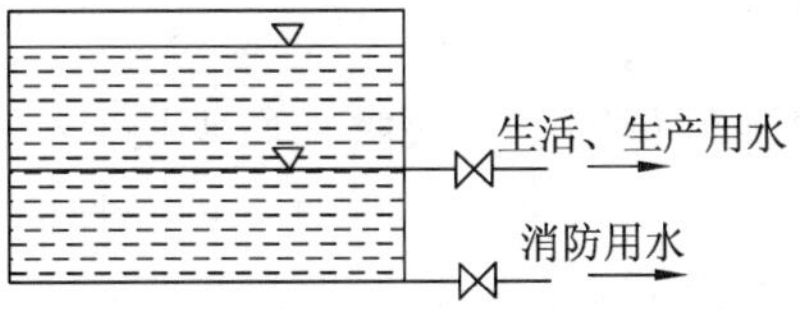

图 2-1-15 消防和生产、生活共用水箱出水管安装方式

4）消防水池

消防水池是人工建造的消防水源，是天然水源或市政给水管网的一种重要补充手段。消防用水宜与生活、生产用水合用水池，亦可建成独立的消防水池。

（1）消防水池的设置原则

① 当生产、生活用水量达到最大时，市政给水管道、进水管道或天然水源不能满足室内外消防用水量。该条规定主要考虑市政给水管网管径太小或进水管径太小，不能保证消防用水量，或虽然有天然水源，但其水位太低、水量太少或枯水季节不能保证消防用水，为确保安全，应设消防水池。

② 市政给水管道为枝状或只有 1 条进水管，且室内外消防用水量之和大于 25 L/s。该条规定主要考虑给水管网在检修或事故时，会影响到消防用水的安全，为可靠起见，应设消防水池。

（2）消防水池的设置要求

① 当室外给水管网能保证室外消防用水量时，消防水池的有效容量应满足在火灾延续时间内室内消防用水量的要求。当室外给水管网不能保证室外消防用水量时，消防水池的有效容量应满足在火灾延续时间内室内消防用水量与室外消防用水量不足部分之和的要求。

当室外给水管网供水充足且在火灾情况下能保证连续补水时，消防水池的容量可减去火灾延续时间内补充的水量。

这里所说的有效容量，即能够储存消防用水供扑灭火灾使用的有效水容积。有效水容积应为水池溢流口以下且不包括水池底部无法取水的部分以及隔墙、柱所占的体积。

在火灾情况下能确保连续补水时，消防水池的容量可以减去火灾延续时间内补充的水量。确保连续补水的条件为：

A. 消防水池有 2 条补水管且分别从环状管网的不同管段取水，且其补水量是按最不利情况计算的。例如，有 2 条进水管，其补水量就要按管径较小的补水管计算。如果水压不同，就要按补水量较小的补水管计算。

B. 若部分采用供水设备，该供水设备应设置有备用泵和备用电源（或内燃机作为备用动力），且能使供水设备不间断地向水池供水的输水管不少于 2 条时，可减去火灾延续时间内补充的水量。在计算补水量时，仍应按补水能力最小的补水管进行计算。

② 补水量应经计算确定，且补水管的设计流速不宜大于 2.5 m/s。

如果城市给水管网供水充足，除能保证室外消防用水量外，还有余量向室内消防水池补充水量，此时允许接纳室外给水管网在火灾延续时间内向消防水池补水。补水管道计算流速不应超过 2.5 m/s，取 1.0～1.5 m/s 较合适。

③ 消防水池的补水时间不宜超过 48 h；对于缺水地区或独立的石油库区，不应超过 96 h。

消防水池的补水时间主要考虑第二次火灾扑救需要。一般情况下，补水时间不宜超过 48 h；在无管网的缺水区，采用深井泵补水时，可延长到 96 h。

④ 容量大于 500 m^3 的消防水池，应分设成两个能独立使用的消防水池。

消防水池容量过大时应分成 2 个，以便水池检修、清洗时仍能保证消防用水，但 2 个水池都应具备独立使用的功能，各有水泵吸水管、补水进水管、泄水管、溢水管等。2 个水池之间还应设置连通管和控制阀门，如图 2-1-16 所示。

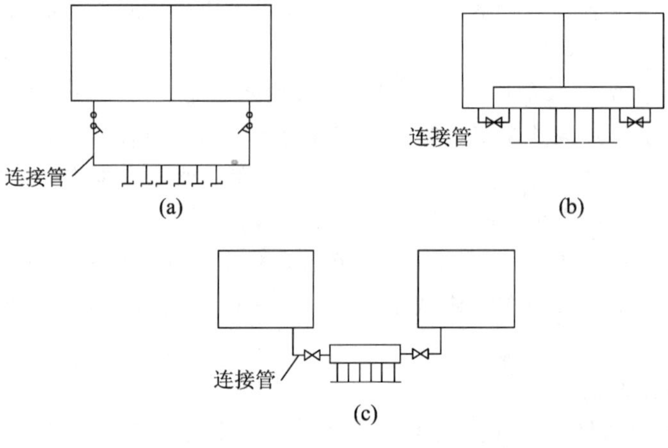

图 2-1-16　消防水池布置方式

注：图中连接管均应按消防总流量选管径。

⑤ 供消防车取水的消防水池应设置取水口或取水井，且吸水高度不应大于 6.0 m。取水口或取水井与建筑物（水泵房除外）的距离不宜小于 15 m；与甲、乙、丙类液体储罐的距离不宜小于 40 m；与液化石油气储罐的距离不宜小于 60 m，如采取防止辐射热的保护措施时，可减为 40 m。

消防水池要能够供应其保护半径内所有建、构筑物灭火所用消防用水，且不会受到建筑物火灾的威胁。因此，消防水池取水口距离建筑物不应小于 15 m，距甲、乙、丙类液体储罐不宜小于 40 m。距离可燃液体储罐的距离还应根据储罐的大小、储存液体的燃烧特性等进行调整。

⑥ 供消防车取水的消防水池，其保护半径不应大于 150 m。

消防水池供消防车取水时，根据消防车的保护半径（即一般消防车发挥最大供水能力时的供水距离为 150 m），规定消防水池的保护半径为 150 m。

⑦ 消防用水与生产、生活用水合并的水池，应采取确保消防用水不作他用的技术措施。

消防用水与生产、生活用水合并水池时，为防止消防用水被生产、生活用水所占用，要求有可靠的技术设施（例如，生产、生活用水的出水管设在消防水面之上）保证消防用水不作他用。在气候条件允许并利用游泳池、喷水池、冷却水池等用作消防水池时，它们必须具备消防水池的功能，设置必要的过滤装置，各种用作储存消防用水的水池，当清洗放空时，必须另有保证消防用水的水池。

⑧ 严寒和寒冷地区的消防水池应采取防冻保护设施。

(3) 消防水池的有效容量

消防水池的有效容积应按下列公式确定：

$$V=3.6\times\left(\sum_{i}^{n}q_i t_i-q_{\mathrm{b}}t_{ij}\right) \tag{2-4}$$

式中，V 为消防水池的有效容量，m^3；n 为需要同时开启的灭火系统种类数；q_i 为所负担的某类灭火系统用水量，L/s；t_i 为该灭火系统相应的火灾延续时间，h；采用表 2-1-15 的数据。q_{b} 为火灾延续时间内外网的可靠连续补充水量，L/s；t_{ij} 为 t_i 中的最大者，h。

火灾延续时间指扑灭火灾所需的最短时间间隔，根据火灾统计资料、经济发展水平、消防队消防力量等情况确定。不同场所及各类灭火系统的火灾延续时间都不相同，对于多层建筑，我国的《消火栓规范》对此均作了明确的规定，见表 2-1-15。

表 2-1-15 不同场所的火灾延续时间

<table>
<tr><th>建筑类别</th><th>场所名称</th><th>火灾延续时间/h</th></tr>
<tr><td rowspan="4">甲、乙、丙类液体储罐</td><td>浮顶罐</td><td rowspan="3">4.0</td></tr>
<tr><td>地下和半地下固定顶立式罐、覆土储罐</td></tr>
<tr><td>直径小于等于 20 m 的地上固定顶立式罐</td></tr>
<tr><td>直径大于 20 m 的地上固定顶立式罐</td><td rowspan="2">6.0</td></tr>
<tr><td rowspan="2">液化石油气储罐</td><td>总容积大于 220 m³ 的储罐区或单罐容积大于 50 m³ 的储罐</td></tr>
<tr><td>总容积小于等于 220 m³ 的储罐区且单罐容积小于等于 50 m³ 的储罐</td><td rowspan="5">3.0</td></tr>
<tr><td rowspan="3">可燃气体储罐</td><td>湿式储罐</td></tr>
<tr><td>干式储罐</td></tr>
<tr><td>固定容积储罐</td></tr>
<tr><td rowspan="2">可燃材料堆场</td><td>煤、焦炭露天堆场</td></tr>
<tr><td>其他可燃材料露天、半露天堆场</td><td>6.0</td></tr>
</table>

续表

建筑类别	场所名称	火灾延续时间/h
仓库	甲、乙、丙类仓库	3.0
	丁、戊类仓库	2.0
厂房	甲、乙、丙类厂房	3.0
	丁、戊类厂房	2.0
民用建筑	公共建筑	2.0
	居住建筑	
灭火系统	自动喷水灭火系统	应按相应现行国家标准确定
	泡沫灭火系统	
	防火分隔水幕	

(4) 消防水池的管道及辅助设施

消防水池的有效水深是指设计最高水位至消防水池最低有效水位之间的距离。消防水池最低有效水位是消防水泵吸水喇叭口或出水管喇叭口以上 0.6 m 水位，当消防水泵吸水管或消防水池出水管上设置防止旋流器时，最低有效水位为防止旋流器顶部以上 0.15 m，如图 2-1-17 所示。

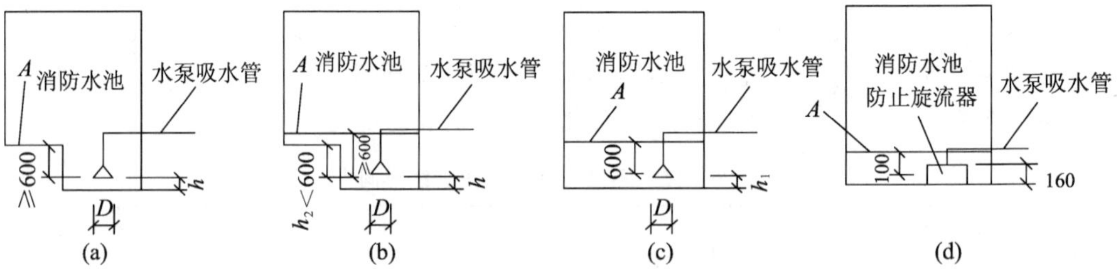

A—消防水池最低水位线；*D*—吸水喇叭口直径；
h—喇叭口底到吸水井底的距离；h_1—喇叭口底到池底的距离

图 2-1-17　消防水池最低水位

消防水池进水管，其管径应按补水时间内补水流量确定，计算时管内流速可取 1 m/s。进水管上应设检修闸阀和水位控制阀。

消防水池出水管，一般是消防水泵吸水管。最好在水池底部设集水坑，水泵从集水坑中取水，以减少水池无效容积。与生活、生产共用的消防水池，应有确保消防用水不被其他用水占用的技术措施（图 2-1-18 和图 2-1-19）。

溢流水位宜高出设计最高水位 0.05 m 左右，溢水管喇叭口应与溢流水位在同一水位线上，溢水管比进水管大 2 号，溢水管上不应装有阀门。溢水管、泄水管不应与排水管直接连通，防止回流污染，并应采取防止蚊蝇、虫、鼠从溢流管进入水池的措施。

水池放空管在消防水池清洗或检修时放空储水用，设在水池集水坑底部，用阀门控制。

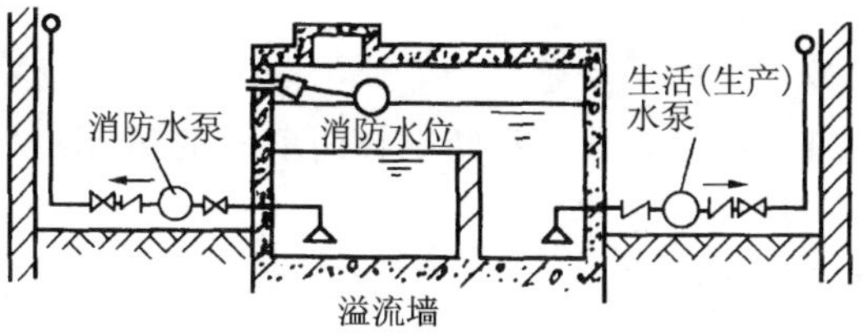

图 2-1-18 在储水池中设溢流墙

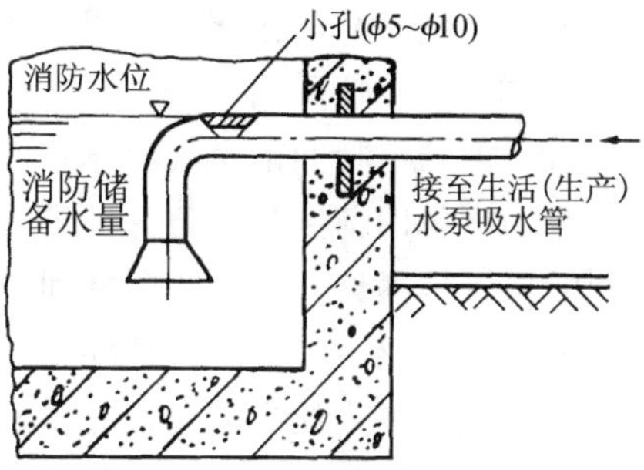

图 2-1-19 在生活或生产水泵吸水管上开孔

消防水泵回流管、消防水泵应定期检验，检验运行的消防水泵出水可回到水池。回流管由水泵出水管接至消防水池。

水池通风管，水池顶板一般比水池最高水面高出 300 mm 左右，常在水池顶板上设高低两通风竖管与大气相通，使水池内外空气流通。通风管顶设管帽或弯管，既能保持通风，又能防止异物进入水池。

池顶检修孔（又称人孔），便于进入水池清洗、检修。检修孔有圆形和方形两种，最小尺寸ϕ 600 mm 或 600 mm×600 mm。检修孔应有密闭盖板，防止雨水、污水和异物进入水池。

为观察水池内水位变化，可设置电传水位计。

2.1.2.2 室内消火栓及消防给水管道

1. 室内消火栓

室内消火栓的规格、型号、性能及作用见 2.1.2 节有关内容。

消火栓规范

建筑的室内消火栓、阀门等设置地点应设置永久性固定标志。目前有些室内消防设施无标志或标志不明显，有的标志不规范或易脱落、损坏。因此，我国《建筑设计防火规范》GB 50016—2014 规定了室内消火栓、阀门等室内消防设施应设置永久性固定标志，以方便使用。

1）室内消火栓的设置

室内消火栓是建筑室内的主要灭火设备，消火栓设置合理与否，对建筑火灾的扑救效果影响很大。设计时应考虑在任何初期建筑火灾条件下，均可使用室内消火栓进行灭火。当一个消火栓受到火灾威胁不能使用时，相邻消火栓仍能保护该消火栓保护范围内的任何部位。因此，每个消火栓应按出 1 支水枪计算，除建筑物最上一层外，不应使用双出口消火栓。布置消火栓时，应保证相邻消火栓的水枪（不是双出口消火栓）充实水柱同时到达其保护范围内的室内任何部位。

室内消火栓的设置，《建筑设计防火规范》GB 50016—2014 要求应符合下列规定：

（1）除无可燃物的设备层外，设置室内消火栓的建筑物，其各层均应设置消火栓。

单元式、塔式住宅的消火栓宜设置在楼梯间的首层和各楼层休息平台上。当设 2 根消防竖管确有困难时，可设 1 根消防竖管，但必须采用双口双阀型消火栓。干式消火栓竖管应在首层靠出口部位设置，便于消防车供水的快速接口和接止回阀。

建筑物内不允许有些楼层设置消火栓而有些楼层不设置消火栓，如需设置消火栓，则每层均应设置。对于单元式、塔式住宅，在楼梯间可设置干式消防竖管，消火栓口设在楼梯间供消防队员接水带使用。消火栓口可隔层设置，也可在楼梯休息平台设置，栓口的公称直径均应采用 65 mm。

(2) 消防电梯间前室内应设置消火栓。

消防电梯间前室是消防人员进入室内扑救火灾的桥头堡，为方便消防人员向火场发起进攻或开辟通路，在消防电梯间前室应设置室内消火栓。消防电梯间前室的消火栓与室内其他消火栓一样，无特殊要求，但不计入消火栓总数。

(3) 室内消火栓应设置在位置明显且易于操作的部位。栓口离地面或操作基面高度宜为 1.1 m，其出水方向宜向下或与设置消火栓的墙面成 90°；栓口与消火栓箱内边缘的距离不应影响消防水带的连接。

在消火栓箱上或其附近应设置明显的标志，消火栓外表应涂红色且不应伪装成其他东西，便于现场人员及时发现和使用。为减小局部水压损失，在条件允许时，消火栓的出口宜向下或与设置消火栓的墙面成 90°。

(4) 冷库内的消火栓应设置在常温穿堂或楼梯间内。

冷库内的室内消火栓应采取防止冻结损坏措施，一般设在常温穿堂和楼梯间内。冷库进入闷顶的入口处应设置消火栓，便于扑救顶部保温层的火灾。其他具体要求还应符合现行国家标准《冷库设计规范》GB 50072 的规定。

(5) 室内消火栓的间距应由计算确定。高层厂房（仓库）、高架仓库和甲、乙类厂房中室内消火栓的间距不应大于 30 m；其他单层和多层建筑中室内消火栓的间距不应大于 50 m。

为了防止布置不合理，保证灭火使用的可靠性，规定了消火栓的最大间距。除上述要求外，设有空气调节系统的旅馆以及重要的公共建筑等火灾危险性大、发生火灾后易产生较严重后果的建筑物，其室内消火栓的间距也不应超过 30 m。

(6) 同一建筑物内应采用统一规格的消火栓、水枪和水带。每条水带的长度不应大于 25 m。

这主要是为了便于管理和使用。我国消防队使用的水带长度一般为 20 m，有的地区也采用 25 m 的室内消防水带，但如水带长度过长，则不便于灭火使用，故综合考虑要求建筑内设置的消防水带单根长度不应超过 25 m。

除特殊情况或经当地的公安消防机构同意外，每个消火栓处均应设置消火栓箱，并应在箱内放置消火栓、水带和水枪。消火栓箱宜采用在紧急情况下能方便开启或破坏的门，如玻璃门等，不应采用锁闭的封闭金属门等开启困难的箱门。

(7) 室内消火栓的布置应保证每一个防火分区同层有两支水枪的充实水柱同时到达任何部位。建筑高度小于等于 24 m 且体积小于等于 5000 m^3 的多层仓库，可采用 1 支水枪充实水柱到达室内任何部位。

水枪的充实水柱应经计算确定，甲、乙类厂房，层数超过 6 层的公共建筑和层数超过 4 层的厂房（仓库），不应小于 10 m；高层厂房（仓库）、高架仓库和体积大于 25000 m^3 的商店、体育馆、影剧院、会堂、展览建筑、车站、码头、机场建筑等，不应小于 13 m；其他建筑，不宜小于 7 m。

(8) 高层厂房（仓库）和高位消防水箱静压不能满足最不利点消火栓水压要求的其

他建筑，应在每个室内消火栓处设置直接启动消防水泵的按钮，并应有保护设施。

这主要是为了便于及时启动消防水泵，供应火场用水。其他建筑内当消防水箱不能满足最不利点消火栓的水压时，亦应在每个消火栓处设置远距离启动消防水泵的按钮。启动按钮应采取保护措施。例如，放在消火栓箱内或放在有玻璃保护的小壁龛内，防止误启动消防水泵。常高压消防给水系统能经常保持室内给水系统的压力和流量，可不设置室内远距离启动消防水泵的按钮。采用稳压泵稳压时，当室内消防管网压力降低时能及时启动消防水泵的，也可不设远距离启动消防水泵的按钮。

(9) 室内消火栓栓口处的出水压力大于 0.5 MPa 时，应设置减压设施；静水压力大于 1.0 MPa 时，应采用分区给水系统。

如室内消火栓栓口处静水压力过大，再加上扑救火灾过程中，水枪的开闭产生水锤作用，可能使给水系统中的设备受到破坏。因此，消火栓栓口处的静水压力超过 100 m 水柱时，应采用分区给水系统。

消火栓栓口处的出水压力超过 50 m 水柱时，水枪的反作用力大，1 人难以操作。为此，消火栓栓口处的出水压力超过 50 m 水柱时，应采取减压设施；但为确保水枪有必要的有效射程，减压后消火栓栓口处的出水压力不应小于 25 m 水柱。减压措施一般可采用设置减压阀或减压孔板等方式。

(10) 设有室内消火栓的建筑，如为平屋顶时，宜在平屋顶上设置试验和检查用的消火栓。

设置在平屋顶上的屋顶消火栓，主要用以检查消防水泵运转状况、供消防人员检查该建筑物内消防供水设施的性能，以及扑救邻近建筑物的火灾。屋顶消火栓的数量一般采用 1 个。寒冷地区可将其设置在顶层楼梯出口小间附近。

2) 室内消火栓的保护半径、间距的计算

消火栓的保护半径是指某种规格的消火栓、水枪和一定长度的水带配套后，并考虑消防人员使用该设备时有一定安全保障的条件下（为此水枪的上倾角一般不宜超过 45°，最大不能超过 60°，否则最不利着火物下落时会伤及灭火人员），以消火栓为圆心，消火栓能充分发挥作用的半径。

(1) 消火栓的保护半径

$$R_f = fL_d + L_k \tag{2-5}$$

式中，R_f 为室内消火栓的保护半径，m；f 为水带铺设系数，一般取 $f = 80\% \sim 90\%$；L_d 为条水带的实际长度，m；L_k 为水枪充实水柱在平面上的投影长度，m。

水枪充实水柱在平面上的投影长度可按下式计算：

$$L_k = S_k \cos\alpha \tag{2-6}$$

式中，S_k 为水枪充实水柱，m；α 为水枪射流上倾角，由层高、充实水柱确定，一般不超过 45°，在最不利情况下，可稍大些，但最大不能超过 60°。

(2) 水枪充实水柱计算

充实水柱要适度，太小，消防队员可能因热辐射而受伤；太大，由于水枪的反作用力大，可能致使消防队员把握不住。我国《建筑设计防火规范》GB 50016—2014 规定：甲、乙类厂房，层数超过 6 层的公共建筑和层数超过 4 层的厂房（仓库），不应小于

10 m；高层厂房（仓库）、高架仓库和体积大于 25000 m^3 的商店、体育馆、影剧院、会堂、展览建筑、车站、码头、机场建筑等，不应小于 13 m；其他建筑，不宜小于 7 m。

对于手提式水枪，充实水柱长度的规定：从水枪喷嘴起至射流包括 90%的全部消防水量穿过直径为 38 cm 的圆断面后保持密实水柱的长度，如图 2-1-20 所示。

按建筑物层高和水枪的倾角（45°～60°）计算水枪充实水柱长度：

$$S_k=\frac{H_1-H_2}{\sin\alpha} \tag{2-7}$$

式中，S_k 为灭火所需的水枪充实水柱长度，m；H_1 为室内最高着火点距地面高度，m；H_2 为水枪喷嘴距地面高度，一般情况下取 $H_2=1$ m；α 为水枪射流倾角，一般取 45°～60°，如图 2-1-21 所示。

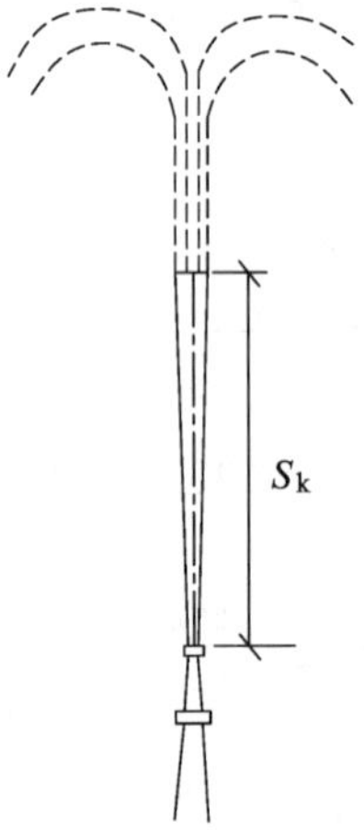

图 2-1-20　水枪充实水柱长度

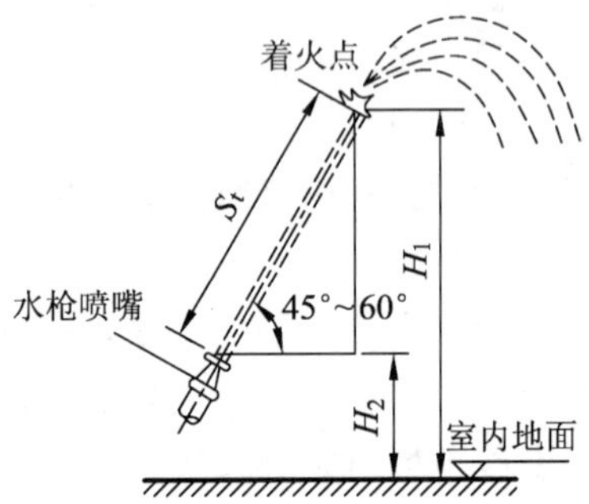

图 2-1-21　水枪充实水柱长度计算

【例 1】　有一单层丙类厂房，其内设置有室内消火栓，该厂房的层高为 10 m。试求水枪的充实水柱长度。

【解】　采用水枪上倾角为 45°，该厂房为单层丙类厂房，则需要的水枪充实水柱长度如下：

$$S_k=\frac{H_1-H_2}{\sin\alpha}=\frac{10-1}{\sin 45°}=\frac{9}{0.707}=12.7\ (\text{m})$$

根据规范要求，丙类单层厂房的水枪充实水柱长度不应小于 7 m，经过计算需要 12.7 m，因此，采用 12.7 m（大于 7 m，符合规范要求）。

若采用水枪的上倾角为 60°，则水枪充实水柱长度如下：

$$S_k=\frac{H_1-H_2}{\sin\alpha}=\frac{10-1}{\sin 60°}=\frac{9}{0.866}=10.4\ (\text{m})$$

该厂房若要求水枪充实水柱长度达到 12.7 m 有困难时，亦可采用 10.4 m。

【例 2】　有一高层工业建筑，其层高为 5 m，试求水枪的充实水柱长度。

【解】　采用水枪的上倾角为 45°，水枪充实水柱长度：

$$S_k=\frac{H_1-H_2}{\sin\alpha}=\frac{5-1}{\sin 45°}=\frac{4}{0.707}=5.66\ (\text{m})$$

根据计算结果，水枪的充实水柱长度仅需5.66 m，但规范规定，高层工业建筑的水枪充实水柱长度不应小于 13 m。因此，该高层工业建筑的水枪充实水柱长度应采用 13 m，而不应采用 5.66 m。

(3) 室内消火栓间距的计算

室内消火栓间距应经过计算确定。

①当室内只有一排消火栓，并且要求有一股水柱达到室内任何部位时，如图 2-1-22 所示，消火栓的间距按下式计算：

$$L_f \leqslant 2\sqrt{R_f^2 - b_f^2} \tag{2-8}$$

式中，L_f 为 1 股水柱时消火栓间距，m；R_f 为室内消火栓保护半径，m；b_f 为消火栓的最大保护宽度，m；外廊式建筑 b_f 为建筑宽度，内廊式建筑 b_f 为走道两侧中最大一边宽度。

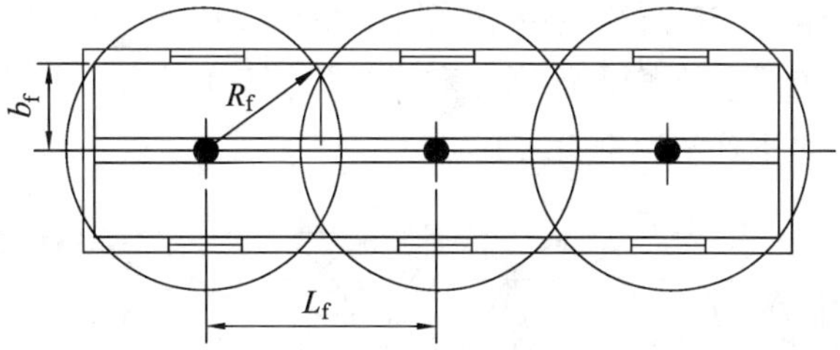

图 2-1-22 一股水枪充实水柱到达任何部位的消火栓布置

② 当室内只有一排消火栓，且要求有两股水柱同时达到室内任何部位时，如图 2-1-23 所示，消火栓的间距按下式计算：

$$L_f \leqslant \sqrt{R_f^2 - b_f^2} \tag{2-9}$$

式中，L_f 为 2 股水柱时消火栓间距，m。

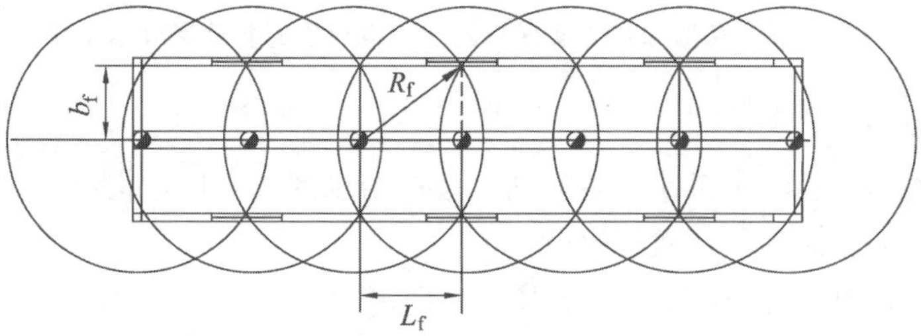

图 2-1-23 两股水枪充实水柱到达任何部位的消火栓布置

③ 当建筑宽度较大，需要布置多排消火栓，且要求有一股水柱同时达到室内任何部位时，如图 2-1-24 所示，消火栓的间距按下式计算：

$$L_f \leqslant \sqrt{2} R_f \tag{2-10}$$

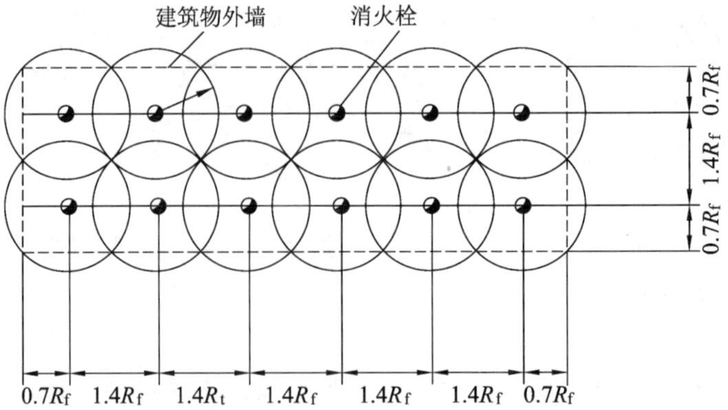

图 2-1-24 一股水枪充实水柱到达任何部位的多排消火栓布置

④ 当室内需要布置多排消火栓，且要求有两股水柱同时达到室内任何部位时，消火栓的间距按式（2-10）计算值缩短一半，如图 2-1-25 所示。

实际工程中，确定消火栓的布置间距和设置数量，除应遵循消火栓的布置原则外，还应结合建筑物的平面布置情况综合考虑。

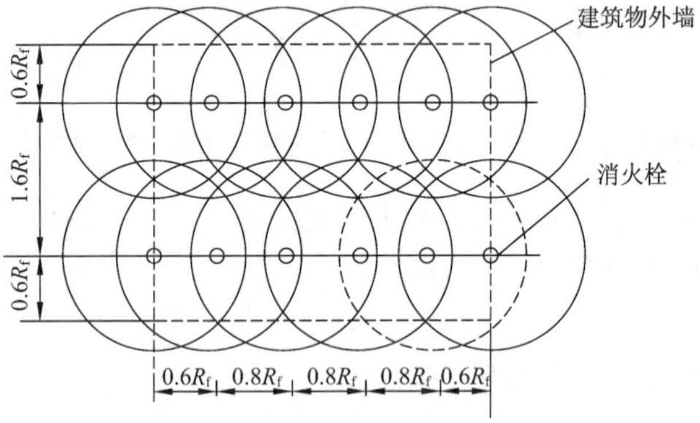

图 2-1-25 两股水枪充实水柱到达任何部位的多排消火栓布置

2. 室内消防管道

建筑物内的消火栓给水系统可与生活、生产给水系统合用，也可单独设置。消火栓给水系统的管材通常采用热浸镀锌钢管。

我国现行《建筑设计防火规范》GB 50016—2014 规定，室内消防给水管道的布置应符合下列要求：

（1）室内消火栓超过 10 个且室外消防用水量大于 15 L/s 时，其消防给水管道应连成环状，且至少应有 2 条进水管与室外管网或消防水泵连接。当其中 1 条进水管发生事故时，其余的进水管应仍能供应全部消防用水量。

设计时应使进水管具有充分的供水能力，确保环状管网供水安全，即任一进水管损坏时，其余进水管仍应能供应全部消防用水量（图 2-1-26）。生产、生活和消防合并的给水管道的进水管，应保证在生产、生活用水量达到最大小时流量时仍能满足消防用水量；若为消防专用的进水管，应仍能保证 100%的消防用水量。

另外，在实际中还存在进水管虽然考虑了消防用水但水表仅考虑了生产、生活用水，当设计对象的消防用水较大时，难以保证火灾时的消防流量和消防水压。因此，进水管上的计量设备（即水表节点）不应降低进水管的进水能力。

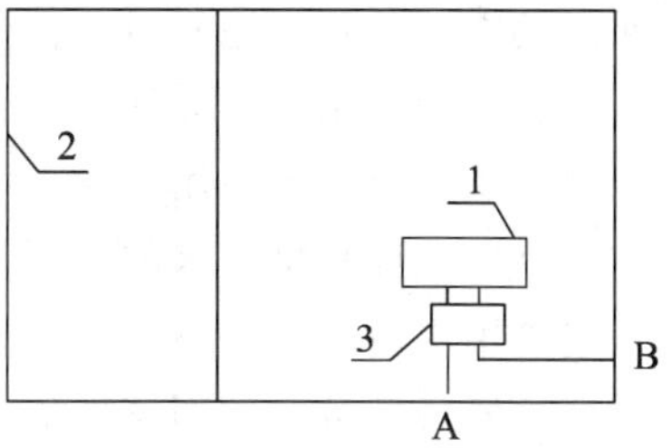

1—室内管网；2—室外环状管道；3—消防泵站；
A、B—进水管与室外环状管网的连接点

图 2-1-26 进水管连接方法示意图

（2）高层厂房（仓库）应设置独立的消防给水系统。室内消防竖管应连成环状。

（3）室内消防竖管直径不应小于 DN100。

（4）室内消火栓给水管网宜与自动喷水灭火系统的管网分开设置；当合用消防泵时，供水管路应在报警阀前分开设置。

这是为了防止：① 消火栓用水影响自动喷水灭火系统的用水；② 消火栓平日漏水引起自动喷水灭火系统发生误报警。当分开设置确有困难时，自动报警阀后的管道必须与消火栓给水系统管道分开，即在报警阀后的管道上禁止设置消火栓，但可共用消防水泵，以减小其相互影响。

（5）高层厂房（仓库）、设置室内消火栓且层数超过 4 层的厂房（仓库）、设置室内消火栓且层数超过 5 层的公共建筑，其室内消火栓给水系统应设置消防水泵接合器。

消防水泵接合器应设置在室外便于消防车使用的地点，与室外消火栓或消防水池取水口的距离宜为 15～40 m。

消防水泵接合器的数量应按室内消防用水量计算确定，每个消防水泵接合器的流量宜按 10～15 L/s 计算。

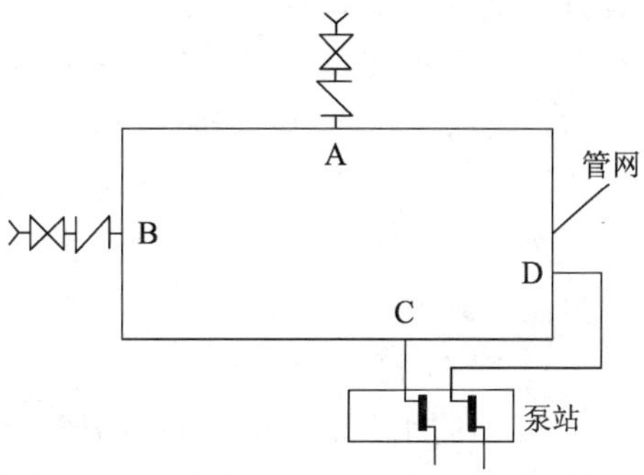

A、B—水泵接合器与室内管网连接点；
C、D—水泵送水管与室内管网的连接点

图 2-1-27 水泵接合器的布置要求

为充分发挥消防水泵接合器向室内管网输水的能力，水泵接合器与室内管网的连接点（如图 2-1-27 内的 A、B 两点）应尽量远离固定消防泵输水管与室内管网的连接点（如图 2-1-27内的 C、D 两点）。

消防水泵接合器应与室内环状管网连接。当采用分区给水时，每个分区均应按规定的数量设置消防水泵接合器，且要求其阀门能在建筑物室外操作，此阀门要采取保护设施，设置明显的标志。

（6）室内消防给水管道应采用阀门分成若干独立段。对于单层厂房（仓库）和公共建筑，检修时停止使用的消火栓不应超过 5 个。对于多层民用建筑和其他厂房（仓库），室内消防给水管道上阀门的布置应保证检修管道时关闭的竖管不超过 1 根；设置的竖管超过 3 根时，可关闭 2 根。阀门应保持常开，并应有明显的启闭标志或信号。

在进行消防管道设计时，环状管网上的阀门布置应保证管网检修时，仍有必要的消防用水。单层厂房（仓库）的室内消防管网上两个阀门之间的消火栓数量不能超过 5 个。布置多层、高层厂房（仓库）和多层民用建筑室内消防给水管网上阀门时，要设法保证其中一条竖管检修时，其余的竖管仍能供应全部消防用水量。

(7) 消防用水与其他用水合用的室内管道，当其他用水达到最大小时流量时，应仍能保证供应全部消防用水量。

(8) 允许直接吸水的市政给水管网，当生产、生活用水量达到最大且仍能满足室内外消防用水量时，消防泵宜直接从市政给水管网吸水。

这样做既可节约国家投资，对消防用水又无影响。否则，凡设有室内消火栓给水系统的建筑均需要设置消防水池。我国有些城市（如上海、沈阳等）允许室内消防水泵直接从室外给水管道取水，不设调节水池。为保证消防给水系统的水压且不致因直接吸水而使城市管网产生负压，城市给水管网的最小水压不应低于 0.1 MPa，并在系统中采取绕过消防水泵设置旁通管及必要的阀门组件等安全措施。

(9) 严寒和寒冷地区非采暖的建筑，冬季极易结冰，可采用干式系统；但要求在室内进水管上应设置快速启闭装置，管道最高处设置自动排气阀，以保证火灾时消火栓能及时出水。

2.1.2.3 消防增压设备、蓄水设施和稳压设备

1. 消防水泵

消防水泵是建筑消防给水系统中主要的增压设备。消防水泵包括消防主泵和稳压泵。稳压泵应与消防主泵连锁，当消防主泵启动后稳压泵自动停运。一组消防水泵应设置备用泵（建筑高度≤54 m 的住宅、室外消火栓流量≤25 L/S 的建筑物、室内栓流量≤10 L/S 的建筑物可不设备用泵），备用泵的工作能力不应小于消防水泵中最大一台消防水泵的工作能力，消防泵常用多级离心式水泵，其泵壳宜为球墨铸铁，叶轮宜为青铜或不锈钢。消防主泵可连锁启动（主管路上的流量开关或压力开关）、联动启动（消火栓按钮或消防控制中心远程启动），也可在泵房控制柜现场手动启动，消防主泵启动后只能现场手动停泵。

1) 消防主泵的性能

① 消防水泵的性能应满足消防给水系统所需流量和压力的要求，消防水泵所配驱动器的功率应满足所选水泵流量扬程性能曲线上任何一点运行所需功率的要求。当采用电动机驱动的消防水泵时，应采用电动机干式安装的消防水泵。

② 流量扬程性能曲线应为无驼峰、无拐点的光滑曲线，零流量时的压力不应大于设计工作压力的 140%，且宜大于设计工作压力的 120%；当出流量为设计流量的 150% 时，其出口压力不应低于设计工作压力的 65%。

③ 消防给水同一泵组的消防水泵型号宜一致，泵轴的密封方式和材料应满足消防水泵在低流量时运转的要求，且工作泵不宜超过 3 台。

2) 消防主泵的安装要求

(1) 一组消防水泵应在消防水泵房内设置流量和压力测试装置，并应符合以下规定：

① 单台消防给水泵的流量不大于 20 L/s、设计工作压力不大于 0.50 MPa 时，泵组应预留测量用流量计和压力计接口，其他泵组宜设置泵组流量和压力测试装置。

② 消防水泵流量检测装置的计量精度应为 0.4 级，最大量程的 75% 应大于最大一

台消防水泵设计流量值的175%。

③ 消防水泵压力检测装置的计量精度应为0.5级，最大量程的75%应大于最大一台消防水泵设计压力值的165%。

④ 每台消防水泵出水管上应设置DN65的试水管，并应采取排水措施。

(2) 消防水泵吸水应符合以下规定：

① 消防水泵应采取自灌式吸水；

② 从市政管网直接抽水时，应在消防水泵出水管上设置有空气隔断的倒流防止器。

③ 当吸水口处无吸水井时，吸水口处应设置旋流防止器。

④ 消防水泵吸水口的淹没深度应满足消防水泵在最低水位运行安全的要求，吸水管喇叭口在消防水池最低有效水位下的淹没深度应根据吸水管喇叭口的水流速度和水力条件确定，但不应小于600 mm。当采用旋流防止器时，淹没深度不应小于150 mm。

(3) 消防水泵吸水管、出水管和阀门安装如图2-1-28、图2-1-29所示，具体要求：

① 一组消防水泵，吸（出）水管不应少于两条。当其中一条损坏或检修时，其余吸水管应仍能通过全部消防给水设计流量。

② 消防水泵吸水管可设置管道过滤器，管道过滤器的过水面积应大于管道过水面积的4倍，且孔径不宜小于3 mm。

③ 消防水泵吸水管上应设置明杆闸阀，当采用蝶阀时，应带有自锁装置；但当设置暗杆闸门时应设有开启刻度和标志。当管径超过DN300时，宜设置电动阀门。

④ 消防水泵的出水管上应设止回阀、明杆闸阀，当采用蝶阀时，应带有自锁装置，当管径大于DN300时，宜设置电动阀门。

⑤ 消防水泵的吸水管、出水管道穿越外墙时，应采用防水套管；消防水泵的吸水管穿越消防水池时，应采用柔性套管。

(4) 消防水泵吸水管和出水管上应设置压力表，并符合以下要求：

① 消防水泵出水管压力表的最大量程不应低于其设计工作压力的2倍，且不应低于1.60 MPa。

② 消防水泵吸水管宜设置真空表、压力表或真空压力表，压力表的最大量程应根据工程具体情况确定，但不应低于0.70 MPa，真空表的最大量程宜为−0.10 MPa。

③ 压力表的直径不应小于100 mm，应采用直径不小于6 mm的管道与消防水泵进出口管相接，并应设置关断阀门。

(5) 消防泵、稳压泵及消防转输泵应有不间断的动力供应，并符合以下要求：

① 双电源切换时间不大于2 s，一路电源与内燃机的动力切换时间不应大于15 s。

② 以自动直接启动或手动直接启动消防水泵时，消防水泵应在55 s内投入正常运行，且应无不良噪声和振动。

③ 备用电源切换启动，消防水泵应在1 min内投入正常运行，备用泵切换启动，消防水泵应在2 min内投入正常运行。

④ 机械应急启动或通过报警阀组启动，消防水泵应在5 min内投入正常运行。

2. 消防水池

图2-1-28为某喷淋灭火系统的水池和水泵房安装示意图。

1）消防水池的容积

消防水池的有效容积应满足在火灾延续时间内室内（外）消防用水量的要求，消防水池的有效容积应根据计算确定。当消防水池采用两路消防供水且在火灾情况下连续补水能满足消防要求时，不应小于 100 m³；当仅设有消火栓系统时，不应小于 50 m³。高层民用建筑高压消防给水系统的高位消防水池总有效容积大于 200 m³时，宜设置蓄水有效容积相等且可独立使用的两格；当建筑高度大于 100 m 时，应设置独立的两座。

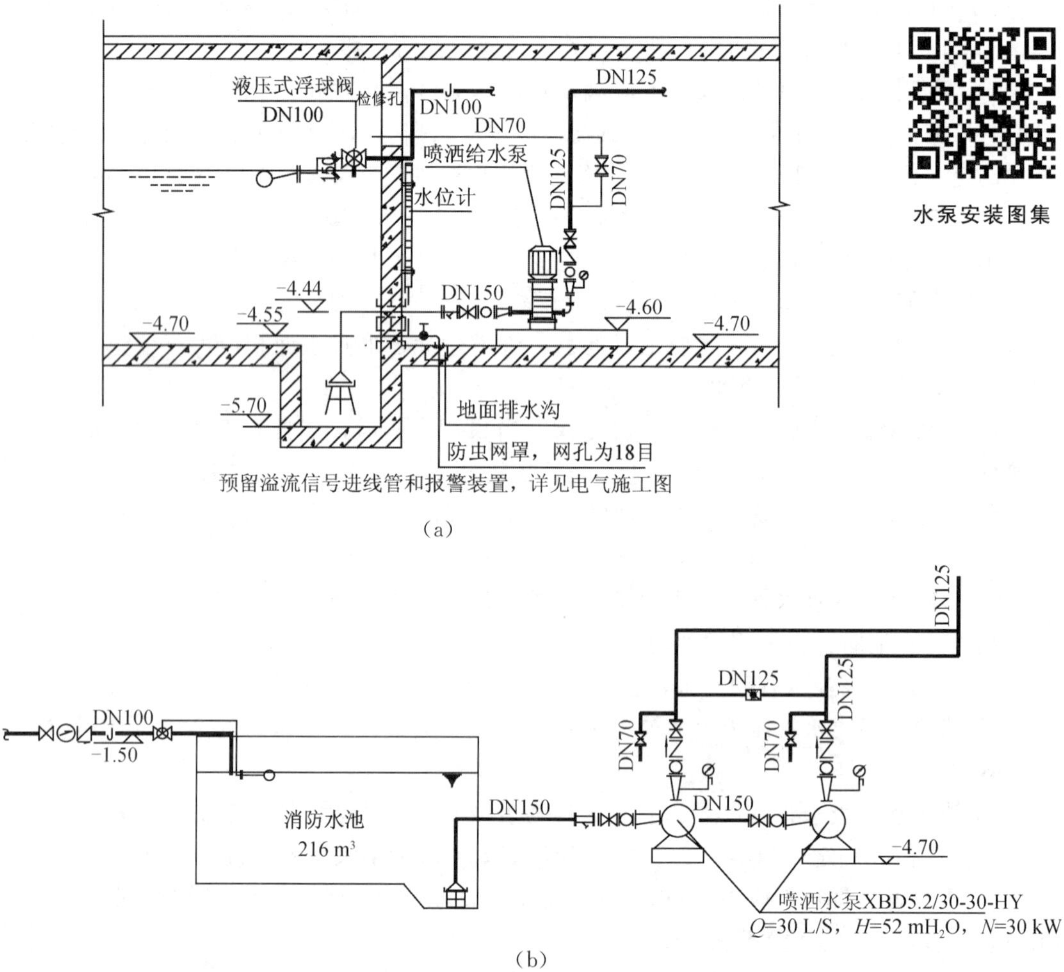

水泵安装图集

图 2-1-28　某喷淋灭火系统的水池和水泵房安装示意图

2）消防水池的设置要求

消防水池的容量超过 500 m³ 时，应分设成两格；容量超过 1000 m³ 时，应分设两座消防水池。消防水池的补水时间不宜超过 48 h；当消防水池的容量超过 2000 m³ 时，可延长到 96 h。供消防车取水的消防水池应设取水口，其取水口与建筑（水泵房除外）的距离不宜小于 15 m；与甲、乙、丙类液体储罐的距离不宜小于 40 m；与液化石油气储罐的距离不宜小于 60 m，当有防止辐射热的保护设施时，可减小为 40 m；供消防车取水的消防水池应保证消防车的吸水高度不大于 6 m。消防水池应设置通气管，消防水池通气管、呼吸管和溢流水管等应采取防止虫鼠等进入消防水池的技术措施，如图 2-1-29 所示。

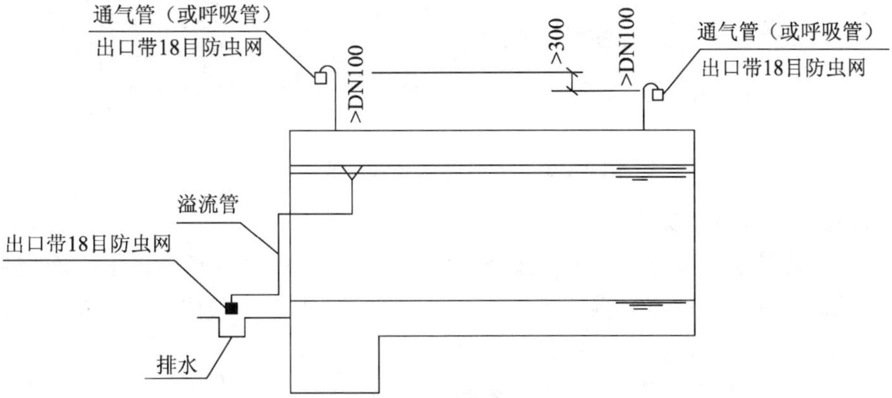

图 2-1-29 消防水池通气管、呼吸管设置示意图

3. 高位消防水箱

1）高位消防水箱的容积

消防水箱应储存火灾初期 10 min 的消防用水量，高位水箱的最小有效容积见表 2-1-16。

表 2-1-16 高位水箱的最小有效容积表

公共建筑	最小容积	商场	最小容积	住宅	最小容积
多层公共，二类高层	18 m^3	10000～30000 m^2	36 m^3	高度＞21 m 的多层住宅	6 m^3
一类高层	36 m^3	＞30000 m^2	50 m^3	二类高层	12 m^3
高度＞100 m	50 m^3			一类高层	18 m^3
高度＞150 m	100 m^3				

应注意的是公共建筑中的商场，除了满足高度要求外，建筑面积在 10000～30000 m^2 的商场，高位水箱的有效容积不应小于 36 m^3；建筑面积大于 30000 m^2 的商场，高位水箱的有效容积不应小于 50 m^3。

2）高位水箱的设置高度

高位水箱设置高度应满足室内最不利点消火栓的静水压力。建筑高度超过 100 m 时，最不利点消火栓的静水压力不应低于 0.15 MPa；一类高层公共建筑最不利点消火栓静水压力不应低于 0.10 MPa；其他民用建筑，最不利点消火栓的静水压力不应低于 0.07 MPa。当高位消防水箱不能满足上述静压要求时，应设气压罐稳压装置，临时高压给水系统应设消防水箱，高位消防水箱的最低有效水位应根据出水管喇叭口和防止旋流器的淹没深度确定，如图 2-1-30 所示。当采用出水管喇叭口时，最低有效水位≥600 mm，当采用防止旋流器时应，最低有效水位≥150 mm。

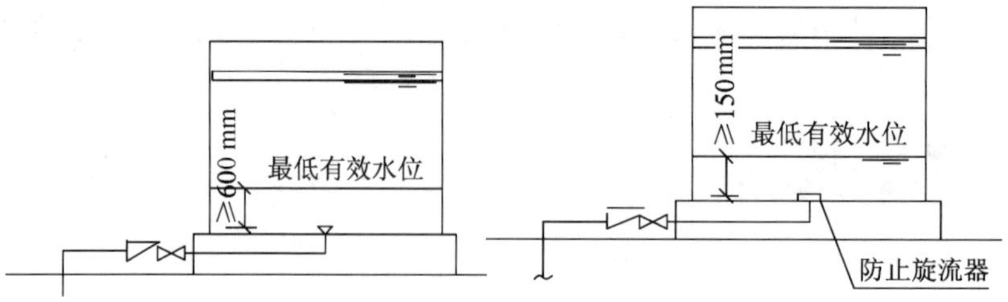

图 2-1-30　高位水箱有效水位图示

3）高位水箱的设置场所

严寒、寒冷等冬季冰冻地区的消防水箱应设置在消防水箱间内。水箱间应通风良好，不应结冰，环境温度或水温不应低于 5 ℃；低于 5 ℃时应采取防冻措施。非严寒地区宜设置在室内，当高位消防水箱在屋顶露天设置时，水箱的人孔以及进出水管的阀门等应采取锁具或阀门箱等保护措施。消防用水与其他用水合并的水箱，应有确保消防用水不作他用的技术措施，如图 2-1-31 所示。

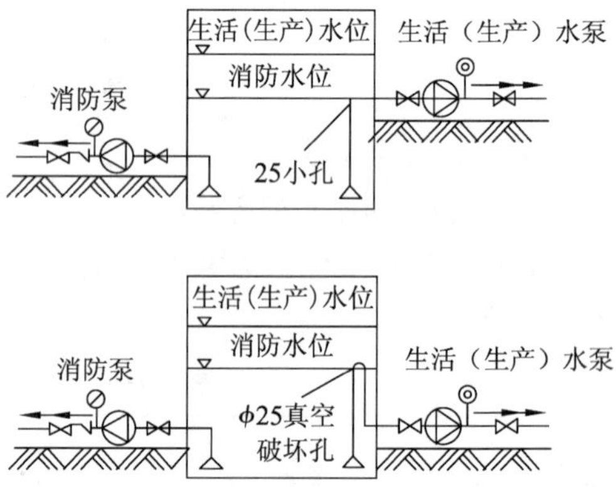

图 2-1-31　确保消防用水不作他用的技术措施

高位消防水箱与基础应牢固连接，高位消防水箱外壁与建筑本体结构墙面或其他池壁之间的净距，应满足施工或装配的需要，无管道的侧面，净距不宜小于0.7 m；安装有管道的侧面，净距不宜小于 1.0 m，且管道外壁与建筑本体墙面之间的通道宽度不宜小于 0.6 m，设有人孔的水箱顶，其顶面与其上面的建筑物本体板底的净空不应小于 0.8 m。

4）高位水箱的管道布置

(1) 进水管的管径应满足消防水箱 8 h 充满水的要求，但管径不应小于 DN32。进水管宜设置液位阀或浮球阀，进水管应在溢流水位以上接入，进水管口的最低点高出溢流边缘的高度应等于进水管管径，但最小不应小于 100 mm，最大不应大于 150 mm。当进水管为淹没出流时，应在进水管上设置防止倒流的措施或在管道上设置虹吸破坏孔和真空破坏器，虹吸破坏孔的孔径不宜小于管径的 1/5，且不应小于 25 mm。但当采用生活给水系统补水时，进水管不应淹没出流。

(2) 溢流管的直径不应小于进水管直径的 2 倍，且不应小 DN100，溢流管的喇叭口直径不应小于溢流管直径的 1.5～2.5 倍。

(3) 高位消防水箱出水管管径应满足消防给水设计流量的出水要求，且不应小于 DN100，高位消防水箱出水管应位于高位消防水箱最低水位以下，并应设置防止消防用水进入高位消防水箱的止回阀。

(4) 高位消防水箱的进、出水管应设置带有指示启闭装置的阀门，某喷淋灭火系统的稳压水箱安装图（平面）如图 2-1-32 所示。

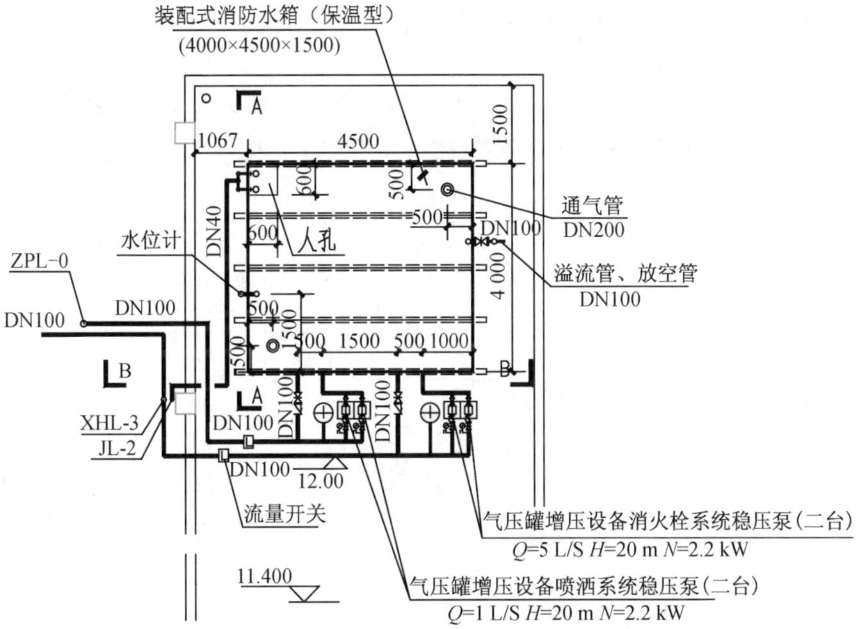

图 2-1-32　某喷淋灭火系统的稳压水箱安装图（平面）

4. 气压水罐稳压装置

在消防系统中，若高位消防水箱不能满足静水压力要求，应采用增压、稳压措施——隔膜式气压罐稳压装置。设置稳压泵的临时高压消防给水系统，应设置防止稳压泵频繁启停的技术措施。当采用气压水罐时，其调节容积应根据稳压泵启泵次数不大于 15 次/h 计算确定，但有效储水容积不宜小于 150 L。消防稳压装置一般是稳压水泵和气压罐组合的一套装置，自带底座或采用 10＃槽钢底座，如图 2-1-33所示。其在系统中的具体安装图如图 2-1-34 所示，出水管上应设止回阀。安装时其四周应设检修通道，其宽度不宜小于 0.7 m，消防气压给水设备顶部至楼板或梁底的距离不宜小于 0.6 m。

图 2-1-33　隔膜式气压罐消防稳压装置

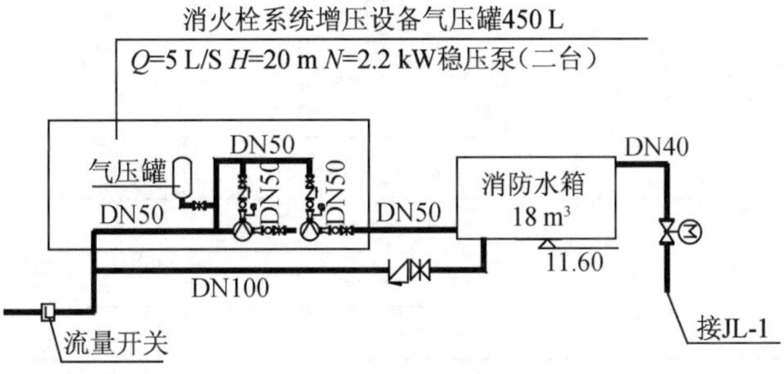

图 2-1-34　某工程消火栓稳压装置安装图

2.1.2.4 室内消防用水量与给水方式

1. 室内消防用水量

我国《建筑设计防火规范》GB 50016—2014 指出：建筑的全部消防用水量应为其室内、室外消防用水量之和。室内消火栓用水量见表 2-1-17。

表 2-1-17 室内消火栓用水量

建筑物名称			高度 h/m、体积 V/m³、座位数 n、火灾危险性		消火栓设计流量/(L/s)	同时使用消防水枪数/支	每根竖管最小流量/(L/s)
工业建筑	厂房		$h \leqslant 24$	甲、乙、丁、戊	10	2	10
				丙 $V \leqslant 5000$	10	2	10
				丙 $V > 5000$	20	4	15
			$24 < h \leqslant 50$	乙、丁、戊	25	5	15
				丙	30	6	15
			$h > 50$	乙、丁、戊	30	6	15
				丙	40	8	15
	仓库		$h \leqslant 24$	甲、乙、丁、戊	10	2	10
				丙 $V \leqslant 5000$	15	3	15
				丙 $V > 5000$	25	5	15
			$h > 24$	丁、戊	30	6	15
				丙	40	8	15
民用建筑	单层及多层	科研楼、试验楼	$V \leqslant 10000$		10	2	10
			$V > 10000$		15	3	10
		车站、码头、机场的候车（船、机）楼和展览建筑（包括博物馆）等	$5000 < V \leqslant 25000$		10	2	10
			$25000 < V \leqslant 50000$		15	3	10
			$V > 50000$		20	4	15
		剧场、电影院、会堂、礼堂、体育馆等	$800 < n \leqslant 1200$		10	2	10
			$1200 < n \leqslant 5000$		15	3	10
			$5000 < n \leqslant 10000$		20	4	15
			$n > 10000$		30	6	15
		旅馆	$5000 < n \leqslant 10000$		10	2	10
			$10000 < V \leqslant 25000$		15	3	10
			$V > 25000$		20	4	15
		商店、图书馆、档案馆等	$5000 < n \leqslant 10000$		15	3	10
			$10000 < V \leqslant 25000$		25	5	15
			$V > 25000$		40	8	15

续表

<table>
<tr><th colspan="3">建筑物名称</th><th>高度 h/m、体积 V/m³、座位数 n、火灾危险性</th><th>消火栓设计流量/(L/s)</th><th>同时使用消防水枪数/支</th><th>每根竖管最小流量/(L/s)</th></tr>
<tr><td rowspan="10">民用建筑</td><td rowspan="4">单层及多层</td><td rowspan="2">病房楼、门诊楼等</td><td>5000<V≤25000</td><td>10</td><td>2</td><td>10</td></tr>
<tr><td>V>25000</td><td>15</td><td>3</td><td>10</td></tr>
<tr><td>办公楼、教学楼、公寓、宿舍等其他建筑</td><td>h>15 或者 V>10000</td><td>15</td><td>3</td><td>10</td></tr>
<tr><td>住宅</td><td>21<h≤27</td><td>5</td><td>2</td><td>5</td></tr>
<tr><td rowspan="6">高层</td><td rowspan="2">住宅</td><td>27<h≤54</td><td>10</td><td>2</td><td>10</td></tr>
<tr><td>h>54</td><td>20</td><td>4</td><td>10</td></tr>
<tr><td>二类公共建筑</td><td>h≤50</td><td>20</td><td>4</td><td>10</td></tr>
<tr><td rowspan="2">一类公共建筑</td><td>h≤50</td><td>30</td><td>6</td><td>15</td></tr>
<tr><td>h>50</td><td>40</td><td>8</td><td>15</td></tr>
<tr><td colspan="3" rowspan="2">国家级文物保护单位的重点砖木或木结构的古建筑</td><td>V≤10000</td><td>20</td><td>4</td><td>10</td></tr>
<tr><td>V>10000</td><td>25</td><td>5</td><td>15</td></tr>
<tr><td colspan="3" rowspan="4">地下建筑</td><td>V≤5000</td><td>10</td><td>2</td><td>10</td></tr>
<tr><td>5000<V≤10000</td><td>20</td><td>4</td><td>15</td></tr>
<tr><td>10000<V≤25000</td><td>30</td><td>6</td><td>15</td></tr>
<tr><td>V>25000</td><td>40</td><td>8</td><td>20</td></tr>
<tr><td rowspan="11">人防工程</td><td colspan="2" rowspan="3">展览厅、影院、剧场、礼堂、健身体育场所等</td><td>V≤1000</td><td>5</td><td>1</td><td>5</td></tr>
<tr><td>1000<V≤2500</td><td>10</td><td>2</td><td>10</td></tr>
<tr><td>V>2500</td><td>15</td><td>3</td><td>10</td></tr>
<tr><td colspan="2" rowspan="4">商场、餐厅、旅馆、医院等</td><td>V≤5000</td><td>5</td><td>1</td><td>5</td></tr>
<tr><td>5000<V≤10000</td><td>10</td><td>2</td><td>10</td></tr>
<tr><td>10000<V≤25000</td><td>15</td><td>3</td><td>10</td></tr>
<tr><td>V>25000</td><td>20</td><td>4</td><td>10</td></tr>
<tr><td colspan="2" rowspan="2">丙、丁、戊类生产车间、自行车库</td><td>V≤2500</td><td>5</td><td>1</td><td>5</td></tr>
<tr><td>V>2500</td><td>10</td><td>2</td><td>10</td></tr>
<tr><td colspan="2" rowspan="2">丙、丁、戊类物品库房、图书资料档案库</td><td>V≤3000</td><td>5</td><td>1</td><td>5</td></tr>
<tr><td>V>3000</td><td>10</td><td>2</td><td>10</td></tr>
</table>

注：① 丁、戊类高层厂房（仓库）室内消火栓的设计流量可按本表数据减少 10 L/s，同时使用的消防水枪数量可按本表数据减少 2 支；

② 消防软管卷盘、轻便消防水龙及多层住宅楼梯间中的干式消防竖管，其消火栓设计流量可不计入室内消防给水设计流量；

③ 当一座多层建筑有多种作用功能时，室内消火栓设计流量应分别按本表中不同功能计算，且应取最大值。

建筑物内同时设置室内消火栓系统、自动喷水灭火系统、水喷雾灭火系统、泡沫灭火系统或固定消防炮灭火系统时，其室内消防用水量应按需要同时开启的上述系统用水量之和计算；当上述多种消防系统需要同时开启时，室内消火栓用水量可减少 50%，但不得小于 10 L/s。

室内消火栓用水量应根据水枪充实水柱和同时使用水枪数量经计算确定，且不应小于表 2-1-17 的规定。

2. 低层建筑消防给水系统的给水方式

给水方式是指建筑物消防给水系统的供水方案。系统设计时，应根据建筑物性质、建筑物高度、外网所能提供的水压和系统所需的水压等因素，选用合适的给水方式。

低层建筑室内消防给水系统的给水方式有以下三种类型：

1）由室外给水管网直接供水的室内消火栓给水方式

当室外给水管网所提供的水量、水压，在任何时候均能满足室内消火栓给水系统所需水量、水压要求时，可以优先采用这种方式。该方式构造简单，投资较少，可充分利用外网水压，节省能源；但由于其内部无储备水量，外网一旦停水，则内部立即断水，如图 2-1-35 所示。

当选用这种方式且与室内生活（或生产）合用管网时，进水管上如设有水表，则所选水表应校核通过消防水量的能力，并应设置止回阀以防消防水倒流入室外给水管网。

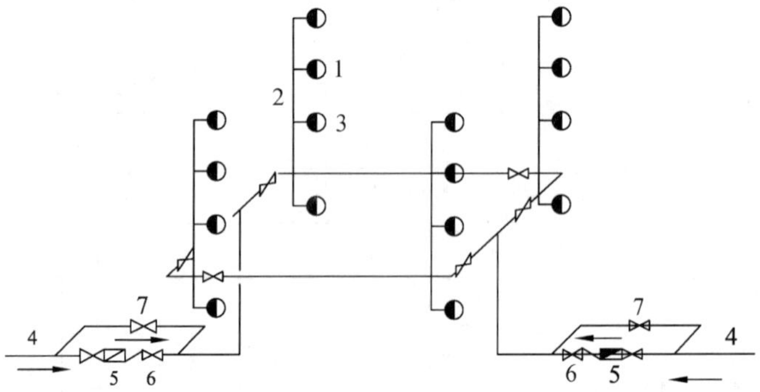

1—室内消火栓；2—消防立管；3—干管；4—进户管；
5—水表；6—止回阀；7—旁通管及阀门

图 2-1-35　室外给水管网直接供水的室内消火栓给水方式

2）设水箱的室内消火栓给水方式

当室外给水管网一日间压力变化较大，但水量能满足室内消防、生活和生产用水要求，只是水压在高峰用水时间不满足，夜间用水少时能向水箱补水的，可采用这种给水方式。但管网应独立设置，水箱可以和生产、生活用水合用，但其生活或生产用水不能动用 10 min 消防储备的水量。该方式供水较可靠，系统较简单，投资较少，可充分利用外网水压，节省能源；但需设高位水箱，增加了建筑结构荷载，如图 2-1-36 所示。

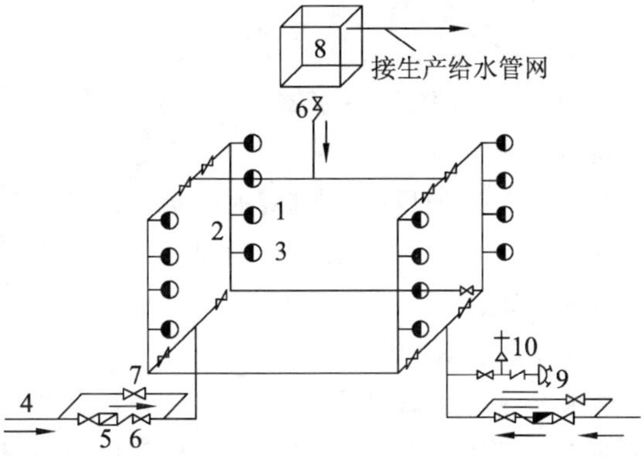

1—室内消火栓；2—消防立管；3—干管；4—进户管；5—水表；6—止回阀；
7—旁通管及阀门；8—水箱；9—水泵接合器；10—安全阀

图 2-1-36 设有水箱的室内消火栓给水方式

3）设有消防泵和消防水箱的室内消火栓给水方式

当室外给水管网所提供的水压，不能满足室内消火栓给水系统所需水压要求时，采用这种给水方式。系统中的消防用水平时由水箱提供，生活水泵定时向水箱补充水，火灾时可启动消防水泵向系统供水。设置的水箱储备 10 min 室内消防用水量，但水箱补水应采用生活用水泵，严禁用消防泵向水箱补水。为防止消防时消防泵出水进入水箱，在水箱进入消防管网的出水管上应设止回阀，如图 2-1-37 所示。

当室外给水管网不允许消防水泵直接抽水时，还应设置消防水池。

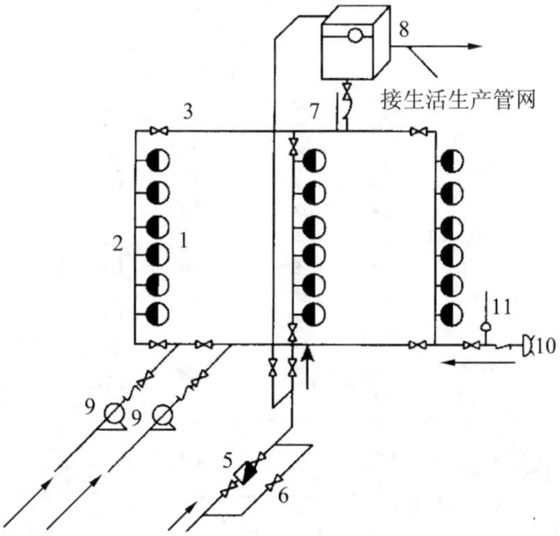

1—室内消火栓；2—消防立管；3—干管；4—进户管；5—水表；6—旁通管及阀门；
7—止回阀；8—水箱；9—消防水泵；10—水泵接合器；11—安全阀

图 2-1-37 设有消防泵和消防水箱的室内消火栓给水系统

3. 高层建筑室内消火栓系统的给水方式

高层建筑消防给水系统的给水方式有以下几种类型：

1）高层建筑室内消火栓给水系统按给水服务范围分为两类

（1）独立的室内消火栓给水系统

即每幢高层建筑设置一个单独加压的室内消火栓给水系统，这种系统安全性高，但管理分散，投资较大。在地震区、人防要求较高的建筑物以及重要的建筑物内，宜采用这种独立的室内消火栓给水系统。

（2）区域集中的消火栓给水系统

区域集中的消火栓给水系统即数幢或数十幢高层建筑物共用一个加压泵房的消火栓给水系统。这种系统便于集中管理，节省投资，但在地震区可靠性较低。在有合理规划的高层建筑区，可采用区域集中的高压或临时高压消防给水系统。

2）按建筑高度分类

根据建筑物的高度，消火栓给水系统可分为分区不分区给水方式和给水方式两种消防给水系统。

（1）不分区给水方式

建筑高度超过 24 m 而不超过 50 m 的高层建筑一旦发生火灾，消防队使用一般消防车（解放牌消防车）从室外消火栓或消防水池取水，通过水泵接合器向室内管道送水，仍可加强室内管网的供水能力，协助扑救室内火灾。因此，建筑高度不超过 50 m，或最低消火栓处的静水压力不超过 1.0 MPa 时，可采用不分区给水方式的给水系统，如图 2-1-38 所示。

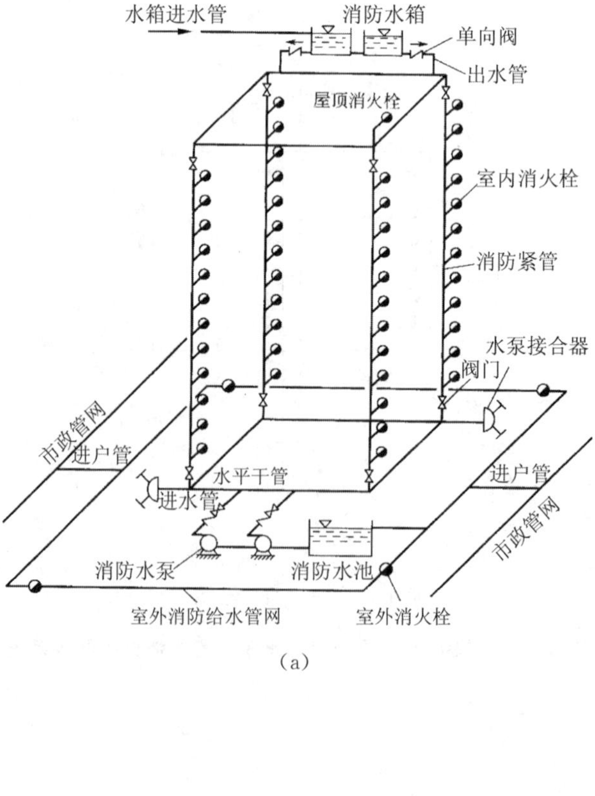

（a）

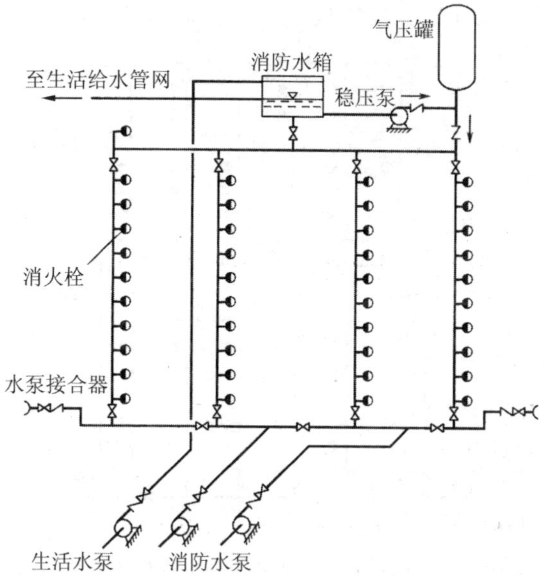

(b)

图 2-1-38 不分区室内消火栓给水系统

有黄河牌或交通牌等大型消防车的地区，由于该消防车能协助扑救高度达 80 m 的建筑的火灾，因此，当建筑高度超过 50 m 而不超过 80 m 时，消防给水系统也可不分区。

不分区给水方式即整幢高层建筑采用一个区供水，是高层建筑给水方式中最简单的一种。其最大优点是系统简单、设备少，但对管材及灭火设备等耐压要求很高。当高层建筑最低消火栓设备处的静水压力不超过 1.0 MP 时，可采用这种给水方式。

(2) 分区并联给水方式

高层建筑给水的最大特点是给水系统需竖向分区。由于高层建筑层数多、高度大，综合考虑我国管材质量以及材料设备性能等，如果整幢建筑物从上到下只采用一个区供水，则建筑物低层部分灭火设备处的水压将过大，因而会产生一些不良现象：给使用带来不便，如水枪反作用力过大，水枪手难以操作使用等；破坏系统正常运行，如水箱的消防储水量在很短时间内就被用完；容易产生水击及水流噪声；使管材和器材等磨损加速，寿命缩短，因而检修频繁；必须采用耐高压管材及配水器材；维修管理费用和水泵运转电费增高。为克服以上现象，高层建筑达到一定高度时，其消防给水系统要进行竖向分区给水。竖向分区高度一般控制在 45～55 m 范围内。

分区并联给水方式是高层建筑消防给水系统中广泛采用的一种给水方式。如图 2-1-39 所示，该方式是各分区独立设水箱，各分区所属水泵集中设置在建筑底层或地下室，分别向各分区供水。其优点是：各区是独立给水系统，互不影响，供水可靠；水泵集中设置，管理维护方便；能源消耗较小。缺点是：管材耗用较多，水泵台数及型号较多，设备费用增加，投资大；高区水泵扬程较高，需用耐高压管材与管件，在消防车供水压力不够时，高区的水泵结合器将失去作用。

当室内消火栓处的静水压力超过 1.0 MPa，且允许分区设水箱的各类高层建筑宜采用这种给水方式。

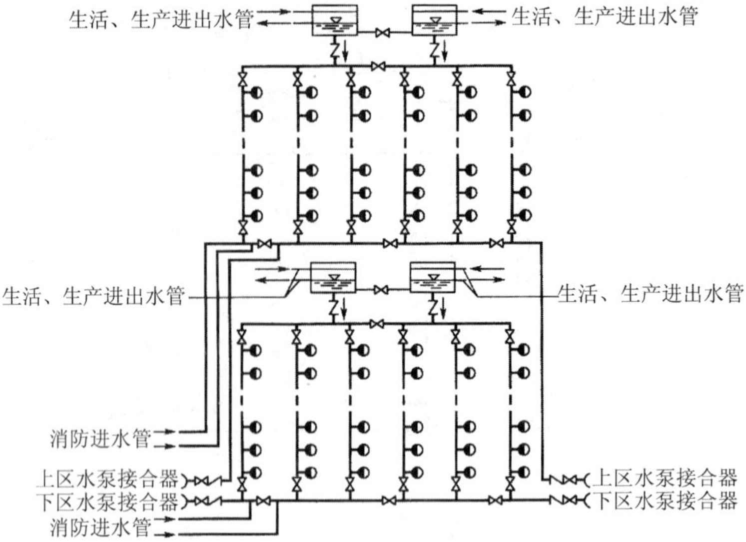

图 2-1-39　分区并联室内消火栓给水方式

(3) 分区串联给水方式

分区串联给水方式如图 2-1-40 所示，水泵分散设置在各区的技术层内，低区的水箱兼作上一区的水池。其特点是无高压水泵和高压管线，节省运行动力费，但供水可靠性差，水泵分散布置不便管理，占用建筑面积较大，防震隔音要求高，增加了结构荷载和造价。因此，这种给水方式适用于允许分区设置水箱和水泵的高层工业建筑。

(4) 减压阀减压分区给水系统

减压阀减压分区给水系统如图 2-1-41 所示。消防水泵的压力不大于 2.4 MPa 时，其竖向分区可采用减压阀减压分区给水系统。采用减压阀代替中间水箱的优点是：节省上层使用面积；防止噪声干扰和供水二次污染；维护管理较方便。减压阀减压分区给水系统设计中应注意以下两点：

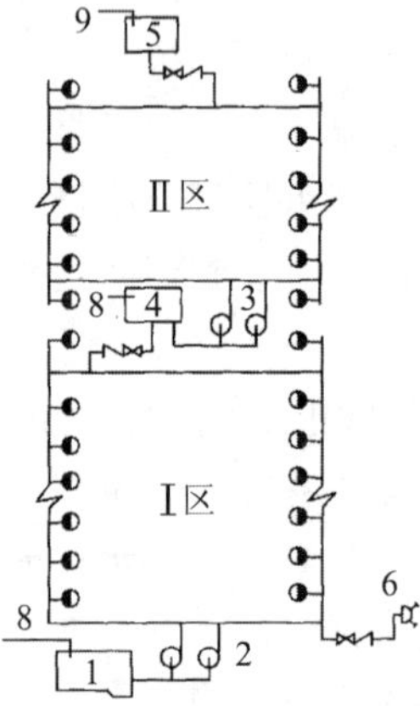

1—水池；2—Ⅰ区消防水泵；3—Ⅱ区消防水泵；4—Ⅰ区水箱；5—Ⅱ区水箱；6—Ⅰ区水泵接合器；7—Ⅱ区水泵接合器；8—水池进水管；9—水箱进水管

图 2-1-40　分区串联室内消火栓给水系统

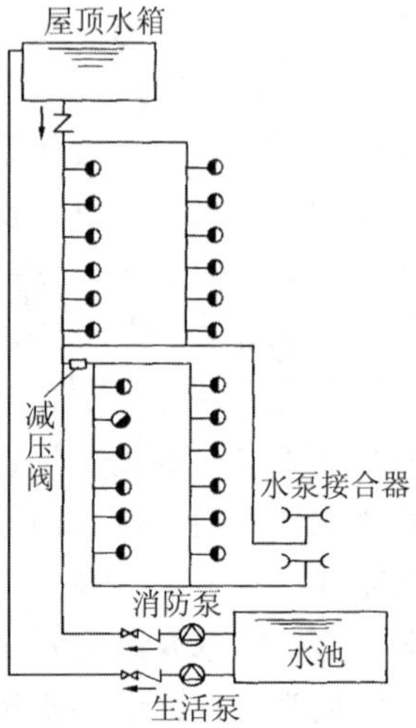

图 2-1-41　减压阀减压分区给水系统

（1）减压阀减压分区可采用比例式减压阀和可调式减压阀，减压阀的前后压力比值一般不宜大于 3∶1。

（2）当一级减压阀减压不能满足要求时，可采用减压阀串联减压，减压阀串联减压不宜超过两级。

2.1.2.5 建筑消火栓给水系统水力计算

1. 消防水压

1）水枪喷嘴处的压力和流量计算

根据不同火灾充实水柱的要求对水枪进行水力计算，计算出水枪的喷嘴压力和流量。具体计算公式如下：

$$H_q = \frac{q_{xh}^2}{B} \tag{2-11}$$

式中，q_{xh}为水枪喷口的射流量，L/s；H_q 为水枪喷口造成某充实水柱所需的压力（表2-1-18），mH_2O；B 为水流特性系数，与水枪喷口直径有关，见表 2-1-19。

表 2-1-18 水枪喷嘴处压力与充实水柱、流量的关系

S_k 充实水柱长度/m	不同直径水枪的压力和流量					
	13 mm		16 mm		19 mm	
	H_q 压力/mH_2O	q_{xh} 流量/(L/s)	H_q 压力/mH_2O	q_{xh} 流量/(L/s)	H_q 压力/mH_2O	q_{xh} 流量/(L/s)
6	8.1	1.7	8	2.5	7.5	3.5
7	9.6	1.8	9.2	2.7	9	3.8
8	11.2	2.0	10.5	2.9	10.5	4.1
9	13	2.1	12.5	3.1	12	4.3
10	15	2.3	14	3.3	13.5	4.6
11	17	2.4	16	3.5	15	4.9
12	19	2.6	17.5	3.8	17	5.2
12.5	21.5	2.7	19.5	4.0	18.5	5.4
13	24	2.9	22	4.2	20.5	5.7
13.5	26.5	3.0	24	4.4	22.5	6.0
14	29.6	3.2	26.5	4.6	24.5	6.2
15	33	3.4	29	4.8	27	6.5
15.5	37	3.6	32	5.1	29.5	6.8
16	41.5	3.8	35.5	5.3	32.5	7.1
17	47	4.0	39.5	5.6	33.5	7.5

表 2-1-19 特性系数 B

水枪喷口直径/mm	13	16	19	22
B	0.346	0.793	1.577	2.836

2）消防水带的水头损失（h_d）

消防水带的水头损失 h_d 可按下式计算：

$$h_d = A_z L_d q_{xh}^2 \tag{2-12}$$

式中，h_d 为水带的水头损失，mH_2O；A_z 为水带的阻力系数，水带的阻力系数与水带的口径和水带的材质有关，可参见表 2-1-20；L_d 为水带的长度，m；q_{xh} 为水带通过的消防流量，L/s。

表 2-1-20 水带阻力系数 A_z 值

水带材料	水带直径/mm		
	50	65	80
麻织	0.01501	0.00430	0.00150
衬胶	0.00677	0.00172	0.00075

3）消火栓栓口所需水压

消火栓栓口所需的水压按下列公式计算。

$$H_{xh} = h_d + H_q + H_{xk} = A_z L_d q_{xh}^2 + \frac{q_{xh}^2}{B} + H_{xk} \tag{2-13}$$

式中，H_{xh} 为消火栓栓口压力，mH_2O；H_{xk} 为消火栓栓口水头损失，按 $2mH_2O$ 计算。h_d，$H_{为}$ 同前。

下一层消火栓栓口水压可按下列简化公式近似计算：

$$H'_{xh} = H_{xh} + H_x \tag{2-14}$$

式中，H'_{xh} 为下一层消火栓栓口水压力，mH_2O；H_x 为上下层消火栓栓口标高差值，m。

下一层消火栓水枪射流量可按下列公式计算：

$$q'_{xh} = \sqrt{\frac{H'_{xh} - H_{xk}}{A_z L_d + \frac{1}{B}}} \tag{2-15}$$

式中，q'_{xh} 为下一层消火栓水枪射流量，L/s。

【例 3】 某 8 层住宅建筑，层高 2.9 m，内配 SN65 消火栓，其内有 20 m 麻质水带，16 口径水枪。试确定其消火栓给水系统最不利消火栓栓口处的水压力和室内消火栓系统消防用水量。

【解】 根据规范要求：室内消防用水量≥5 L/s，需有 2 股水柱射流，每股射流量 $q_{xh} \geq 2.5$ L/s，水枪射出的充实水柱长度 $S_k \geq 7$ m。

查表 2-1-21 得知，当充实水柱长度 $S_k = 7$ m 时，$q_{xh} = 2.7$ L/s，$H_q = 9.2\ mH_2O$，满足上述要求。也可以按公式（2-12）计算。

水带水头损失计算：

$$h_d = A_z L_d q_{xh}^2 = 0.00430 \times 20 \times 2.7^2 = 0.63\ mH_2O$$

最不利消火栓栓口处的水压力计算：

$$H_{xh} = h_d + H_q + H_{xk} = 0.63 + 9.2 + 2 = 11.83\ mH_2O$$

该住宅建筑单根消防竖管需出2支水枪投入灭火战斗，故最不利消火栓的下一层消火栓也要投入灭火，该层消火栓栓口水压力、水枪射流量的计算公式分别为：

$$H'_{xh} = H_{xh} + H_x = 11.83 + 2.9 = 14.73\ mH_2O$$

$$q'_{xh} = \sqrt{\frac{H'_{xh} - H_{xk}}{A_z L_d + \frac{1}{B}}} = \sqrt{\frac{14.73 - 2}{0.0043 \times 20 + \frac{1}{0.793}}} = 3.07\ L/s$$

故室内消火栓系统消防用水量 q 为：

$$q = q_{xh} + q'_{xh} = 2.7 + 3.07 = 5.77\ L/s$$

答：该住宅建筑最不利消火栓栓口处的水压力为11.83 mH_2O。室内消火栓系统消防用水量为5.77 L/s。

4）消火栓系统所需消防水压力

当需要消防水泵加压时，消火栓系统所需消防水压力也就是消防水泵的扬程 H_b，其计算公式为：

$$H_b = H_{xh} + \sum h + H_Z \tag{2-16}$$

式中，H_b 为消防水泵的扬程，mH_2O；H_{xh} 为最不利点消火栓栓口所需的水压力，mH_2O；$\sum h$ 为最不利计算管路的总水头损失，mH_2O；H_Z 为消防水池最低水面与最不利消火栓之间的几何高差，m。

2. 消火栓给水管网水力计算

1）给水管网管径和水头损失计算

（1）管径的确定

根据给水管道中设计流量，按下列公式，即可确定管径：

$$Q = \frac{\pi D^2}{4} v \tag{2-17}$$

$$D = \sqrt{\frac{4Q}{\pi v}} \tag{2-18}$$

式中，Q 为管道设计流量，m^3/s；D 为管道的管径，m；v 为管道中的流速，m/s。

已知管段的流量后，只要确定了流速，即可求得管径。消火栓给水管道中的流速宜采用1.4～1.8 m/s，最大不宜超过2.5 m/s。

（2）沿程水头损失

$$h_y = il \tag{2-19}$$

式中，h_y 为管段的沿程水头损失，kPa；l 为计算管段长度，m；i 为管道单位长度水头损失，kPa/m，查相关水力计算表得到。

（3）局部水头损失

$$h_j = \sum \xi \frac{v^2}{2g} \tag{2-20}$$

式中，h_j 为管段局部水头损失总和，kPa；$\sum\xi$ 为管段局部阻力系数之和，按各种管件及附件构造情况有不同的数值；v 为沿水流方向局部零件下游的流速，m/s；g 为重力加速度，m/s^2。

一般情况下，室内给水管道中局部阻力损失不进行详细计算，宜按下列给水管网沿程水头损失的百分数估算：

① 生产给水管网，生活、消防共用给水管网，生活、生产、消防共用给水管网为 20％；

② 消火栓系统消防给水管网为 10％；

③ 生产、消防共用给水管网为 15％；

④ 自动喷水灭火系统管网为 20％。

2）消火栓给水管道水力计算

消防管网水力计算的主要目的在于确定消防给水管网的管径，计算或校核消防水箱的设置高度，选择消防水泵。

由于建筑物发生火灾地点的随机性，以及水枪充实水柱数量的限定（即水量限定），在进行消防管网水力计算时，对于枝状管网：(1) 根据建筑物情况，按消防规范确定室内消火栓用水量、充实水柱长度和水枪最小出流量。(2) 选择最不利立管和最不利消火栓，以此确定计算管路。(3) 按照消防规范规定的室内消防用水量进行流量分配，低层建筑消防立管流量分配应按表 2-1-21 确定。(4) 按式（2-21）和表 2-1-18 综合确定最不利点消火栓的水枪射流量以及喷嘴压力。(5) 按式（2-13）计算最不利消火栓栓口压力。(6) 按式（2-14）、式（2-15）计算以下各层消火栓口处的实际压力以及水枪的实际射流量。(7) 确定各消防竖管实际消防流量，进而确定该建筑消火栓系统的实际用水量。(8) 在确定了消防管网中各管段的流量后，便可按流量公式 $Q=\frac{1}{4}\pi D^2 v$ 计算出各管段管径（同一系统消防立管管径相同，且上下不变径），进而计算各管段水头损失。通常可从钢管水力计算表中直接查得管径及单位管长沿程水头损失 i 值。注意控制消火栓给水管道中的流速，一般以 1.4～1.8 m/s 为宜，不宜大于 2.5 m/s。消防管道沿程水头损失的计算方法与给水管网计算相同，其局部水头损失按管道沿程水头损失的 10％计。(9) 计算系统所需消防水压力（消防水泵扬程），按规范规定的应保证最不利点消火栓静水压力的要求，确定消防水箱的设置高度。(10) 消火栓出口压力校核，消火栓接口处出水水压超过 0.5 MPa 时应考虑减压。

当有消防水箱时，应以水箱的最低水位作为起点选择计算管路，计算管径和水头损失，确定水箱的设置高度或补压设备。当设有消防水泵时，应以消防水池最低水位作为起点选择计算管路，计算管径和水头损失，确定消防水泵的扬程。

对于环状管网，由于着火点不确定，可假定某管段发生故障，仍按枝状管网进行计算。

多层建筑消防竖管的直径，应按灭火时最不利处消火栓出水要求经计算确定。最不利处一般是离水泵最远、标高最高的消火栓，但不包括屋顶消火栓。每根竖管最小流量不小于 5 L/s 时，按最上 1 层消火栓出水进行计算；每根竖管最小流量不小于 10 L/s 时，按最上 2 层消火栓出水计算；每根竖管最小流量不小于 15 L/s 时，应按最上 3 层消火栓出水计算。

为保证供水灭火的需要，对于低层建筑消火栓给水管网管径不应小于 DN100，住宅消防竖管的直径不应小于 DN70。

表 2-1-21 建筑消防立管流量分配及出枪支数

室内消防计算流量/（L/s）	最不利点消防竖管		相邻竖管		次相邻竖管	
	最小流量/（L/s）	出水枪数/支	最小流量/（L/s）	出水枪数/支	最小流量/（L/s）	出水枪数/支
5	5	1	—	—	—	—
10	10	2	—	—	—	—
15	10	2	5	1	—	—
20	10	2	10	2	—	—
25	15	3	10	2	—	—
30	15	3	15	3	—	—
40	15	3	15	3	10	2

注：① 出两支水枪的竖管，如设置双阀门双出口消火栓时，最上一层按双出口消火栓进行计算。
② 出三支水枪的竖管，如设置双阀门双出口消火栓时，最上一层按双出口消火栓加相邻下一层一支水枪进行计算。

3. 消防水泵与水泵房

1）消防水泵房

《消火栓规范》规定：独立建造的消防水泵房，其耐火等级不应低于二级，附设在建筑中的消防水泵房应与其他部位隔开。

这主要是为了保证消防水泵在火灾情况下仍能坚持工作，不受到火灾的威胁。因此，消防水泵房宜独立建造，并采用耐火等级不低于二级的建筑物。当附设在其他建筑物内时，应采用耐火极限不低于 2.00 h 的不燃烧体隔墙和 1.50 h 的不燃烧体楼板与其他部位隔开。

同时，《消火栓规范》还规定：消防水泵房设置在首层时，其疏散门宜直通室外；设置在地下层或楼层上时，其疏散门应靠近安全出口。消防水泵房的门应采用甲级防火门。这是为了便于在火灾情况下，操作人员能坚持工作或方便人员进入泵房及安全疏散。

2）消防水泵

（1）消防水泵的出水管

《消火栓规范》对水泵的出水管做出了如下规定：

① 消防水泵房应有不少于 2 条的出水管直接与环状消防给水管网连接。当其中 1 条出水管关闭时，其余的出水管应仍能通过全部用水量。但要求泵房的出水管与环状管网连接时，应与环状管网的不同管段连接，确保供水的可靠性，如图 2-1-42、图 2-1-43 所示。这主要是为提高消防水泵取水的可靠性，确保火

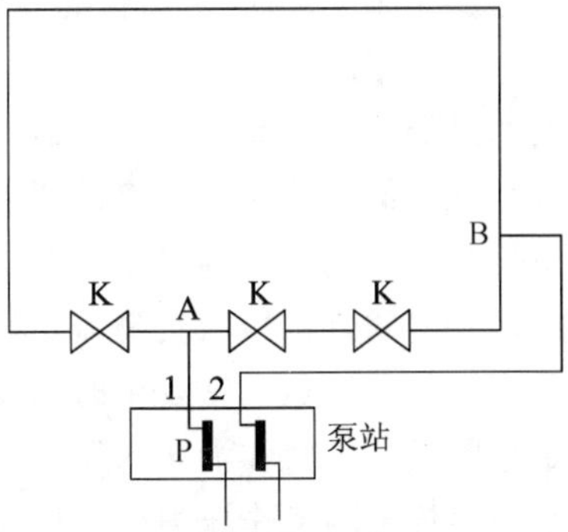

1、2—两条消防泵房的出水管；P—消防泵站；A，B—泵房的出水管与环状管道的连接点；K—环状管网上的阀门布置

图 2-1-42 消防水泵房出水管与环状管道连接示意图

灾时能及时向供水管道供水。

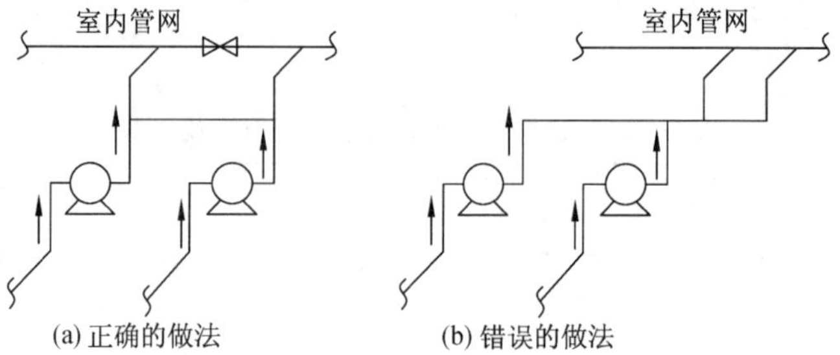

图 2-1-43　消防泵出水管与室内管网连接方法

② 出水管上应设置试验和检查用的压力表和 DN65 的放水阀门。当存在超压可能时，出水管上应设置防超压设施。

这是为了便于试验和检查消防水泵，应在其出水管上安装压力表和公称直径为 65 mm的放水阀。应定期检查消防水泵是否能正常运转，并测试消防水泵的流量和压力。当试验用水取自消防水池时，可将试验水通过放水管流回流水池。对于高层工业建筑，消防用水量大、水压力高，选定的消防水泵流量均大于实际消防用水量。由于试验时的水泵出水量小，容易超过管网允许压力而造成事故，因此需要设防超压设施，一般可采取选用流量-扬程曲线平的水泵、出水管上设置安全阀或泄压阀、设回流泄压管等方法。

（2）消防水泵的吸水管

《消火栓规范》对水泵的吸水管做出了如下规定：

① 一组消防水泵的吸水管不应少于 2 条。当其中 1 条关闭时，其余的吸水管应仍能通过全部用水量。本条规定是要求提供在水源可靠的情况下能保证消防水泵不间断供水的措施，对于高压或临时高压消防水泵，通常的做法是每台工作消防泵均应有独立的吸水管从消防水池（或市政管网）直接取水，保证不间断地供应火场用水。

② 消防水泵应采用自灌式吸水，并应在吸水管上设置检修阀门。

③ 当消防水泵直接从环状市政给水管网吸水时，消防水泵的扬程应按市政给水管网的最低压力计算，并以市政给水管网的最高水压校核。

室外给水管网有足够的供水能力，并经供水行政主管部门同意，消防水泵可直接在室外给水管网上接管吸水，此时可不设消防水池。工程中应首选此消防增压系统。市政给水管网的供水压力会随城市用水量大小而变化，消防水泵扬程应按市政给水管网最低压力计算，以免火灾发生时消防给水压力不足。消防给水系统的承压能力，应按市政给水管网最高压力和消防水泵最高出水压力验算，校核消防水泵的效率、消防给水系统是否超出规定的工作压力等，以确保消防给水系统安全运行。

（3）消防水泵的备用泵

《消火栓规范》规定：消防水泵应设置备用泵，其工作能力不应小于最大一台消防工作泵。当工厂、仓库、堆场和储罐的室外消防用水量小于等于 25 L/s 或建筑的室内消防用水量小于等于 10 L/s 时，可不设置备用泵。

本条规定是对火场用水不间断供应提出的保证措施。

(4) 其他要求

《消火栓规范》规定：① 消防水泵应保证在火警后 30 s 内启动。

生产、生活用水和消防用水合用一个消防水泵房时，可能有数台水泵共用 2 条或 2 条以上吸水管。发生火灾后，生产、生活用水转为消防用水时，可能要启闭整个阀门。当消防水泵采用内燃机带动时（内燃机的储油量一般应按火灾延续时间确定），启动内燃机需要时间；当采用发电机带动时，也需要一段时间。为保证消防水泵及时启动，应采取必要的技术措施，保证消防水箱内水用完之前，消防水泵能及时启动供水。

另外，实际火场可能在较低楼层内起火，水枪的出水量远远大于计算流量，加之消防水箱的容量较小，一般只能供应 5～10 min 的消防用水。根据实际使用情况，更短时间内启动消防水泵也容易实现。因此，本条规定要求消防水泵应能在火警后 30 s 内开始正式运转工作，并在火场断电时仍能正常运转。发生火灾后由消防水泵供给的水，不应再进入消防水箱。

② 消防水泵与动力机械应直接连接。

为保证消防水泵能发挥负荷运转，保证火场有必要的消防用水量和水压，消防水泵与动力机械应直接耦合，通常做法是采用联轴器连接。由于平皮带易打滑，影响消防水泵的供水能力，设计中应避免采用平皮带；如采用三角皮带，不应少于 4 条。

3) 消防水泵与水泵房选择

消防水泵目前多采用离心式水泵，它是给水系统的心脏，对系统的使用安全影响很大。在选择水泵时，要满足系统的流量和压力要求。根据水泵轴线方向，离心水泵可分为卧式泵和立式泵两种。卧式泵机组平面尺寸大、占地大，但水泵和电机各在一端，检修较方便，且重心较低，运行较平稳；立式泵机组平面尺寸小、占地小，但电机在水泵顶端，检修较麻烦，且重心较高。

选择水泵时，水泵出水量不应小于所计算的消防用水量；水泵扬程在满足消防用水量的情况下，应保证系统最不利点消防设备（如消火栓）所需水压。每组消防水泵一般采用一用一备或两用一备，多台水泵一般采用并联组合如图 2-1-46、图 2-1-47 和图 2-1-48 所示，备用水泵工作能力不应小于最大一台消防工作水泵。

消防水泵一般与生活、生产等合用泵房，泵房位置可在室外的地面、地下，也可在建筑物的地下层、首层，一般与消防水池毗邻。在串联给水系统中，高（中）区消防水泵也可以布置在楼层和屋面，并采取隔振减噪措施。

水泵基础平面尺寸应大于水泵机座尺寸，每边比水泵机座宽出 100～150 mm，水泵基础顶面高出地面 100～300 mm。水泵机组的基础端之间和基础端至墙面的距离一般不小于 1.0 m，卧式水泵的电机端至墙面的距离应保证能抽出电机转子。电机容量为 20～55 kW 时，水泵基础之间的净距离不小于 0.8 m；电机容量大于 55 kW 时不小于 1.2 m。泵房内主要人行通道不小于 1.2 m：配电盘前的宽度，低压不小于 1.5 m，高压不小于 2 m。

一般情况下，消防水泵是从消防水池中吸水，并采用自灌式充水方式，此时吸水管上应设置阀门。吸水管应有向水泵上升的坡度，一般坡度不小于 0.005，其大小头应为偏心大小头，目的是不让吸水管积气，以免形成气囊而影响过水能力。每台水泵宜设置独立的吸水管，每组水泵至少设两条吸水管（图 2-1-44）。配管时，吸水管流速可按 1.0～1.2 m/s 计算。

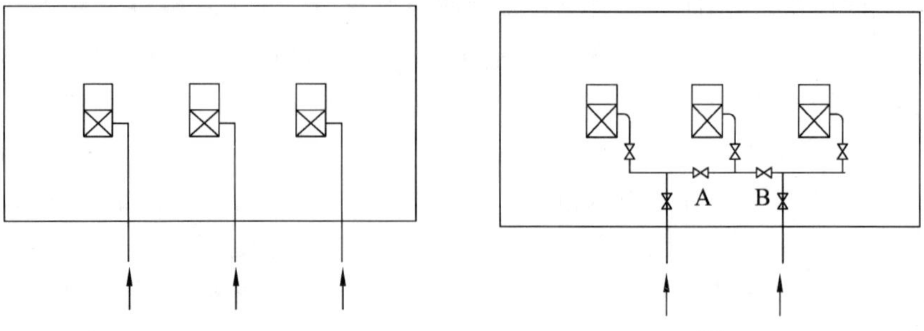

(a)　　(b)

图 2-1-44　消防泵吸水管布置

消防水泵组应设不少于两条的出水管与消防给水环网相连接，如图 2-1-45 所示。出水管上应装设止回阀和闸阀或蝶阀，出水管上还应装设试验和检查用的放水阀门（回水管）压力表，为防止超压可在出水管上设安全阀、泄压阀等。配管时管内流速可采用 1.5～2.0 m/s。

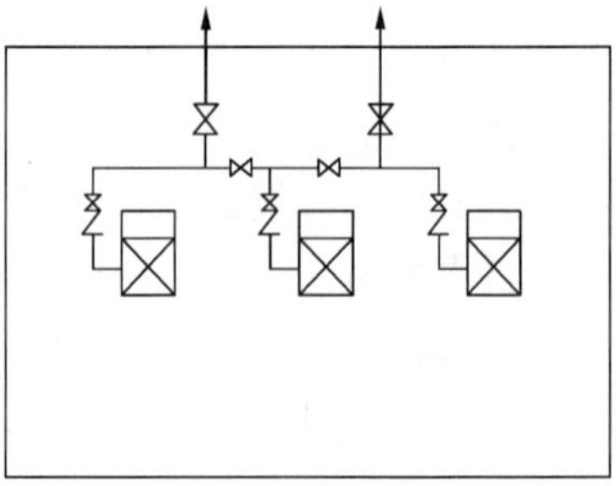

图 2-1-45　消防泵出水管布置

安装、检修时设备最大件超过 0.5 t 时，宜采用固定轨道手动小车、手动（电动）葫芦、桥式吊车等起重设备。泵房内的集水、排水设施及检修场地，在泵房设计时也应一起考虑。

【例 4】　某 14 层高级旅馆，其消火栓给水系统如图 2-1-46 所示。选用喷嘴直径 $d=19$ mm 的水枪，消火栓口径 65 mm，衬胶水龙带直径 65 mm、长 20 m。试确定消防管道直径及消防水泵的流量。

【解】　去掉上部水平横管，很容易判定Ⅰ、Ⅱ号消防竖管为最不利竖管和次不利竖管，Ⅰ号消防竖管上的节点 1 为最不利消火栓。按《消防高规》的规定，本建筑室内消防用水量为 30 L/s，充实水柱长度≥10 m，发生火灾时，最不利竖管和次不利竖管应满足 3 支水枪同时工作，每支水枪的最小流量为 5 L/s，每根竖管最小流量要求均为 15 L/s。

查表 2-1-18 知：当充实水柱 $S_k=12$ m、水枪流量 $q_{xh}^{(1)}=5.2$ L/s（同时满足充实水柱长度≥10 m、水枪流量≥5 L/s 的要求）时，水枪喷嘴处的压力 $H_q=17\ mH_2O$。

节点 1 处消火栓口所需压力为［按式（2-13）计算］：

$$H_{xh}^{(1)}=0.00172\times20\times5.2^2+17+2=19.93\ mH_2O$$

初步确定竖管直径为 DN100 mm，当消防流量达到 15 L/s 时，管内流速为［按式（2-17）计算］：

$$v=\frac{4\times15}{3.14\times0.1^2\times1000}=1.91\ m/s$$（未超过 2.5 m/s，竖管直径为 DN100 mm 合理）

节点 2 处消火栓口的压力为［按式（2-14）计算］：

$$H_{xh}^{(2)}=H_{xh}+H_{x}=19.93+3.91=23.84\ mH_2O$$

节点 2 处消火栓的水枪射流量为［按式（2-15）计算］：

$$q_{xh}^{(2)}=\sqrt{\frac{H'_{xh}-H_{xk}}{A_zL_d+\frac{1}{B}}}=\sqrt{\frac{23.84-2}{0.00172\times 20+\frac{1}{1.577}}}=5.72\ L/s$$

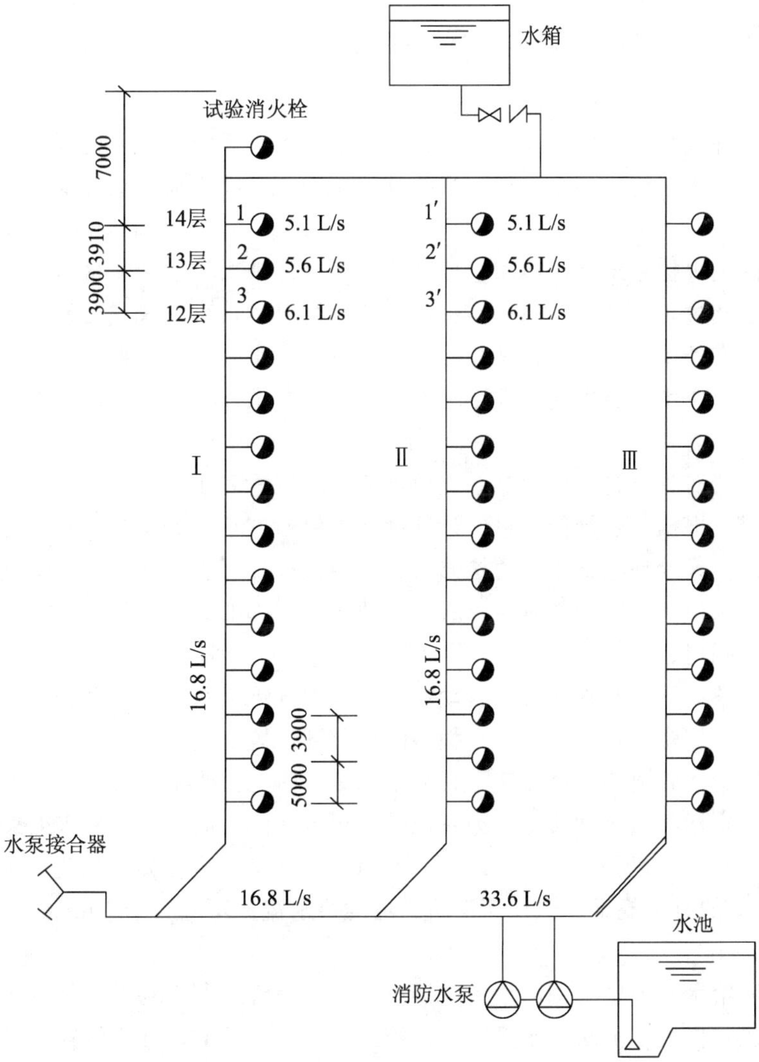

图 2-1-46　某高级旅馆消火栓给水系统

同理可求得节点 3 处消火栓口的压力为 27.74 mH_2O，节点 3 处消火栓的水枪射流量为 6.21 L/s。

Ⅰ号消防竖管的实际流量为：5.2+5.72+6.21=17.13 L/s

近似认为Ⅱ号竖管的流量与Ⅰ号竖管相等，故消防泵流量为：17.13×2=34.26 L/s。

底部水平干管直径采用 DN125 mm，流速小于 2.5 m/s。

项目2.2 消火栓给水系统施工技术

2.2.1 室内消防给水管网的布置

1. 基本要求

(1) 向两栋或两座及以上建筑、两种及以上水灭火系统、采用设有高位消防水箱的临时高压消防给水系统、两个及以上报警阀控制的自动喷水灭火系统供水时，应采用环状给水管网。

(2) 室内消火栓系统管网应布置成环状，当室外消火栓设计流量不大于20 L/s，且室内消火栓不超过10个时，在符合第（1）条的情况下，可布置成枝状。

(3) 当由室外生产、生活、消防合用系统直接供水时，合用系统除应满足室外消防给水设计流量以及生产、生活最大小时设计流量的要求外，还应满足室内消防给水系统的设计流量和压力要求。

(4) 室内消防管道管径应根据系统设计流量、流速和压力要求经计算确定；室内消火栓竖管管径应根据竖管最低流量经计算确定，但不应小于DN100。

(5) 室内消火栓环状给水管道检修时，室内消火栓竖管应保证检修管道时关闭停用的竖管不超过1根，当竖管超过4根时，可关闭不相邻的2根。每根竖管与供水横干管相接处应设置阀门。

(6) 室内消火栓给水管网宜与自动喷水等其他水灭火系统的管网分开设置；当合用消防泵时，供水管路沿水流方向应在报警阀前分开设置。

(7) 消防给水管道的设计流速不宜大于2.5 m/s，自动喷水灭火系统管道设计流速应符合现行国家标准《自动喷水灭火系统设计规范》GB 50084、《泡沫灭火系统设计规范》GB 50151、《水喷雾灭火系统设计规范》GB 50219和《固定消防炮灭火系统设计规范》GB 50338的有关规定，但任何消防管道的给水流速不应大于7 m/s。

2. 管道设计

(1) 消防给水系统中采用的设备、器材、管材管件、阀门和配件等系统组件的产品工作压力等级，应大于消防给水系统的系统工作压力，且应保证系统在可能最大运行压力时安全可靠。

(2) 低压消防给水系统的系统工作压力应根据市政给水管网和其他给水管网等的系统工作压力确定，且不应小于0.60 MPa。

(3) 高压和临时高压消防给水系统的系统工作压力应根据系统在供水时，可能的最大运行供水压力确定，并应符合下列规定：

① 高位消防水池、水塔供水的高压消防给水系统的系统工作压力，应为高位消防水池、水塔最大静压；

② 市政给水管网直接供水的高压消防给水系统的系统工作压力，应根据市政给水

管网的工作压力确定；

③ 采用高位消防水箱稳压的临时高压消防给水系统的系统工作压力，应为消防水泵零流量时的压力与水泵吸水口最大静水压力之和；

④ 采用稳压泵稳压的临时高压消防给水系统的系统工作压力，应取消防水泵零流量时的压力、消防水泵吸水口最大静压二者之和与稳压泵维持系统压力两者中的较大值。

（4）消防水泵出水管上的止回阀宜采用水锤消除止回阀，当消防水泵供水高度超过24 m时，应采用水锤消除器。当消防水泵出水管上设有囊式气压水罐时，可不设水锤消除设施。

3. 道附件设置

（1）减压阀应设置在报警阀组入口前，当连接两个及以上报警阀组时，应设置备用减压阀。

（2）减压阀的进口处应设置过滤器，过滤器的孔网直径不宜小于4～5目/cm^2，过流面积不应小于管道截面积的4倍。过滤器和减压阀前后应设压力表，压力表的表盘直径不应小于100 mm，最大量程宜为设计压力的2倍。过滤器前和减压阀后应设置控制阀门，减压阀后应设置压力试验排水阀。

（3）减压阀应设置流量检测测试接口或流量计。

（4）垂直安装的减压阀，水流方向宜向下；比例式减压阀宜垂直安装，可调式减压阀宜水平安装。

（5）减压阀和控制阀门宜有保护或锁定调节配件的装置，接减压阀的管段不应有气堵、气阻。

（6）室内消防给水系统由生活、生产给水系统管网直接供水时，应在引入管处设置倒流防止器。当消防给水系统采用有空气隔断的倒流防止器时，该倒流防止器应设置在清洁卫生的场所，其排水口应采取防止被水淹没的技术措施。

（7）在寒冷、严寒地区，室外阀门井应采取防冻措施。

（8）消防给水系统的室内外消火栓、阀门等设置位置，应设置永久性固定标识。

4. 消防排水

（1）设有消防给水系统的建设工程宜采取消防排水措施。排水措施应满足财产和消防设施安全，以及系统调试和日常维护管理等安全和功能的需要。

（2）应采取消防排水措施的建筑物和场所：消防水泵房、设有消防给水系统的地下室、消防电梯的井底、仓库。

（3）室内消防排水宜排入室外雨水管道；当存有少量可燃液体时，排水管道应设置水封，并宜间接排入室外污水管道。

（4）地下室的消防排水设施宜与地下室其他地面废水排水设施共用。

（5）消防电梯的井底排水泵集水井的有效容量不应小于2.00m^3，排水泵的排水量不应小于10 L/s。

（6）室内消防排水设施应采取防止倒灌的技术措施。

2.2.2 镀锌钢管卡箍连接

2.2.2.1 安装工艺流程

镀锌钢管卡箍的安装工艺流程如图 2-2-1 所示。

图 2-2-1

2.2.2.2 施工准备

（1）施工设计图纸和其他技术文件准备齐全，并已进行技术交底。

（2）对安装所需的管材、管件和阀门等附件以及管道支承件、紧固件等，核对其产品合格证、质量保证书、规格型号、品种和数量，并进行外观检查。

（3）施工前应了解建筑物的结构，并根据设计图纸和施工方案制订与土建工程及其他工程的配合措施。

（4）施工机具：金属锯、自动套丝机、标准螺纹规、专用绞刀、细锉、管钳、压槽机、手动液压泵、开孔机等。

沟漕连接

2.2.2.3 沟槽连接

1. 管道压槽原理

镀锌钢管的沟槽是采用专用钢管压制而成的，压槽机配轮由压轮和滚轮配对组成，沟槽宽度及端头长度均由配轮组合决定，压轮下压的深度由沟槽深度定位尺控制。其下压过程依次实现在滚轮启动和管体旋转中，旋转一周、下压一级，以保证下压过程中不破坏管体真圆度或造成沟槽深浅不一，如图 2-2-2 所示。

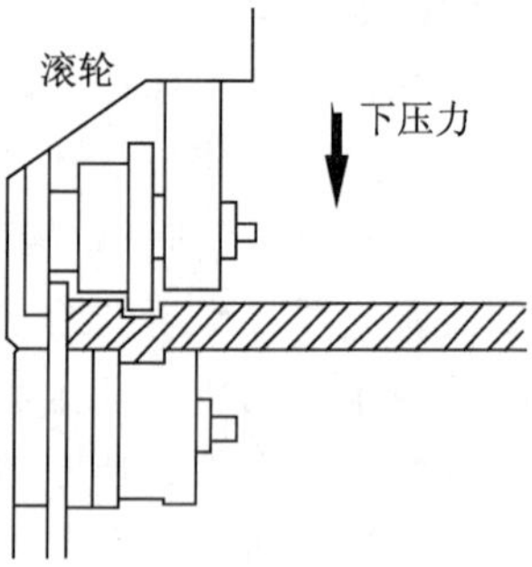

图 2-2-2 压槽原理图

2. 沟槽加工

沟槽连接方式适用于公称直径大于等于 100 mm 的钢管连接，沟槽式接头应符合国家现行的有关产品标准，其工作压力应与管道工作压力相匹配。

镀锌钢管沟槽加工步骤见表 2-2-1。

表 2-2-1

序号	安装步骤	安装说明
1	固定压槽机	把压槽机固定在一个宽敞的水平面上，也可固定在铁板上，必须确保压槽机稳定、可靠
2	检查压槽机	检查压槽机空运转时是否良好，发现异常情况应及时向机具维修人员反映，以便及时解决
3	架管	把管道垂直于压槽机的驱动轮挡板水平放置，使钢管和压槽机平台在同一个水平面上，管道长度超过 0.5 m 时，要有能调整高度的支撑尾架，且把支撑尾架固定、防止摆动

续表

序号	安装步骤	安装说明
4	检查压轮	检查压槽机使用的驱动轮和压轮是否与所压的管径相符
5	确定沟槽深度	旋转定位螺母，调整好压轮行程，确定沟槽深度和沟槽宽度
6	压槽	操作液压手柄使上滚轮压住钢管，然后打开电源开关，操动手压泵手柄均匀缓慢下压，每压一次手柄行程不超过 0.2 mm，钢管转动一周，一直压到压槽机上限位螺母到位为止，然后让机械再转动两周以上，以保证壁厚均匀
7	检查	检查压好的沟槽尺寸，如不符合规定，再微调，进行第二次压槽，再一次检查沟槽尺寸，以达到规定的标准尺寸

镀锌钢管沟槽加工示意图如图 2-2-3 所示。

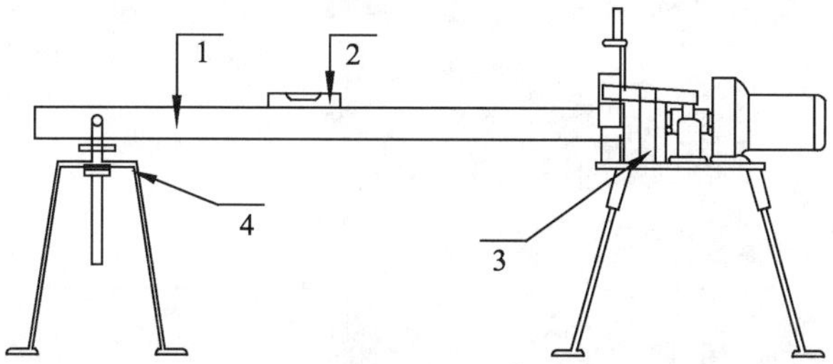

1—镀锌钢管；2—水平尺；3—压槽机；4—支撑尾架

图 2-2-3　镀锌钢管沟槽加工示意图

用压槽机压槽时，管道应保持水平，且与压槽机驱动轮挡板呈 90°，压槽时应保持持续渐进，槽深应符合表 2-2-2 的要求。

表 2-2-2　镀锌钢管沟槽标准深度及公差要求

公称直径/mm	沟槽至管端尺寸/mm	沟槽深度/mm	沟槽宽度/mm
DN125	15.9	2.11	8.74
DN150	15.9	2.16	11.91
DN200	19.1	2.34	11.91

3. 沟槽式卡箍管件安装

采用机械截管，截面应垂直轴心，允许偏差。管径不大于 100 mm 时，偏差不大于 1 mm；管径大于 125 mm 时，偏差不大于 1.5 mm。

沟槽式卡箍管件安装前，检查卡箍的规格和胶圈的规格标识是否一致，检查被连接的管道端部，不允许有裂纹、轴向皱纹和毛刺，安装胶圈前，还应除去管端密封处的泥沙和污物。

镀锌钢管沟槽连接步骤见表 2-2-3。

表 2-2-3 镀锌钢管沟槽连接步骤

序号	安装步骤	安装图片	安装说明
1	上橡胶垫圈		将密封橡胶圈套入一根钢管的密封部位，注意不得损坏密封橡胶圈
2	管道连接	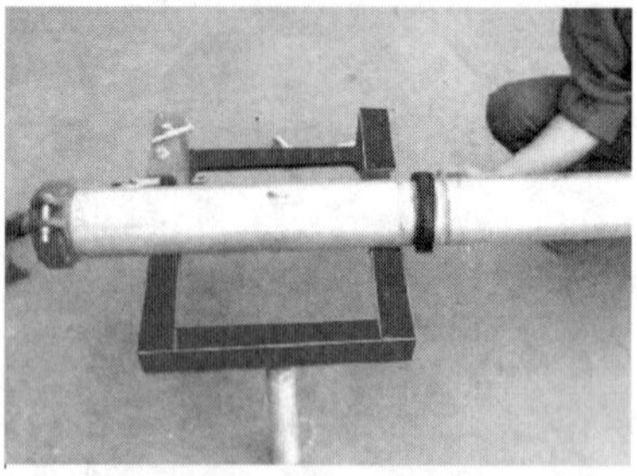	将另一根加工好的管道与该管对齐，两根管道之间留有一定间隙，移动胶圈，调整胶圈位置，使胶圈与两侧钢管的沟槽距离相等
3	涂润滑剂	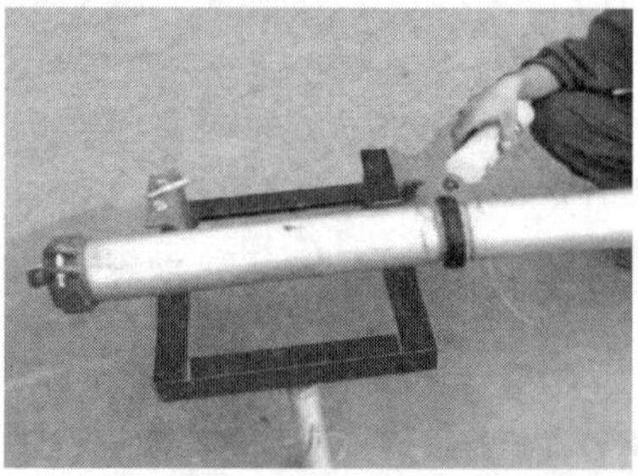	在管道端部和橡胶圈上涂上润滑剂
4	安装卡箍	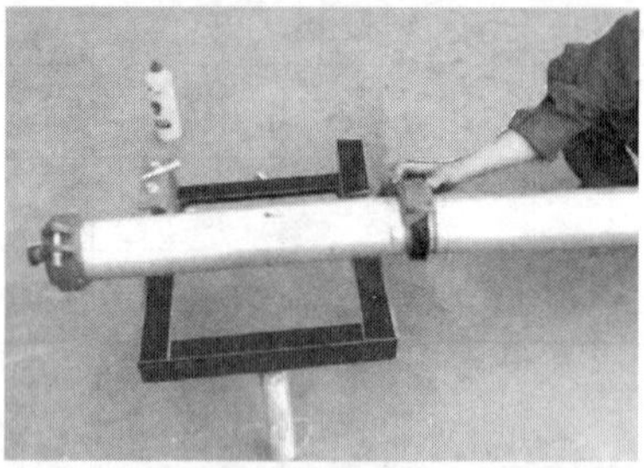	将卡箍上、下紧扣在密封橡胶圈上，并确保卡箍凸边卡进沟槽内
5	拧紧螺母		用手压紧上、下卡箍的耳部，使上、下卡箍靠紧并穿入螺栓，螺栓的根部椭圆颈进入卡箍的椭圆孔，用扳手均匀轮换同步进行拧紧螺母，确认卡箍凸边全圆周卡进沟槽内

续表

序号	安装步骤	安装图片	安装说明
6	检查		检查上、下卡箍的合面是否靠紧，直至不存在间隙为止

4. 机械三通安装

镀锌钢管安装机械三通，需要在管道上开孔。开孔必须使用专用的开孔机，不允许使用气割开孔，开孔后必须做好开孔断面的防锈处理。

管道开孔及安装机械三通节点如图 2-2-4～图 2-2-7 所示。

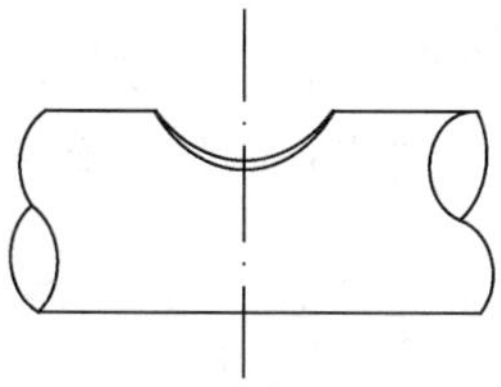

图 2-2-4　管道定位开孔

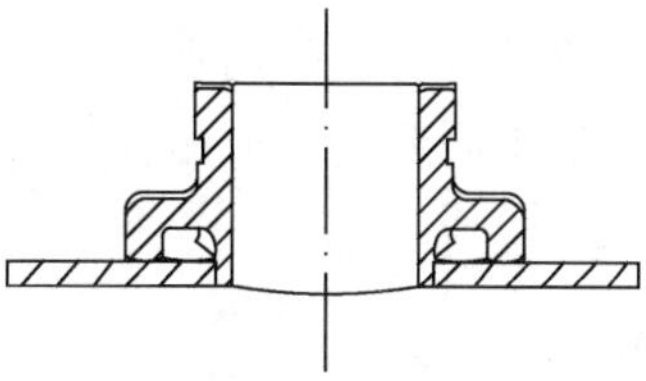

图 2-2-5　机械三通安装

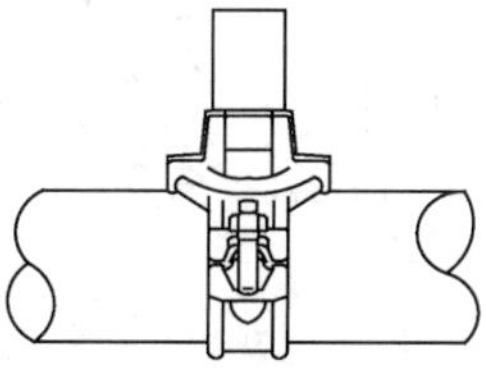

图 2-2-6　支管丝接接出方式

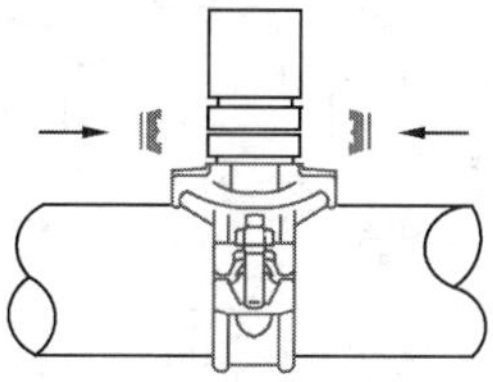

图 2-2-7　支管沟槽接出方式

管道开孔及安装机械三通步骤见表 2-2-4。

表 2-2-4　管通开孔及安装机械三通步骤

序号	安装步骤	安装说明
1	画线	根据施工现场测量、定位，在需要开孔的部位用画线器准确地做出标志
2	固定管道与开孔机	用链条将开孔机固定于管道预定开孔位置处，用水平尺调整管道至水平
3	开孔	启动电机转动钻头，操作设置在支柱顶部的手轮，缓慢地下压转动手轮，完成钻头在钢管上的开孔作业
4	清理	清理钻落的碎片和开孔部位的残渣，用砂轮机打磨孔口的毛刺，再刷两道防锈漆
5	安装机械三通	将机械三通置于钢管孔洞上，机械三通、橡胶密封圈与孔洞间隙应保持均匀，拧紧螺栓

5. 机械四通安装

机械四通安装示意图如图 2-2-8 所示。为了提高开孔精度保证安装质量，开孔时必须保证上、下两孔对称。在管道上画平行线确定一点，在这点上画圆周线，旋转 180°后再确定一点，以这两点为定位点，分别加工所需要的孔；两孔中心轴间距错位应小于 2 mm，圆周方向弧长误差 S_1-S_2 小于 6 mm。

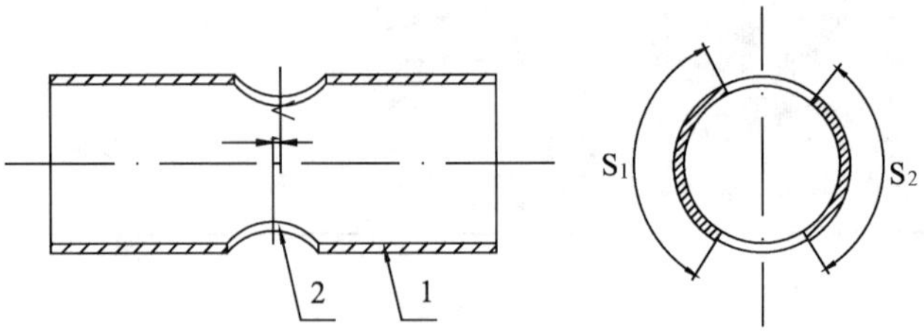

1—镀锌钢管；2—机械四通开孔

图 2-2-8 机械四通安装示意图

6. 管件安装

沟槽式连接管件备有成品同径三通、异径三通、90°弯头、45°弯头、大小头等以适应管路系统连接的不同要求，成品管件必须与管箍配套使用，成品沟槽管件安装示意图如图 2-2-9 所示。

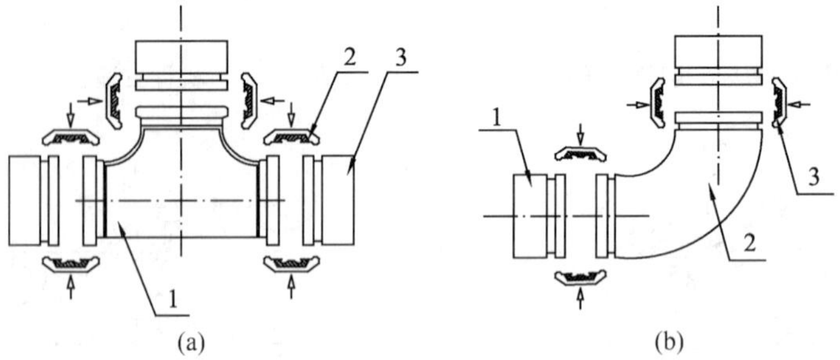

1—机械三通；2—管箍；3—镀锌钢管　　1—镀锌钢管；2—90°弯头；3—管箍

图 2-2-9 成品沟槽管件安装示意图

小　结

本章介绍了消火栓系统的分类和组成、消防给水方式、消防增压设备、蓄水设施以及消火栓给水系统施工工艺等知识点，在学习过程中，应注意室内消火栓系统和室外消火栓系统的区别，室内消火栓的设置场所及系统组成，重点掌握室内消防用水量取值方法和系统水力计算方法，熟悉镀锌钢管卡箍连接施工工艺。

复习思考题

1. 请说明室外消防给水系统的作用和组成。

2. 室外消防给水系统有几种类型?

3. 室外消防水源有几种?《消防给水及消火栓系统技术规范》对室外消防水源的要求都有哪些?

4. 室外消防给水管网的布置要求有哪些?

5. 室外消火栓的布置要求有哪些?

6. 室外消火栓的类型、规格型号、组成及优缺点是什么?

7. 室外消火栓的保护半径和最大布置间距是怎么计算的?

8. 什么是高层建筑消火栓给水系统?

9. 减压孔板的作用及设置要求有哪些?

10. 减压阀的构造和特点有什么?

11. 消防系统上减压阀的设置要求有哪些?

12. 减压稳压消火栓是如何进行减压稳压的?

13. 按建筑高度分类，高层建筑室内消火栓给水系统的给水方式类型有几种? 如何应用?

14. 高层建筑室内消火栓的布置要求有哪些?

15. 高层建筑室内消火栓管道的布置要求有哪些?

16. 高层建筑室内消火栓系统水泵接合器的设置要求有哪些?

17. 高层建筑消防电梯的井底为何应设排水设施? 如何设置?

18. 高层建筑的消防水箱贮水容积如何确定?

19. 高层建筑的消防水箱设置高度的规定是什么?

20. 什么是火灾延续时间? 高层建筑火灾延续时间的是什么规定有哪几点?

21. 高层建筑消防水池的取水口或取水井的设置要求是什么?

模块3

自喷给水系统与施工技术

项目3.1 自喷给水系统

3.1.1 概 述

自喷系统

3.1.1.1 自动喷水灭火系统的发展

自动喷水灭火系统，是当今世界上公认的最为有效的自救灭火设施，是应用最广泛、用量最大的自动灭火系统。国内外应用实践证明，该系统具有安全可靠、经济实用、灭火成功率高等优点。

国外应用自动喷水灭火系统已有一百多年的历史。在这长达一个多世纪的时间内，一些经济发达的国家，从研究到应用，从局部应用到普遍推广使用，有过许许多多成功的经验和失败的教训。自动喷水灭火系统不仅已经在高层建筑、公共建筑、工业厂房和仓库中推广应用，而且发达国家已在住宅建筑中开始安装使用。

在建筑防火设计中推广应用自动喷水灭火系统，获得了巨大的社会与经济效益。表3-1-1为美国1965年统计资料，数据表明：早在技术远不如目前发达的1925—1964年间，在安装喷淋灭火系统的建筑物中，共发生火灾75290次，灭控火的成功率高达96.2%，其中工业厂房和仓库的比例高达87.46%。

表 3-1-1 自动喷水灭火系统灭火成功率统计表

成功次数、概率 / 建筑类型	灭火成功		灭火不成功		累计数	
	次数	成功率/%	次数	成功率/%	次数	成功率/%
学校	204	91.9	18	8.1	222	0.3
公共建筑	259	95.6	12	4.4	271	0.36
办公建筑	403	97.1	12	2.9	415	0.6
住宅	943	95.5	43	4.4	986	1.3
公共集会场所	1321	96.6	47	3.4	1368	1.8
仓库	2957	89.9	334	10.1	3291	4.4
百货小卖市场	5642	97.1	167	2.9	5809	7.7
工业厂房	60383	95.6	2156	3.4	62539	83.0

续表

建筑类型 \ 成功次数、概率	灭火成功		灭火不成功		累计数	
	次数	成功率/%	次数	成功率/%	次数	成功率/%
其他	307	78.9	82	21.1	389	0.51
合计	72419	96.2	2871	3.8	75290	100.0
注：本表根据 NFPA "Fire Journal" VOL 59. No. 4—July 1965 编制。						

美国纽约对1969—1978年10年中1648起高层建筑喷淋灭火案例的统计表明，高层办公楼的灭控火成功率为98.4%，其他高层建筑为97.7%。澳大利亚和新西兰，从1886年到1968年的几十年中，安装这一灭火系统的建筑物，共发生火灾5734次，灭火成功率达99.8%。近几年安装这一灭火系统的，有些国家和地区的灭火成功率达100%。

推广应用自动喷水灭火系统，不仅可从减少火灾损失中受益，而且可减少消防总开支。如美国加利福尼亚州的费雷斯诺城，在市区制定的建筑条例中，要求在非居住区安装自动喷水灭火系统，结果使这个城市的火灾损失大大减小，1955—1975年的20年间，非居住区火灾损失从占该市火灾总损失的61.6%降低到43.5%。

20世纪30年代，我国开始应用自动喷水灭火系统，至今已有70年的历史。自动喷水灭火系统首先在外国人开办的纺织厂、烟厂以及高层民用建筑中应用。如上海第十七毛纺厂，是1926年由英国人所建，在其厂房、库房和办公室装设了自动喷水灭火系统。1979年，该厂从日本和联邦德国引进生产设备，在新建的厂房也设计安装了国产的湿式系统。又如上海国际饭店是1934年建成投入使用的。该建筑中所有客房、厨房、餐厅、走道、电梯间等部位均装设了喷头，并扑灭过数起初期火灾。50年代，苏联援建的一些纺织厂和我国自行设计的一些工厂中，也装设了自动喷水灭火系统。1956年兴建的上海乒乓球厂，我国自行设计安装了自动喷水灭火系统，并于1978年10月成功地扑救了由于赛璐珞丝缠绕马达引起的火灾。又如1958年所建厦门纺织厂，至80年代曾四次发生火灾，均被成功地扑灭。时至今日，该系统已经成为国际上公认的最为有效的自动扑救室内火灾的消防设施，在我国的应用范围和使用者也在不断扩展与增长。

我国《自动喷水灭火系统设计规范》自1985年颁布执行以来，对指导自动喷水灭火系统的设计，发挥了积极、良好的作用。十几年来，国民经济持续快速发展，新技术不断涌现，使该规范面临着不断适应新情况、解决新问题、推广新技术的社会需求。在总结经验的基础上，制定了《自动喷水灭火系统设计规范》2017版（以下简称《自喷规范》）。此次修订的目的，是为了总结十几年来自动喷水灭火系统技术发展和工程设计积累的宝贵经验，推广科技成果，借鉴发达国家先进技术，使之更加充实与完善。

自动喷水灭火系统是一种在发生火灾时，能自动打开喷头喷水灭火同时发出火警信号的消防灭火设施。据资料统计，自动喷水灭火系统扑救初期火灾的效率在97%以上，具有工作性能稳定、适应范围广、安全可靠、控火灭火成功率高、维护简便等优点，能有效抑制轰燃的发生，使火灾在初期阶段就被有效控制和扑灭。

在自动喷水灭火系统发展的一百多年中，科学家们一直在不断研究开发新技术、新设备与新材料，使该系统获得持续发展和水平的不断提高。改革开放以来，我国建筑业迅速发展，兴建了一大批高层建筑、大空间建筑及地下建筑等内部空间条件复杂、功能多样的建筑物，使系统的设计不断遇到新情况、新问题。只有积极合理地吸收新技术、新设备与新材料，才能使系统的设计技术适应社会进步与发展的需求。系统采用的新技术、新设备与新材料，不仅要具备足够的成熟度，还要符合可靠适用、经济合理，并与系统相配套、与规范合理衔接等要求，以避免出现偏差或错误。

自动喷水灭火系统经过长期的实践和不断的改进与创新，其灭火效能已为许多统计资料所证实；但是，也逐渐暴露出常规类型的系统不能有效扑救高堆垛仓库火灾的难点问题。自 20 世纪 70 年代中期开始，美国工厂联合保险研究所（FMRC）为扑灭和控制高堆垛仓库火灾做了大量的试验和研究工作。从理论上确定了“快速响应、早期抑制”火灾的三要素：一是喷头感应火灾的灵敏程度，二是喷头动作时燃烧物表面需要的灭火喷水强度，三是实际送达燃烧物表面的喷水强度。根据采用早期抑制快速响应喷头自动喷水灭火系统的特点，在条件许可的前提下，应采用湿式系统；如果条件不许可，可采用干式系统或预作用系统，但系统充水时间应符合干式系统或预作用系统的设计要求。

3.1.1.2 自动喷水灭火系统危险等级划分原则

我国《自喷规范》对设置场所火灾危险等级进行了划分，将设置场所划分为四级，分别为轻、中（其中又分为Ⅰ级和Ⅱ级）、严重（其中又分为Ⅰ级和Ⅱ级）及仓库（其中又分为Ⅰ级、Ⅱ级和Ⅲ级）危险级。当建筑物内各场所的火灾危险性及灭火难度存在较大差异时，宜按各场所的实际情况确定系统选型与火灾危险等级。

（1）轻危险级，一般是指下述情况的设置场所，即可燃物品较少、可燃性低和火灾发热量较低、外部增援和疏散人员较容易。

（2）中危险级，一般是指下列情况的设置场所，即内部可燃物数量为中等，可燃性也为中等，火灾初期不会引起剧烈燃烧的场所。大部分民用建筑和工业厂房划归中危险级。根据此类场所种类多、范围广的特点，又划分为中Ⅰ级和中Ⅱ级。商场内物品密集、人员密集，发生火灾的频率较高，容易酿成大火造成群死群伤和高额财产损失的严重后果，因此将大规模商场列入中Ⅱ级。

（3）严重危险级，一般是指火灾危险性大，且可燃物品数量多，火灾时容易引起猛烈燃烧并可能迅速蔓延的场所。除摄影棚、舞台、葡萄架下部外，还包括存在较多数量易燃固体、液体物品工厂的备料和生产车间。

（4）仓库火灾危险等级的划分，参考了美国的《一般储存仓库标准》NFPA—231（1995 年版）和《货架式储存仓库标准》NFPA—231 C（1995 年版）。将上述标准中的 1、2、3、4 类和塑料橡胶类储存货品结合我国国情，综合归纳并简化为Ⅰ、Ⅱ、Ⅲ级仓库。上述两个美国标准中的 1、2、3、4 类分别为：1 类货品指纸箱包装的不燃货品；2 类货品指包括木箱及多层纸箱或类似可燃材料包装的 1 类货品；3 类货品指木材、纸张、天然纤维纺织品或 C 组塑料及其制品，含有限量 A 组或 B 组塑料的制品；4 类货品指纸箱包装的含有一定量 A 组塑料的 1、2、3 类货品，小包装采用 A 组塑料、大包装采用纸箱包装的 1、2、3 类货品，B 组塑料和粉状、颗粒状 A 组塑料。

判断设置自动喷水灭火系统建筑物的火灾危险性等级，是选择系统类型和确定设计基本数据的基础。自动喷水灭火系统危险等级划分的原则，应根据其用途、容纳物品的火灾荷载及室内空间条件等因素，在分析火灾特点和热气流驱动喷头开放及喷水到位的难易程度后确定，见表 3-1-2。

表 3-1-2 自动喷水灭火系统设置场所火灾危险等级举例

<table>
<tr><th colspan="2">火灾危险等级</th><th>设置场所举例</th></tr>
<tr><td colspan="2">轻危险级</td><td>建筑高度为 24 m 及以下的旅馆、办公楼；仅在走道设置闭式系统的建筑等</td></tr>
<tr><td rowspan="2">中危险级</td><td>Ⅰ级</td><td>(1) 高层民用建筑：旅馆、办公楼、综合楼、邮政楼、金融电信楼、指挥调度楼、广播电视楼（塔）等
(2) 公共建筑（含单多高层）：医院、疗养院；图书馆（书库除外）、档案馆、展览馆（厅）；影剧院、音乐厅和礼堂（舞台除外）及其他娱乐场所；火车站、飞机场及码头的建筑；总建筑面积小于 5000 m^2 的商场、总建筑面积小于 1000 m^2 的地下商场等
(3) 文化遗产建筑：木结构古建筑、国家文物保护单位等
(4) 工业建筑：食品、家用电器、玻璃制品等工厂的备料与生产车间等；冷藏库、钢屋架等建筑构件</td></tr>
<tr><td>Ⅱ级</td><td>(1) 民用建筑：书库、舞台（葡萄架除外）、汽车停车场、总建筑面积 5000 m^2 及以上的商场、总建筑面积 1000 m^2 及以上的地下商场，净空高度不超过 8 m、物品高度不超过 3.5 m 的自选商场等
(2) 工业建筑：棉毛麻丝及化纤的纺织、织物及制品、木材木器及胶合板、谷物加工、烟草及制品、饮用酒（啤酒除外）、皮革及制品、造纸及纸制品、制药等工厂的备料与生产车间</td></tr>
<tr><td rowspan="2">严重危险级</td><td>Ⅰ级</td><td>印刷厂、酒精制品、可燃液体制品等工厂的备料与车间，净空高度不超过 8 m、物品高度超过 3.5 m 的自选商场等</td></tr>
<tr><td>Ⅱ级</td><td>易燃液体喷雾操作区域，固体易燃物品、可燃的气溶胶制品，溶剂清选、喷涂，油漆、沥青制品等工厂的备料及生产车间、摄影棚、舞台葡萄架下部</td></tr>
<tr><td rowspan="3">仓库危险级</td><td>Ⅰ级</td><td>食品、烟酒；木箱、纸箱包装的不燃难燃物品等</td></tr>
<tr><td>Ⅱ级</td><td>木材、纸、皮革、谷物及制品、棉毛麻丝化纤及制品、家用电器、电缆、B 组塑料与橡胶及其制品、钢塑混合材料制品、各种塑料瓶盒包装的不燃物品及各类物品混杂储存的仓库等</td></tr>
<tr><td>Ⅲ级</td><td>A 组塑料与橡胶及其制品，沥青制品等</td></tr>
</table>

注：A 组：丙烯腈－丁二烯－苯乙烯共聚物，缩醛、聚甲基丙烯酸甲酯、玻璃纤维增强聚酯、热塑性聚酯、聚丁二烯、聚碳酸酯、聚乙烯、聚丙烯、聚苯乙烯、聚氨基甲酸酯、高增塑聚氯乙烯、苯乙烯－丙烯腈等；丁基橡胶、乙丙橡胶、发泡类天然橡胶、腈橡胶、聚酯合成橡胶、丁苯橡胶等。

B 组：醋酸纤维素、醋酸丁酸纤维素、乙基纤维素、氟塑料、锦纶、三聚氰胺甲醛、酚醛塑料、硬聚氯乙烯、聚偏二氟乙烯、聚偏氟乙烯、聚氟乙烯、脲甲醛等；氯丁橡胶、不发泡类天然橡胶、硅橡胶等。

建筑物自身的特征对自动喷水系统扑救的难易程度也有影响。层高和面积较大的建筑物，火灾形成的热气流不容易在屋面下积聚，烟气不容易接触或淹没喷头，使喷头的温升缓慢、动作时间推迟，从而使喷头出水时间延迟，导致火灾蔓延，系统灭火难度增加。当建筑物的层高较高时，喷头洒水穿越热气流区域的距离增大，被吹跑或汽化的水量增加，削弱了系统的灭火能力。建筑构件、室内装饰和灯具等都会影响喷头的布置和阻挡喷头均匀布水。

在系统设计时应运用火灾理论分析具体建筑物的性质、火灾危险性大小、火灾发生频率、可燃物数量、单位时间内释放的热量、火灾蔓延速度以及扑救难易程度等因素，从而确定其危险等级和设计参数。

3.1.1.3 自动喷水灭火系统的设置原则

自动喷水灭火系统是目前人类找到的最佳生命财产保护系统。因此该系统不仅在高层建筑、公共建筑、工业厂房和仓库中得到推广应用，而且发达国家已在住宅建筑中安装使用。应该说，建设投资不是制约自动喷水灭火系统应用的主要因素，国外安装自动喷水灭火系统的建筑物，在投保时享受一定的优惠条件，一般在该系统安装后的几年时间内，因优惠而少缴的保险费就够安装系统的费用了。一般在一年半到三年的时间内，就可以抵消建设资金。随着我国社会主义市场经济的不断完善和发展，安装自动喷水灭火系统的一次投资，在短期内亦可收回。由于设置自动喷水灭火系统，不仅可从减少火灾损失，而且可减少消防总开支。所以为减少人类面临的频发火灾，应提高自动喷水灭火系统的普及率。

在《建筑设计防火规范》《人民防空工程设计防火规范》《汽车库、修车库、停车场设计防火规范》等消防技术规范中，对自动喷水灭火系统的设置与否做出了原则性规定。

自喷规范

1. 应设置闭式系统的建筑及部位

1）低层建筑

《建筑设计防火规范》规定下列场所应设置自动灭火系统，除不宜用水保护或灭火者以外，宜采用闭式自动喷水灭火系统：

（1）大于等于50000纱锭的棉纺厂的开包、清花车间；大于等于5000锭的麻纺厂的分级、梳麻车间；火柴厂的烤梗、筛选部位；泡沫塑料厂的预发、成型、切片、压花部位；占地面积大于1500 m^2 的木器厂房；占地面积大于1500 m^2 或总建筑面积大于3000 m^2 的单层、多层制鞋、制衣、玩具及电子等厂房；高层丙类厂房；飞机发动机试验台的准备部位；建筑面积大于500 m^2 的丙类地下厂房。

（2）每座占地面积大于1000 m^2 的棉、毛、丝、麻、化纤、毛皮及其制品的仓库；每座占地面积大于600 m^2 的火柴仓库；邮政楼中建筑面积大于500 m^2 的空邮袋库；建筑面积大于500 m^2 的可燃物品地下仓库；可燃、难燃物品的高架仓库和高层仓库（冷库除外）。

（3）特等、甲等或超过1500个座位的其他等级的剧院；超过2000个座位的会堂或礼堂；超过3000个座位的体育馆；超过5000人的体育场的室内人员休息室与器材间等。

（4）任一楼层建筑面积大于1500 m^2 或总建筑面积大于3000 m^2 的展览建筑、商店、旅馆建筑，以及医院中同样建筑规模的病房楼、门诊楼、手术部；建筑面积大于500 m^2 的地下商店。

（5）设置有送回风道（管）的集中空气调节系统且总建筑面积大于3000 m^2 的办公楼等。

(6) 设置在地下、半地下或地上四层及四层以上或设置在建筑的首层、二层和三层且任一层建筑面积大于 300 m^2 的地上歌舞娱乐放映游艺场所（游泳场所除外）。

(7) 藏书量超过 50 万册的图书馆。

2) 高层建筑

《高层民用建筑设计防火规范》规定：

(1) 建筑高度超过 100 m 的高层建筑及其裙房，除游泳池、溜冰场、建筑面积小于 5.00 m^2 的卫生间、不设集中空调且户门为甲级防火门的住宅的户内用房和不宜用水扑救的部位外，均应设自动喷水灭火系统。

(2) 建筑高度不超过 100 m 的一类高层建筑及其裙房。除游泳池、溜冰场、建筑面积小于 5.00 m^2 的卫生间、普通住宅、设集中空调的住宅的户内用房和不宜用水扑救的部位外，均应设自动喷水灭火系统。

(3) 二类高层公共建筑的下列部位应设自动喷水灭火系统：

① 公共活动用房；

② 走道、办公室和旅馆的客房；

③ 自动扶梯底部；

④ 可燃物品库房。

(4) 高层建筑中的歌舞娱乐放映游艺场所、空调机房、公共餐厅、公共厨房以及经常有人停留或可燃物较多的地下室、半地下室房间等，应设自动喷水灭火系统。

(5) 燃油、燃气的锅炉房、柴油发电机房宜设自动喷水灭火系统。

3) 人防工程

符合下列条件的人防工程及部位应设置闭式系统：

(1) 建筑面积大于 1000 m^2 的人防工程。

(2) 大于 800 个座位的电影院、礼堂的观众厅且吊顶下表面至观众席地坪高度不超过 8 m 时，舞台使用面积超过 200 m^2 时。

(3) 采用防火卷帘代替防火墙或防火门，当防火卷帘不符合防火墙耐火极限的判定条件时。

(4) 歌舞娱乐放映游艺场所。

(5) 建筑面积大于 500 m^2 的地下商场。

4) 汽车库

Ⅰ、Ⅱ、Ⅲ类地上汽车库、停车数超过 10 辆的地下汽车库、机械式立体汽车库或复式汽车库以及采用垂直升降梯作汽车库疏散出口的汽车库、Ⅰ类修车库等均应设置闭式自动喷水灭火系统。

2. 应设置开式系统的建筑及部位

1) 低层建筑

根据《建筑设计防火规范》，对低层建筑有以下规定：

(1) 下列部位宜设置水幕系统。

① 特等、甲等或超过 1500 个座位的其他等级的剧院和超过 2000 个座位的会堂或礼堂的舞台口，以及与舞台相连的侧台、后台的门窗洞口。

② 应设防火墙等防火分隔物而无法设置的局部开口部位。

③ 需要冷却保护的防火卷帘或防火幕的上部。

(2) 下列场所应设置雨淋喷水灭火系统：

① 火柴厂的氯酸钾压碾厂房；建筑面积大于 100 m^2 生产和使用硝化棉、喷漆棉、火胶棉、赛璐珞胶片、硝化纤维的厂房。

② 建筑面积超过 60 m^2 或储存量超过 2 t 的硝化棉、喷漆棉、火胶棉、赛璐珞胶片、硝化纤维的仓库。

③ 日装瓶数量超过 3000 瓶的液化石油气储配站的灌瓶间、实瓶库。

④ 特等、甲等或超过 1500 个座位的其他等级的剧院和超过 2000 个座位的会堂或礼堂、舞台、葡萄架下部。

⑤ 建筑面积大于等于 400 m^2 的演播室，建筑面积大于等于 500 m^2 的电影摄影棚。

⑥ 乒乓球厂的轧坯、切片、磨球、分球检验部位。

(3) 下列场所应设置自动灭火系统，且宜采用水喷雾灭火系统：

① 单台容量在 40 MV·A 及以上的厂矿企业油浸电力变压器、单台容量在 90 MV·A 及以上的电厂油浸电力变压器，或单台容量在 125 MV·A 及以上的独立变电所油浸电力变压器。

② 飞机发动机试验台的试车部位。

2) 高层建筑

根据《建筑设计防火规范》，对高层建筑有以下规定：

① 超过 800 个座位的剧院、礼堂的舞台口宜设防火幕或水幕分隔。

② 可燃油油浸电力变压器、充可燃油的高压电容器和多油开关室宜设水喷雾或气体灭火系统。

3.1.2 自动喷水灭火系统的分类与原理

自动喷水灭火系统可用于各种建筑物中允许用水灭火的保护对象和场所，根据被保护建筑物的使用性质、环境条件和火灾发生、发展特性的不同，分为多种不同类型。按喷头开启形式不同，分为闭式系统和开式系统；按报警阀的形式，分为湿式系统、干式系统、干湿两用系统、预作用系统和雨淋系统等；按对保护对象的功能，分为暴露防护型（水幕或冷却等）和控、灭火型。用量最多的是湿式系统，在已安装的自动喷水灭火系统中，有 70%以上为湿式系统。

3.1.2.1 湿式系统

湿式自动喷水灭火系统如图 3-1-1 所示，由闭式喷头、管道系统、湿式报警阀、水流指示器、报警装置和供水设施等组成。

湿式自动喷水灭火系统是在一个充满水的管道系统上安装有自动喷水闭式喷头，并与至少一个自动给水装置相连。火灾发生时，在火场温度作用下，闭式喷头的感温元件温度达到预定的动作温度后，喷头开启喷水灭火，此时管网中有压水流动，水流指示器感应到并送出电信号，在报警控制器上显示，某一区域已在喷水。持续喷水造成报警阀的上部水压低于下部水压，其压力差达到一定值时，原来处于关闭状态的报警阀就会自动开启。同时，消防水通过湿式报警阀，流向自动喷洒管网供水灭火。另一部分水进入延迟器、压力开关及水力警铃设施发出火警信号。另外，根据水流指示器和压力开关的信号或消防水箱的水位信号，控制箱内控制器能自动开启消防泵，以达到持续供水的目的。

湿式自动喷水灭火系统结构简单，施工和管理维护方便，使用可靠、灭火速度快、控火效率高、建设投资少，如图 3-1-1 所示。但由于管路始终充满有压水，万一出现渗漏会损坏建筑装饰，应用也受环境温度的限制，适合安装在温度范围 4～70 ℃且能用水灭火的建筑物内。湿式系统必须安装在全年不结冰及不会出现过热危险的场所内，经常低于 4 ℃的场所有使管内充水冰冻的危险，高于 70 ℃的场所管内充水汽化的加剧有破坏管道的危险。因此，绝大多数的常温场所采用此类系统。该系统在喷头动作后立即喷水，其灭火成功率高于干式系统。

自喷原理

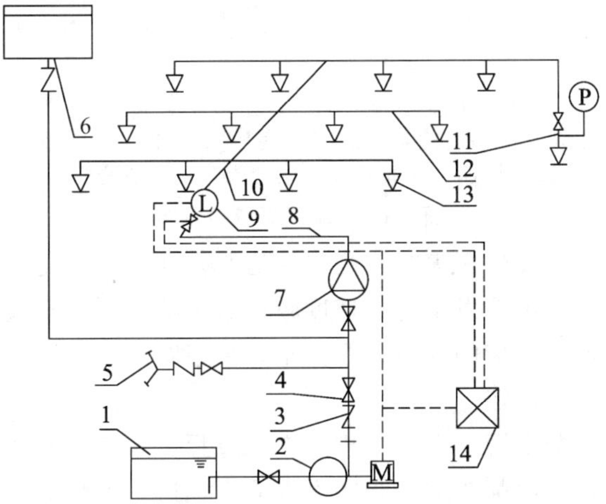

1—水池；2—水泵；3—止回阀；4—闸阀；5—水泵接合器；6—消防水箱；7—湿式报警阀组；8—配水干管；9—水流指示器；10—配水管；11—末端试水装置；12—配水支管；13—闭式洒水喷头；14—报警控制器；P—压力表；M—驱动电机；L—水流指示器

图 3-1-1　湿式系统示意图

3.1.2.2　干式系统

干式系统是为了满足寒冷和高温场所安装自动灭火系统的需要，在湿式自动系统的基础上发展起来的。该系统由闭式喷头、管道系统、干式报警阀、水流指示器、报警装置、充气设备、排气设备和供水设备等组成。其管路和喷头内平时没有水，只处于充气状态，故称之为干式系统，如图 3-1-2 所示。当建筑物发生火灾，火点温度达到开启闭式喷头时，喷头开启、排气、充水、灭火。

干式自动喷水灭火系统与湿式自动喷水灭火系统相比，特点在于采用干式报警阀组，警戒状态下配水管道内充满压缩空气等有压气体。为保持气压，需要配套设置补气设施（图 3-1-2）。管网内的气压要经常保持在一定范围内，该系统在灭火时，需先排除管网中的空气，故喷头出水不如湿式系统及时。但干式系统管网中平时不充水，对建筑装饰无影响，对环境温度也无要求，适用于采暖期长或建筑物内无采暖的场所。为减少排气时间，一般要求管网的容积不大于 3000 L。该系统适用于有冰冻危险与环境温度有可能超过 70 ℃、使管道内的充水汽化升压的场所。

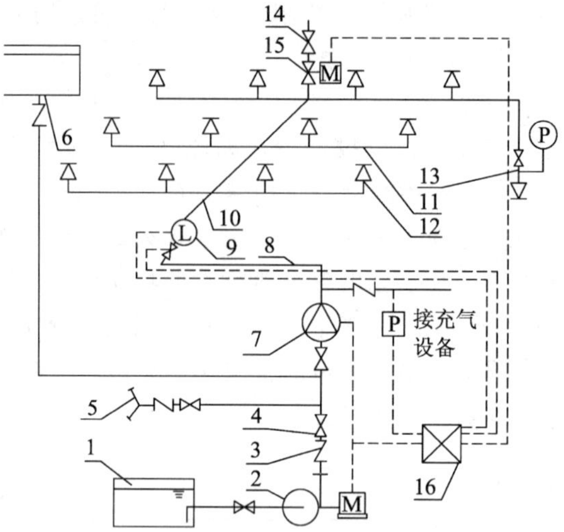

1—水池；2—水泵；3—止回阀；4—闸阀；5—水泵接合器；6—消防水箱；7—干式报警阀组；8—配水干管；9—水流指示器；10—配水管；11—配水支管；12—闭式喷头；13—末端试水装置；14—快速排气阀；15—电动阀；16—报警控制器

图 3-1-2　干式系统示意图

干式系统的缺点是：发生火灾时，配水管道必须经过排气充水的过程，因此，推迟了开始喷水的时间，对于可能发生蔓延速度较快火灾的场所，不适合采用此种系统。

干式系统配水管道中维持的气压，根据干式报警阀入口前管道需要维持的水压，结合干式报警阀的工作性能确定。

闭式喷头开放后，配水管道有一个排气充水过程。系统开始喷水的时间，将因排气充水过程而产生滞后，因此削弱了系统的灭火能力，这一点是干式系统的固有缺陷。

干湿式喷水灭火系统，一般由闭式喷头、管道系统、充气双重作用阀（又称干湿式报警阀）、报警装置、供水设备等组成。这种系统兼具湿式和干式喷水灭火系统的性能，安装在冬季采暖期不长的建筑物内，寒冷季节为干式系统，温暖季节为湿式系统；系统形式基本与干式系统相同，主要区别是报警阀采用的是干湿式报警阀。

3. 1. 2. 3　预作用系统

预作用自动喷水灭火系统，如图 3-1-3 所示，由闭式喷头、管道系统、雨淋阀、火灾探测器、报警控制装置、充气设备、控制组件和供水设施等部件组成。

预作用系统采用预作用报警阀组，并由火灾自动报警系统启动。系统将火灾自动探测报警技术和自动喷水灭火系统有机地结合在一起，雨淋阀之后的管道平时呈干式，充满低压气体。火灾发生时，由比闭式喷头更灵敏的火灾报警系统（安装在保护区的感温、感烟火灾探测器发出火警信号）联动雨淋阀和供水泵，在闭式喷头开放前完成管道充水过程，转换为湿式系统，使喷头能在开放后立即喷水。

系统的配水管道内平时不充水，发生火灾时，预作用系统既兼有湿式、干式系统的优点，又避免了湿式、干式系统的缺点；在不允许出现误喷或管道漏水的重要场所，可替代湿式系统使用；在低温或高温场所可替代干式系统使用，避免喷头开启后延迟喷水的缺点。

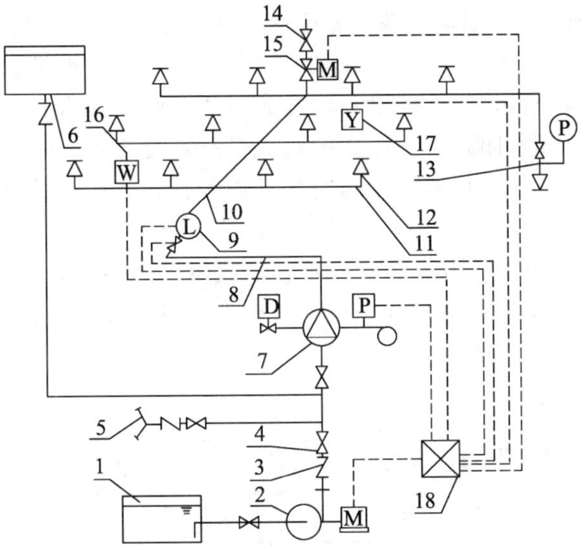

1—水池；2—水泵；3—止回阀；4—闸阀；5—水泵接合器；6—消防水箱；7—预作用报警阀组；8—配水干管；9—水流指示器；10—配水管；11—配水支管；12—闭式喷头；13—末端试水装置；14—快速排气阀；15—电动阀；16—感温探测器；17—感烟探测器；18—报警控制器

图 3-1-3 预作用系统示意图

预作用系统采用预作用报警阀组，并由配套使用的火灾自动报警系统启动。处于戒备状态时，配水管道为不充水的空管。此时，配水管道内如果维持一定气压，将有助于监测管道的严密性和寻找泄漏点。

利用火灾探测器的热敏性能优于闭式喷头的特点，由火灾报警系统开启雨淋阀后为管道充水，使系统在闭式喷头动作前转换为湿式系统（图 3-1-3）。

《自喷规范》还提出了一项自动喷水灭火系统新技术——重复启闭预作用系统。该系统能在扑灭火灾后自动关闭报警阀，发生复燃时又能再次开启报警阀恢复喷水，适用于灭火后必须及时停止喷水、要求减少不必要水渍损失的场所。为了防止误动作，该系统与常规预作用系统的不同之处是采用了一种即可输出火警信号，又可在环境恢复常温时输出灭火信号的感温探测器。当其感应到环境温度超出预定值时，报警并启动供水泵和打开具有复位功能的雨淋阀，为配水管道充水，并在喷头动作后喷水灭火。喷水过程中，当火场温度恢复至常温时，探测器发出关停系统的信号，在按设定条件延迟喷水一段时间后，关闭雨淋阀停止喷水。若火灾复燃、温度再次升高，系统则再次启动，直至彻底灭火。

我国目前尚无此种系统的产品，但已将其纳入《自喷规范》将有利于促进自动喷水灭火系统新技术和新产品的发展和应用。

3.1.2.4 雨淋系统

雨淋系统采用开式洒水喷头、雨淋报警阀组，由配套使用的火灾自动报警系统或传动管联动雨淋阀和供水泵，由雨淋阀控制其配水管道上的全部开式喷头同时喷水灭火（注：可以作冷喷试验的雨淋系统，应设末端试水装置），如图 3-1-4、图 3-1-5 所示。发生火灾时，火灾探测器将信号送至火灾报警控制器，压力开关、水力警铃报警，控制器输出信号打开雨淋阀，同时启动水泵，整个保护区内的喷头喷水灭火。因雨淋阀开启后所有开式洒水喷头同时喷水，故称为雨淋系统。雨淋系统出水量大、灭火及时，适用于：① 火灾水平蔓延速度快、闭式喷头的开放不能及时使喷水有效覆盖着火区域的场所；② 室内净空高度超过闭式系统限定的最大净空高度规定、不适合采用闭式系统的场所；③ 严重危险级Ⅱ级的场所。室内物品顶面与顶板或吊顶的距离加大，将使闭式喷头在火场中的开放时间推迟，喷头动作时间的滞后使火灾得以继续蔓延，而使开放喷头的喷水难以有效覆盖火灾范围。上述情况使闭式系统的控火能力下降，而采用雨淋系统则可消除上述不利影响。雨淋系统启动后立即大面积喷水，遏制和扑救火灾的效果更好，但水渍损失大于闭式系统。

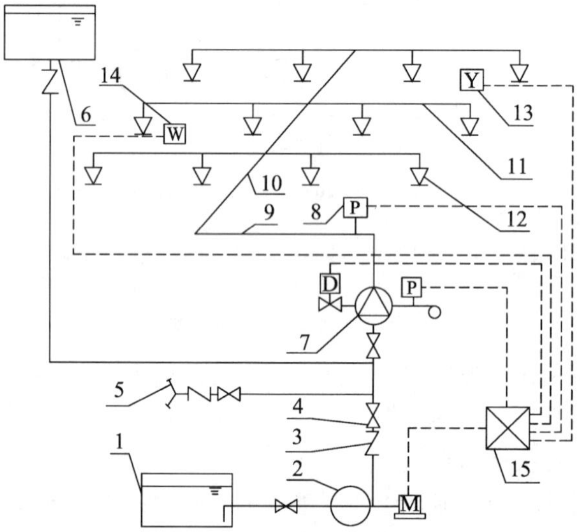

1—水池；2—水泵；3—止回阀；4—闸阀；5—水泵接合器；6—消防水箱；7—雨淋报警阀组；8—压力开关；9—配水干管；10—配水管；11—配水支管；12—开式洒水喷头；13—感烟探测器；14—感温探测器；15—报警控制器

图 3-1-4　电动启动雨淋系统

雨淋喷水灭火系统、预作用喷水灭火系统虽然都采用了雨淋阀、探测报警系统。但预作用喷水灭火系统采用闭式喷头，雨淋阀后的管道内平时充有压缩气体；而雨淋系统采用开式喷头，雨淋阀后的管道平时为空管。

雨淋系统由电气控制启动、传动管控制启动或手动控制启动。

电气控制系统如图 3-1-4 所示，保护区内的火灾自动报警系统探测到火灾后发出信号，打开控制雨淋阀的电磁阀，雨淋阀控制膜室压力下降，雨淋阀开启，压力开关动作，启动水泵向系统供水。

传动管控制启动包括湿式和干式两种，如图 3-1-5 所示。发生火灾时，湿（干）式导管上的喷头受热爆破，喷头出水（排气），雨淋阀控制膜室压力下降，雨淋阀打开，压力开关动作，启动水泵向系统供水。

中国建筑西南设计院 1981 年模拟“舞台幕布燃烧试验”报告指出：四个试验用开式洒水喷头呈正方形布置，间距为 2.5 m×2.5 m，安装高度为 22 m；幕布尺寸为 3 m×12 m，幕布下端距地面约 2 m，幕布由地面上的木垛火引燃（木垛的火灾负荷密度为 50 kg/m²)。幕布引燃后，开始时火焰上升速度约为 0.1～0.2 m/s，当幕布燃烧到约1/4高度的，火焰急剧向上及左右蔓延扩大，不到 10 s 幕布几乎全部烧完，但顶部正中安装的闭式喷头没有开放；手动开启雨淋系统时，当喷头处压力为 0.1～0.2 MPa 时，仅 10 s 就扑灭了幕布火灾，又历时 1 min 30 s～1 min 50 s 扑灭木垛火。试验证实了雨淋系统的灭火效果。

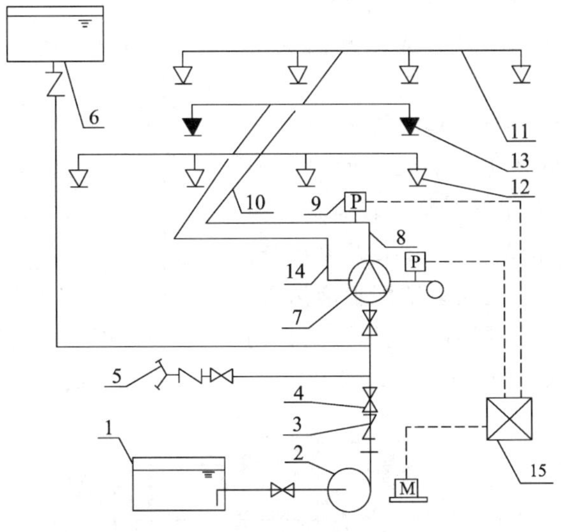

1—水池；2—水泵；3—止回阀；4—闸阀；5—水泵接合器；6—消防水箱；7—雨淋报警阀组；8—配水干管；9—压力开关；10—配水管；11—配水支管；12—开式洒水喷头；13—闭式喷头；14—传动管；15—报警控制器

图 3-1-5 充液（水）传动管启动雨淋系统示意图

3.1.2.5 水喷雾灭火系统

水喷雾灭火系统是利用水雾喷头在较高的水压力作用下，将水流分离成 0.2～2.0 mm 甚至更小的细小水雾滴，喷向保护对象，通过表面冷却、窒息或冲击乳化、稀释等作用，达到灭火或防护冷却的目的。水喷雾灭火系统的应用发展，实现了用水扑救油类、电气设备类火灾，并且可克服气体灭火系统不适合在露天环境和大空间场所使用的缺点，从而使水这种灭火剂得到充分的应用。

水喷雾灭火系统在组成上与雨淋系统基本相同，所不同的是该系统使用的是一种喷雾喷头。这种喷头有螺旋状叶片的，当有一定压力的水通过喷头时，叶片旋转，在离心力作用下，同时产生机械撞击作用和机械强化作用，使水形成雾状喷向被保护部位。水喷雾灭火系统由水雾喷头、管网、过滤器、雨淋阀组、给水设备、消防水源以及火灾自动探测控制设备等组成。系统的自动开启雨淋阀装置，可采用带火灾探测器的电动控制装置和带闭式喷头的传动管装置，其工作原理也与雨淋系统相同。

3.1.2.6 水幕系统

水幕系统是利用水幕喷头密集喷洒所形成的水墙或水帘，起到挡烟阻火和冷却分隔物作用的一种自动喷水系统。由水幕喷头或开式洒水喷头、雨淋阀组或感温雨淋阀、管道及火灾探测控制装置等组成，如图 3-1-6 所示。通过其特殊的喷头布置方式，对简易防火分隔物进行冷却，提高其耐火性能，或阻止火焰穿过开口部位，直接作防火分隔使用。防火分隔水幕不宜用于尺寸超过 15 m（宽）×8 m（高）的开口（舞台口除外）。防护冷却水幕应直接将水喷向被保护对象。

水幕系统的控制和工作原理与雨淋系统相同。当发生火灾时，火灾探测器或人员发现火灾，电动或手动开启控制阀，然后系统通过水幕喷头喷水，进行阻火、隔火或冷却防火分隔物。

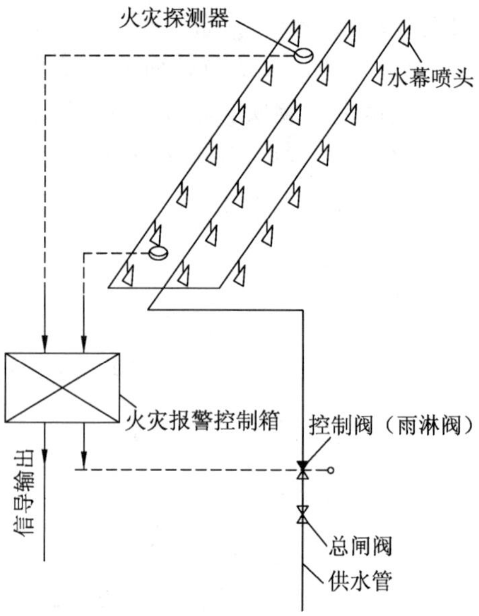

图 3-1-6　水幕系统组成示意图

3.1.2.7　自动喷水-泡沫联用系统

自动喷水-泡沫联用系统是指在自动喷水灭火系统中配置供给泡沫混合液的设备后，组成既可喷水又可喷泡沫的自动喷水灭火系统。图 3-1-7 是湿式自动喷水灭火系统配置泡沫罐、泡沫罐控制阀、比例混合器后组成的湿式自动喷水-泡沫联用灭火系统的组成图示。

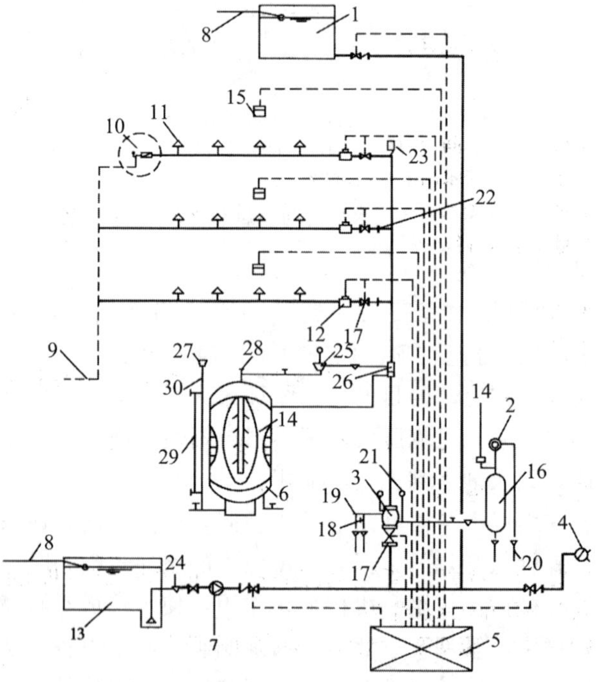

1—高位水箱；2—水力警铃；3—湿式报警阀；4—消防水泵接合器；5—控制箱；6—泡沫缸；7—消防水泵；8—进水管；9—排水管；10—末端试水装置；11—闭式喷头；12—水流指示器；13—水池；14—胶囊；15—感烟探测器；16—延迟器；17—消防安全指示阀；18—试警铃阀；19—放水阀；20—排水漏斗（或管）；21—压力表；22—节流孔板；23—自动排气阀；24—过滤器；25—泡沫缸调和阀；26—比例混合器；27—注入口；28—排气阀；29—观测计；30—注液管

图 3-1-7　自动喷水-泡沫联用灭火系统

其工作原理是系统保护区内任意一处发生火情，火源上方闭式喷头周围的温度达到喷头的动作温度时，喷头开启喷水，报警阀打开，水力警铃报警。同时，压力开关和喷水区水流指示器动作，消防水泵启动。压力水进入泡沫罐挤压泡沫胶囊，被挤压出的泡沫液经泡沫控制阀进入比例混合器，按比例（3%或6%）与压力水混合进入管网，泡沫溶液从喷头喷出灭火。

自动喷水-泡沫联用系统适用于存在较多易燃液体的场所、金属设备和构件周围发生的火灾场所。

采用这种系统的目的是：

（1）强化自动喷水灭火系统的灭火能力。

（2）减少系统的运行费用。对于某些对象，如某些水溶性液体火灾，采用喷水和喷泡沫均可达到控灭火目的，单纯喷水时，虽控火效果好，但灭火时间长，火灾与水渍造成的损失较大；单纯喷泡沫时，系统的运行维护费用较高。对于另一些对象，如金属设备和构件周围发生的火灾，采用泡沫灭火后，仍需进一步防护冷却，防止泡沫消泡后因金属件的温度高而使火灾复燃。水和泡沫结合，可起到优势互补的作用。

早在20世纪50年代，国际上已研制出既可喷水，又可喷蛋白泡沫混合液的自动喷水灭火系统，用于扑救A类火灾或B类火灾，以及二者共存的火灾。

蛋白和氟蛋白类泡沫混合液，形成一定发泡倍数的泡沫后，在燃烧表面形成黏稠的连续泡沫层后，在隔绝空气并封闭挥发性可燃蒸汽的作用下实现灭火。水成膜泡沫液可在燃料表面形成可以抑制燃料蒸发的水成膜，同时隔绝空气而实现灭火。

洒水喷头属于非吸气型喷头，所以供给泡沫混合液发泡的空气不足，使喷洒的泡沫混合液与洒水极为相似，虽然没有形成一定倍数的泡沫，但仍具有良好的灭火性能。泡沫灭火剂的选用、储存及相关设备的配置，按现行国家标准《低倍数泡沫灭火系统设计规范》GB 50151—92的规定执行。

3.1.2.8 组合自动喷水灭火系统

建筑物中保护局部场所的干式系统、预作用系统、雨淋系统、自动喷水-泡沫联用系统，可串联接入同一建筑物内湿式系统，并应与其配水干管连接。

允许其他系统串联接入湿式系统的配水干管，使各个其他系统从属于湿式系统，既不相互干扰，又简化系统的构成、减少投资（图3-1-8）。

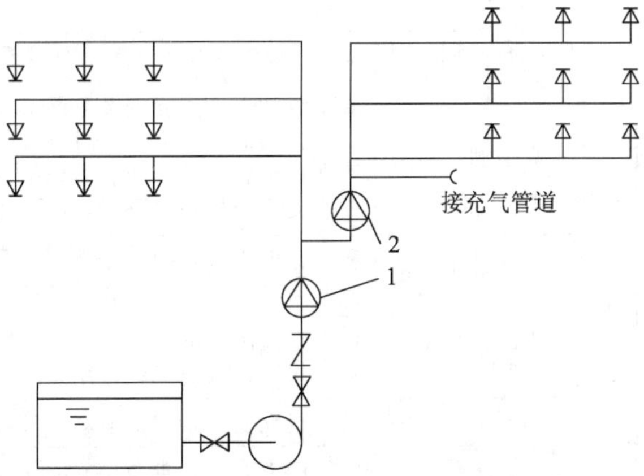

1—湿式报警阀组；2—其他系统报警阀组

图3-1-8 其他系统接入湿式系统示意图

3.1.3 自动喷水灭火系统组件

自喷组件

3.1.3.1 喷头

喷头是自动喷水灭火系统的主要组件之一。自动喷水灭火系统的火灾探测性能和灭火性能主要体现在喷头上，喷头在火灾时主要有两个作用过程，首先是探测火灾、启动系统，然后在保护面积上进行布水以控制和扑灭火灾。因此，正确选用并合理布置喷头，对系统有效灭火至关重要。

1. 闭式喷头

闭式喷头的喷口由感温元件组成的释放机构封闭。当温度达到喷头的公称动作温度范围时感温元件动作，释放机构脱落，喷头开启。闭式喷头具有感温自动开启的功能，并按照规定的水量和形状洒水，主要在湿式系统、干式系统和预作用系统中使用，有时也可作为火灾探测器使用。

闭式喷头有多种类型，按热敏元件可分为玻璃球洒水喷头、易熔合金洒水喷头两类；按出水口径可分为小口径（≤11.1 mm）、标准口径（12.7 mm）、大口径（13.5 mm）、超大口径（≥15.9 mm）四类；按热敏性能可分为标准响应型、快速响应型两类；按安装方式可分为下垂型（下喷水）、直立型（上喷水）、普通型（上、下喷通用）、边墙直立型、边墙水平型、吊顶型六类；按喷头形式，分为普通型（传统型）喷头、洒水型喷头、大水滴喷头和ESER型喷头等。

闭式喷头的类别、安装特征及适用场所见表3-1-3。

表3-1-3 闭式喷头的类别、安装特征及适用场所

<table>
<tr><th colspan="3">类别</th><th>安装特征及适用场所</th></tr>
<tr><td rowspan="9">闭式喷头</td><td colspan="2">玻璃球洒水喷头</td><td>外形美观、体积小、重量轻、耐腐蚀，适用于宾馆等美观要求高、环境温度不低于10 ℃的场所</td></tr>
<tr><td colspan="2">易熔合金洒水喷头</td><td>适用环境温度低于10 ℃、外观要求不高、腐蚀性不大的工厂、仓库和民用建筑</td></tr>
<tr><td colspan="2">直立型洒水喷头</td><td>溅水盘朝上，直立安装在配水支管上，洒水形状为抛物体，水量的60%～80%直接洒向下方，同时还有一小部分洒向上方。适合安装在管路下面经常存在移动物体的场所、不作吊顶的场所、灰尘或其他飞扬物较多的场所，当配水支管布置在梁下时，应采用直立型喷头；多用于干式系统、预作用系统</td></tr>
<tr><td colspan="2">下垂型洒水喷头</td><td>溅水盘朝下方，向下安装在配水支管的下面，洒水形状为抛物体，全部水量洒向下方；适用于安装在各种保护场所，是使用最普遍的一种</td></tr>
<tr><td colspan="2">干式下垂型洒水喷头</td><td>由下垂型闭式喷头和一段特殊短管组成；适用于房间内安装了吊顶的干式自动喷水灭火系统或预作用系统</td></tr>
<tr><td colspan="2">普通型洒水喷头</td><td>既可直立安装，向上喷水，又可下垂安装，向下喷水，并且布水曲线相同</td></tr>
<tr><td rowspan="2">边墙型洒水喷头</td><td>直立型</td><td>喷头向上安装，垂直喷侧向布水；只适用于轻危险级和规范指定的中危险级，并无障碍物的场所。如房间中央顶部不可走管道但周边可走；保护物在喷头的侧边；天棚顶太低无法布置下垂型喷头等场所</td></tr>
<tr><td>水平型</td><td>喷头垂直于墙面安装，水平喷侧向布水。与边墙直立型喷头相比，喷射的距离远，宽度宽。喷头的连接管水平穿越墙体，不走在被保护的房间内。只适用于轻危险级和规范指定的中危险级，并无障碍物的场所。如房间内无法走管道、天棚顶太低无法布置下垂型喷头、房间中央顶部不能走管道或布置喷头等场所</td></tr>
</table>

续表

类别			安装特征及适用场所
闭式喷头	吊顶型洒水喷头	全隐蔽型	吊顶型喷头属于装饰型喷头，安装在吊顶内的管道上，提高了喷头的装饰水平，适用于高级宾馆等装饰要求高的场所 全隐蔽型完全隐藏在顶棚里，所属的孔眼由喷头附带的盖板遮没，盖板色彩可向生产厂家预定。发生火灾时喷头的动作程序是：顶棚孔板先以低于喷头额定温度从顶棚处脱落，喷头在感受额定温度后即行动作
		半隐蔽型	半隐蔽型喷头一般只有感温元件部分暴露于顶棚或吊顶之下，在火灾发生后，当抵达额定温度时，封闭球阀的易熔环即行熔解，释放了球阀和连在一起的溅水盘和感温元件，由两根滑竿支撑着从喷头下降到喷洒位置。这种喷头的优点是，它的感温元件不受任何构件的遮蔽影响，而且采用叶片快速感温，因此它的动作时间比一般喷头至少快5倍
		平齐型	为普通下垂型喷头与装饰罩配合而成
特殊喷头	自动启闭洒水喷头		具有自动启闭功能，适用于降低水渍损失的场所
	快速响应喷头		响应时间指数RTI小于等于50 $(m\cdot s)^{0.5}$，热敏性能明显高于标准响应喷头，可在火场中提前动作，在初期小火阶段喷水灭火，可最大限度地减少人员伤亡、火灾烧损与水渍污染造成的经济损失。各种安装方式和热敏元件的闭式喷头都有快速响应喷头。适用于公共娱乐场所、中庭环廊，地下的商业及仓储用房，超出水泵接合器供水高度的楼层，医院、疗养院的病房及治疗区域，老年、少儿、残疾人的集体活动场
	快速响应早期抑制喷头		响应时间指数RTI小于等于28±8 $(m\cdot s)^{0.5}$，用于保护高堆垛与高货架仓库的大流量特种洒水喷头
	大水滴洒水喷头		适用于高架库房等火灾危险等级高的场所
	扩大覆盖面洒水喷头		喷水保护面积可达30～36 m^2，可降低系统造价

1）玻璃球洒水喷头

玻璃球洒水喷头是目前我国常用的一种喷头。这种喷头由喷水口、玻璃球、框架、溅水盘、密封垫等组成，如图3-1-9所示，玻璃球洒水喷头技术性能参数见表3-1-4。在玻璃球内充装一种彩色高膨胀液体，用它支撑喷水口的密封垫。室内发生火灾后，玻璃球内的液体因受热而膨胀，当达到其公称动作温度范围时，液体完全充满球内全部空间，使玻璃球炸裂成碎片，喷水口的密封垫失去支撑，阀盖脱落，压力水便喷出灭火。玻璃球洒水喷头适用于美观要求较高的公共建筑和具有腐蚀性（如碱厂）的场所。

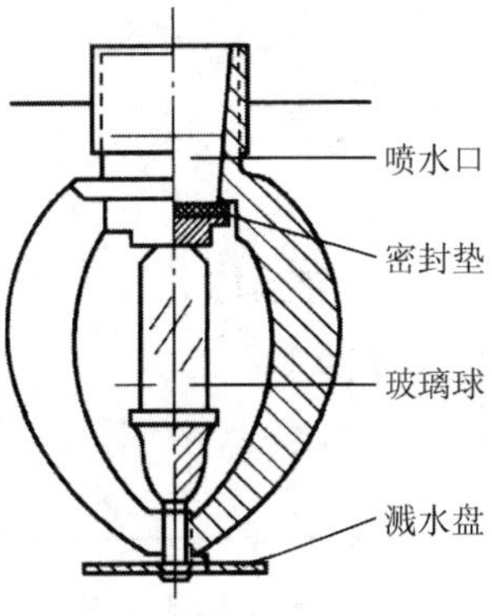

图3-1-9 玻璃球洒水喷头

表 3-1-4　玻璃球洒水喷头的技术性能参数

喷头公称口径/mm	动作温度/℃	色标
10，15，20	57	橙色
	68	红色
	79	黄色
	93	绿色
	141	蓝色
	182	紫红色
	227	黑色
	260	黑色
	343	黑色

2）易熔元件洒水喷头

这种喷头的热敏感元件为易熔材料制成的元件。当室内起火温度达到易熔元件本身的设计温度时，易熔元件便熔化，释放机构脱落，压力水便喷出灭火，如图 3-1-10 所示。易熔合金洒水喷头技术性能参数见表 3-1-5。它是一种悬臂支撑型易熔元件洒水喷头。易熔元件洒水喷头适用于外观要求不高、腐蚀性不大的工厂、仓库及民用建筑。

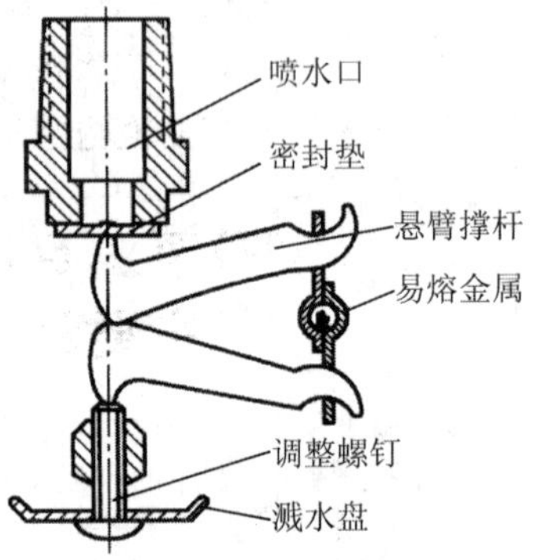

图 3-1-10　易熔元件洒水喷头

表 3-1-5　易熔合金洒水喷头的技术性能参数

喷头公称口径/mm	动作温度/℃	色标
10，15，20	57～77	本色
	80～107	白色
	121～149	蓝色
	163～191	红色
	204～246	绿色
	260～302	橙色
	320～343	黑色

3）直立型洒水喷头

这种喷头直立安装在供水支管上，溅水盘朝上。喷出来的水流呈抛物曲面状，将水量的 60%～80%向下方喷洒，其余的喷向吊顶，如图 3-1-11 所示。这种喷头由于水量分布较均匀，火灾区的用水分配合理，灭火效率较高，适用于安装在管路下面经常存在移动物体的场所，或灰尘等其他飞扬物较多的场所。

4）下垂型洒水喷头

这种喷头溅水盘呈平板状，安装时溅水盘向下，喷头悬吊在供水支管上，如图3-1-12所示。其洒水形状为抛物状，将全部水量洒向地面，具有较高的灭火效率。这种喷头适用于安装在各种保护场所，应用较为普遍。

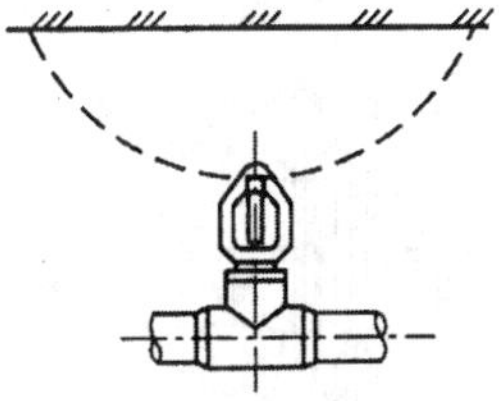

图 3-1-11　直立型洒水喷头

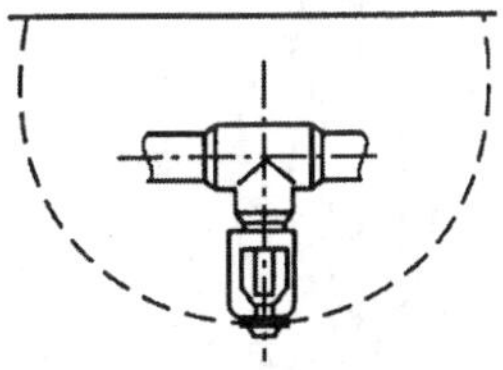

图 3-1-12　下垂型洒水喷头

5）边墙型洒水喷头

这种喷头带有定向的溅水盘，可以靠墙壁安装，喷出的水呈半抛物状，将 85％的水量喷向喷头的前方，其余的喷向后面的墙上，如图 3-1-13 所示。边墙型洒水喷头又分立式和水平式两种，由于其溅水盘不同，安装时应区别对待。这类喷头适合安装在层高小的走廊、房间或不便在房间中央顶部布置喷头的场所。

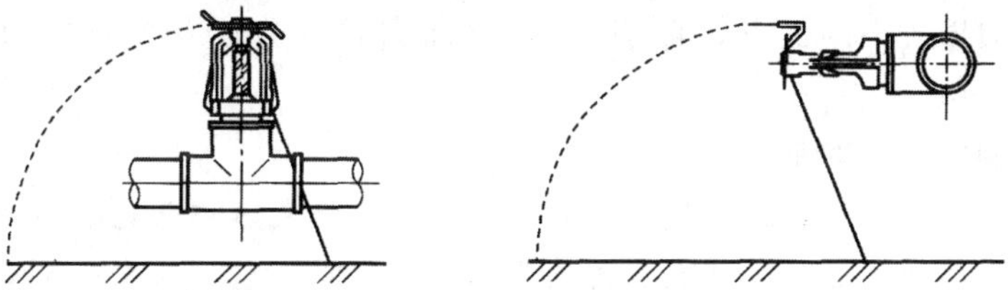

(a) 立式　　(b) 水平式

图 3-1-13　边墙型洒水喷头

6）吊顶型洒水喷头

这种喷头安装于隐蔽在吊顶内的供水支管上，喷头的基座紧贴吊顶呈下垂式安装，只有热敏感元件部分暴露在吊顶外面，如图 3-1-14 所示。根据不同的安装形式，吊顶型洒水喷头分为隐蔽型、半隐蔽型和平齐型三种。由于该喷头是一种装饰型喷头，因此，适用于建筑美观要求较高且设有吊顶的场所如旅馆、客厅、餐厅、办公室等。

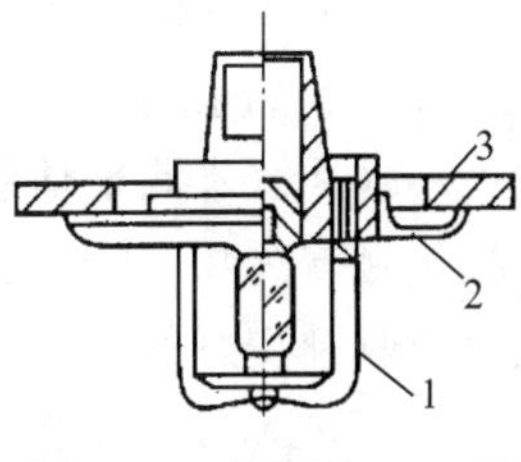

1—支架；2—装饰罩；3—吊顶；

图 3-1-14　吊顶型洒水喷头

7）普通型洒水喷头

这种喷头的溅水盘呈倒伞形，如图 3-1-15 所示。喷出的水流呈球状，水量的40％～60％向地面喷洒，其余部分水喷向顶棚。这种喷头既可直立安装，也可下垂安装。该喷头具有保护吊顶的功能。

8）干式下垂型洒水喷头

这种喷头用于干式系统或其他充气的喷水灭火系统，如图 3-1-16 所示。它与上述几种喷头不同的是增加了一段辅助管，管内有活塞套筒和钢球。喷头未动作时钢球将辅助管封闭，水不能进入辅助管和喷头体内，这样可以避免干式系统喷水后，未动作的喷头体内积水排不出而造成冻结。当喷头动作时，套筒向下移动，钢球由喷口喷出，水就喷出来了。

图 3-1-15 普通型洒水喷头

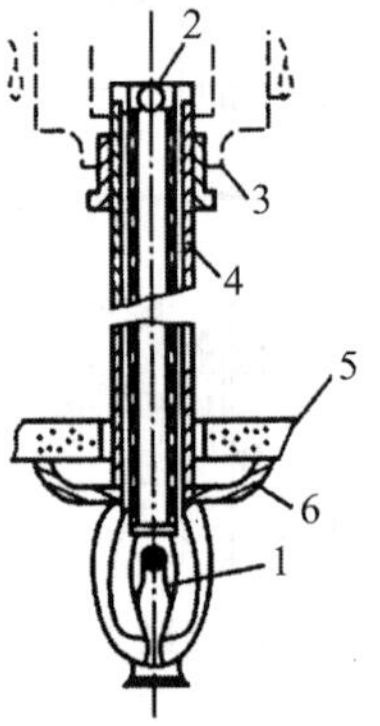

1—热敏元件；2—钢球；3—密封圈；
4—套筒；5—吊顶；6—装饰罩

图 3-1-16 干式下垂型洒水喷头

9）自动启闭洒水喷头

这种喷头的特点是发生火灾时能自动开启喷水，而在火灾扑灭后能自动关闭，具有用水量少、水渍损失小的优点。它是通过感温元件的状态变化实现控制喷水口自动启闭的。

10）快速响应早期抑制喷头

这种喷头的特点是通过减少热敏感元件的质量或增大热敏感元件的吸热表面积，使热敏感元件的吸热速度加快，从而缩短喷头的启动时间。它对温度的感应速度比普通喷头快 5～10 倍，其响应时间指数为 RTI≤（28+8）$(m \cdot s)^{0.5}$，具有洒水早、灭火快、耗水量少、水渍损失小等优点；适用保护高堆垛与高架仓库等场所。

11）大水滴洒水喷头

大水滴洒水喷头有一个复式溅水盘，通过溅水盘使喷出的水形成具有一定比例的大、小水滴（水滴平均粒径为 3 mm），均匀喷向保护区，其中大水滴能有效穿透火焰，直接接触着火物，降低着火物的表面温度。因此，在高架库房等火灾危险性较高的场所应用能收到良好的效果。

12）扩大覆盖面洒水喷头

扩大覆盖面洒水喷头喷水保护面积可达 30～36 m^2，更适合于各种大小不同的房间选用，便于系统喷头的布置，对降低系统造价有一定的意义。

2. 开式喷头

开式喷头是指不带热敏感元件且喷水口是敞开的喷头，主要应用于开式系统，这是和闭式系统的主要区别所在。开式洒水喷头如图 3-1-17 所示，开式喷头的类别、公称口径、安装特征及适用场所见表 3-1-6。开式喷头有三种类型：洒水喷头、水幕喷头、水雾喷头，分别用于雨淋系统、水幕系统和水喷雾灭火系统。

表 3-1-6 开式喷头的类别、公称口径、安装特征及适用场所

类别			公称口径	安装特征及适用场所
洒水喷头	双臂下垂		10、15、20 规格、型号、接管螺纹和外形与玻璃球闭式喷头完全相同，由闭式喷头取下感温及密封组件而成	用于火灾蔓延速度快、闭式喷头开放后喷水不能有效覆盖起火范围的高度危险场所的雨淋系统，净空高度超过规定、闭式喷头不能及时动作的场所的雨淋系统。雨淋开式喷头既可以用于雨淋系统，也可以用于设置防火阻火型水幕带，起到控制火势，防止火灾蔓延的作用，当用于水幕系统时，称为雨淋式水幕喷头
	双臂直立			
	双臂边墙			
	单臂下垂		10、15、20	
水幕喷头	幕帘式	缝隙式	单缝、双缝 6、8、10、12.7、16、19 口径大于 10 mm 的喷头为大型水幕喷头，口径小于 10 mm 的叫小型水幕喷头	水幕喷头将压力水分布成一定的幕帘状、起到阻隔火焰穿透、吸热及隔热的防火分隔作用。适用于大型厂房、车间、厅堂、戏剧院、舞台及建筑物门、窗洞口部位或相邻建筑之间的防火隔断及降温。缝隙式主要用于舞台口、生产区的防火分隔及防火卷帘的冷却防护。水平缝隙式喷头其缝隙沿圆周方向布置，有较长的边长布水，可获得较宽的水幕
		雨淋式	10、15、20	用于一般水幕难以分隔的部位，可取代防火墙
	窗口式		6、8、10、12.7、16、19	安装在窗户的上方，其作用是增强窗扇的耐火能力，防止高温烟气穿过窗口蔓延至邻近房间，也可以用它冷却防火卷帘等防火分隔设施
	檐口式			专用于建筑檐口的水幕喷头。它可向建筑檐口喷射水幕，保护上方平面，增强檐口的耐火能力，防止相邻建筑火灾向本建筑的檐口蔓延
水雾喷头	撞击式（中速）		5、6、7、8、9、10 12.7、15、19、22	水雾喷头利用离心力或机械撞击力将流经喷头的水分解为细小的水雾，并以一定的喷射角将水雾喷出。对设备进行冷却防护。撞击式喷头的水流通过撞击雾化，射流速度减小，水雾流速降低，可有效地作用在液面上，不会产生大的挠动，用于甲、乙、丙类可燃液体及液化石油气装置的防护冷却及开口容器中的可燃液体
	离心式（高速）			离心式水雾喷头体积小，喷射速度高，雾化均匀，雾滴直径细，贯穿力强，适用于扑救电气设备的火灾和闪点高于 60 ℃以上的可燃液体的火灾

用于雨淋系统的开式洒水喷头，实际上就是去掉热敏感元件和密封组件的闭式喷头。喷头构造由本体、支架、溅水盘等部分组成。按安装形式分为双臂下垂型、单臂下垂型、双臂直立型、双臂边墙型四种，如图 3-1-17（a）所示。

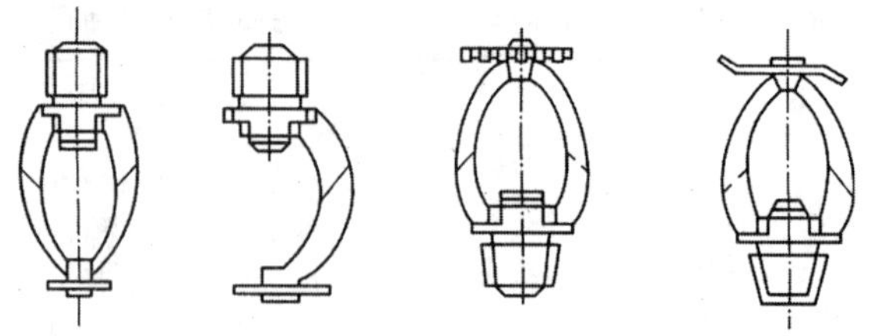

(a) 开启式洒水喷头

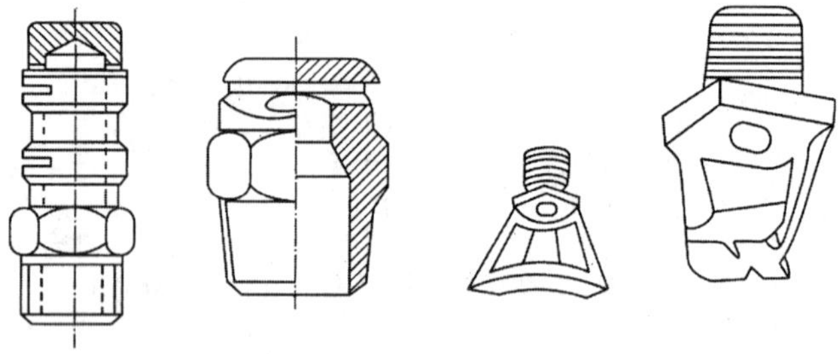

(b) 水幕喷头

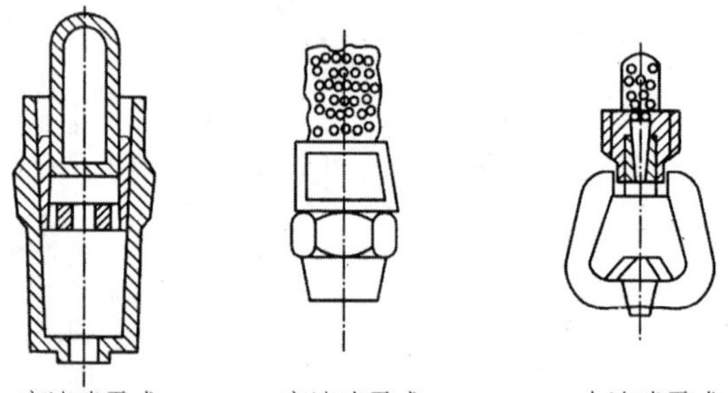

(c) 喷雾喷头

图 3-1-17　各类开式喷头构造

3. 1. 3. 2　报警阀

自动喷水灭火系统中报警阀的作用是开启和关闭管道系统中的水流，同时传递控制信号到控制系统，驱动水力警铃直接报警。

《自喷规范》规定：① 自动喷水灭火系统应设报警阀组；保护室内钢屋架等建筑构件的闭式系统，应设独立的报警阀组；水幕系统应设独立的报警阀组或感温雨淋阀。② 每个报警阀组供水的最高与最低位置喷头，其高程差不宜大于 50 m。③ 报警阀组宜设在安全及易于操作的地点，报警阀距地面的高度宜为 1.2 m。安装报警阀的部位应设有排水设施。④ 连接报警阀进出口的控制阀应采用信号阀。当不采用信号阀时，控制阀应设锁定阀位的锁具。

根据其构造和功能分为湿式报警阀、干式报警阀、干湿两用报警阀、雨淋报警阀和预作用报警阀等。

1. 湿式报警阀

主要用于湿式自动喷水灭火系统上，在其立管上安装，安装示意图见图 3-1-18。我国生产的湿式报警阀有座圈型和导阀型两种。

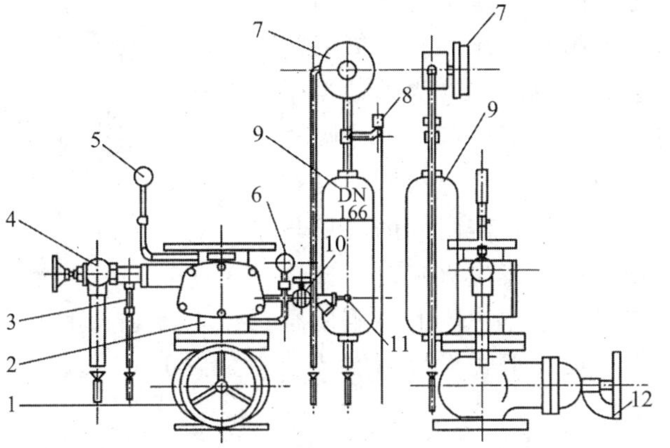

1—控制阀；2—报警阀；3—试警铃阀；4—放水阀；5，6—压力表；
7—水力警铃；8—压力开关；9—延迟器；10—警铃管阀门；11—滤网；12—软锁

图 3-1-18　湿式报警阀安装示意图

座圈型湿式报警阀如图 3-1-19 所示，阀内设有阀瓣、阀座等阀瓣组件。阀瓣铰接在阀体上，平时阀瓣上下充满水，水压强近似相等。阀瓣上面与水接触的面积大于下面与水接触的面积，阀瓣受到的水压合力向下，处于关闭状态。当水源压力出现波动或冲击时，通过补偿器（或补水单向阀）使上下腔压力保持一致，水力警铃不发生报警，压力开关不接通，阀瓣仍处于准工作状态(或称伺应状态)。闭式喷头喷水灭火时，补偿器来不及补水，阀瓣上面的水压下降，下腔的水便向洒水管网及动作喷头供水。同时，水沿着报警阀的环形槽进入报警口，流向延迟器、水力警铃，警铃发出声响报警，压力开关开启，给出电接点信号报警并启动水泵。

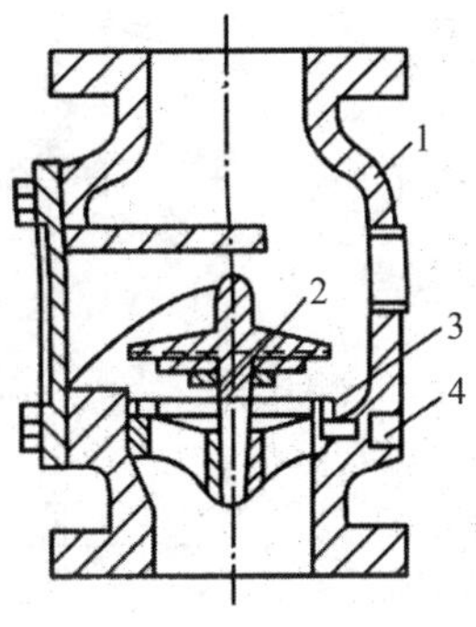

1—阀体；2—阀瓣；3—沟槽；
4—水力警铃接口

图 3-1-19　座圈型湿式报警阀构造示意图

导阀型湿式报警阀的阀芯（或阀瓣）装有导向杆，水通过导向杆中的水压平衡小孔保持阀瓣上、下的水压平衡。喷头喷水灭火时，由于水压平衡小孔来不及补水，阀瓣上面的水压下降，导致阀瓣开启，报警阀转入工作状态。

《自喷规范》规定：

（1）串联接入湿式系统配水干管的其他自动喷水灭火系统，应分别设置独立的报警阀组，其控制的喷头数计入湿式阀组控制的喷头总数。

（2）一个湿式报警阀组控制的喷头数不宜超过 800 只。

（3）当配水支管同时安装保护吊顶下方和上方空间的喷头时，应只将数量较多一侧的喷头计入报警阀组控制的喷头总数。

2. 干式报警阀

干式报警阀主要用于干式自动喷水灭火系统上，在其立管上安装。其工作原理与湿式报警阀基本相同；不同之处在于湿式报警阀阀板上面的总压力为管网中有压水的压强引起的，而干式报警阀则由阀前水压和阀后管中的有压气体的压强引起的。图 3-1-20 为差动型干式阀，阀瓣将阀腔分成上、下两部分，与喷头相连的管路充满压缩空气，与水源相连的管路充满压力水。平时靠作用于阀瓣两侧的气压与水压的力矩差使阀瓣封闭，发生火灾时，气体一侧的压力下降，作用于水体一侧的力矩使阀瓣开启，向喷头供水灭火。干式报警阀安装示意图如图 3-1-21 所示。

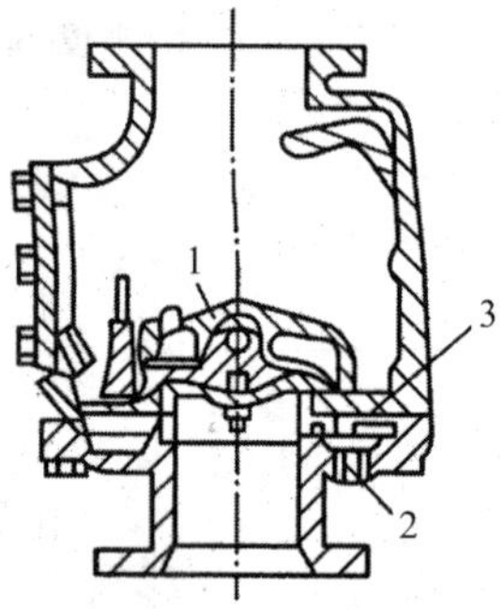

1—阀瓣；2—水力警铃接口；3—弹性隔膜

图 3-1-20 差动式干式报警阀构造示意图

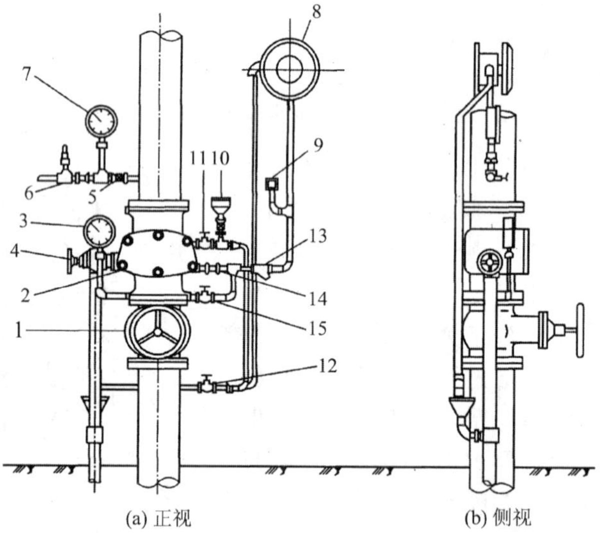

(a) 正视 (b) 侧视

1—控制阀；2—干式报警阀；3—阀前压力表；4—放水阀；5，12—截止阀；6，14—止回阀；7—压力开关；8—水力警铃；9—压力继电器；10—注水漏斗；11—注水阀；13—过滤器；15—试警铃阀

图 3-1-21 干式报警阀安装示意图

《自喷规范》规定：一个干式报警阀组控制的喷头数不宜超过 500 只。当配水支管同时安装保护吊顶下方和上方空间的喷头时，应只将数量较多一侧的喷头计入报警阀组控制的喷头总数。

3. 干湿两用报警阀

干湿两用报警阀用于干湿两用自动喷水灭火系统。报警阀上方管道既可充有压气体，又可充水。充有压气体时与干式报警阀作用相同，充水时与湿式报警阀作用相同。干湿两用报警阀安装示意图如图 3-1-22 所示。

干湿两用报警阀由干式报警阀、湿式报警阀上下叠加组成，如图 3-1-23 所示。干式阀在上，湿式阀在下。干式系统时，干式报警阀起作用。干式报警阀室注水口上方及喷水管网充满压缩空气，阀瓣下方及湿式报警阀全部充满压力水。当有喷头开启时，空气从打开的喷头泄出，管道系统的气压下降，直至干式报警阀的阀瓣被下方的压力水开启，水流进入喷水管网。部分水流同时通过环形隔离室进入报警信号管，启动压力开关和水力警铃。系统进入工作状态，喷头喷水灭火。湿式系统时，干式报警阀的阀瓣被置于开启状态，只有湿式报警阀起作用，系统工作过程与湿式系统完全相同。

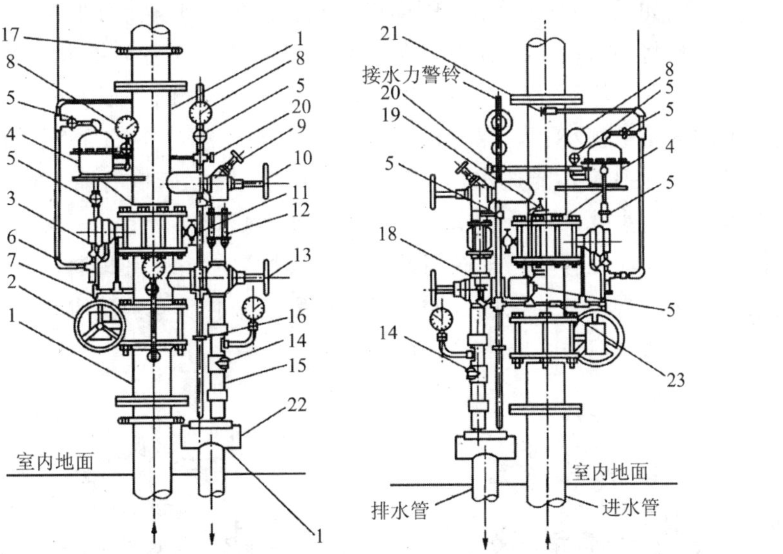

1—装配管；2—信号阀；3—干湿两用阀；4—加速器；5—截止阀；6—排气阀；7—加速器限制孔；8—压力表；9—试验阀；10，13—泄放试验阀；11—排水阀；12—挠性接头；14—泄放试验管；15—泄放排水管；16，17—固定支架；18—压力开关；19—注水阀；20—注水试验阀；21—压缩空气接头；22—排水漏斗；23—止回阀

图 3-1-22 干湿两用报警阀安装示意图

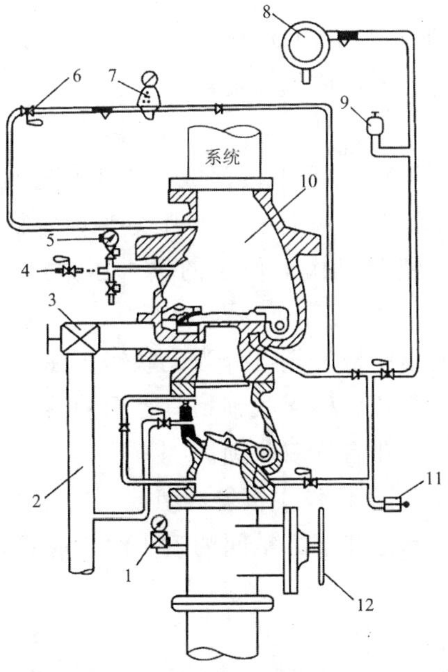

1—压力表；2—主排水管；3—湿式测试阀；4—供气阀；5—压力表；6—Y 形过滤器；7—加速器；8—水力警铃；9—压力开关；10—干式阀；11—滴水球阀；12—主供水管

图 3-1-23 干湿两用报警阀构造示意图

4. 雨淋报警阀

雨淋报警阀用于雨淋灭火系统、水喷雾系统、水幕系统等开式系统，还用于预作用系统。在自动喷水灭火系统中是除湿式报警阀外应用较多的报警阀。

雨淋报警阀如图 3-1-24 所示，阀内设有阀瓣组件、阀瓣锁定杆、驱动杆、弹簧或膜片等。隔膜阀板将雨淋阀阀体分为 3 个小室 A、B、C；A 室与供水干管相连；B 室与管网立管相连；C 室与传动管相连。未失火时，A、C 小室的水压使得隔膜阀平衡（水通过导向管中的水压平衡小孔，保持阀板前后水压平衡），此时隔膜阀关闭，消防水不能进入自喷管网（即 B 室不能通水）。当发生火灾时，传动管中有压水流失，使得 C 室水压降低而水压平衡小孔来不及供水补压，从而使隔膜阀阀板上、下面压力不平衡，在压力差的作用下阀体向上移动（即阀门开启），此时 B 室与 A 室相通，即供水干管与供水立管相通，消防水得以持续供应。同时发出火警信号并启动消防水泵。雨淋阀带有防自动复位机构，阀瓣开启后，需人工手动复位。

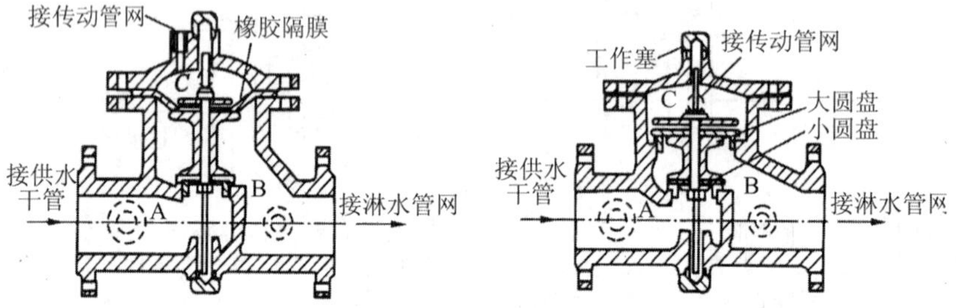

(a) 隔膜形雨淋阀　　(b) 双圆盘形雨淋阀

图 3-1-24　雨淋报警阀

《自喷规范》规定：雨淋阀组的电磁阀，其入口应设过滤器。并联设置雨淋阀组的雨淋系统，其雨淋阀控制腔的入口应设止回阀。

5. 预作用阀

预作用阀由湿式阀和雨淋阀上下串接而成，雨淋阀位于供水侧，湿式阀位于系统侧，其动作原理与雨淋阀相类似。平时靠供水压力为锁定机构提供动力，把阀瓣扣住，探测器或探测喷头动作后，锁定机构上作用的供水压力迅速降低，从而使阀瓣脱扣开启，供水进入消防管网。

按照自动开启方式，预作用报警阀可分为无联锁、单联锁、双联锁三种。探测器或灭火喷头其中之一动作阀组便开启称无联锁；只有探测器动作阀组便开启称单联锁；探测器和灭火喷头都动作阀组才开启称双联锁。

《自喷规范》规定：(1) 一个预作用报警阀组控制的喷头数不宜超过 800 只；(2) 当配水支管同时安装保护吊顶下方和上方空间的喷头时，应只将数量较多一侧的喷头计入报警阀组控制的喷头总数。

3. 1. 3. 3　延迟器

延迟器是一个罐式容器，其容积为 6～10 L，安装于报警阀与水力警铃（或压力开关）之间，用于防止由于水压波动原因引起报警阀开启而导致的误报。报警阀开启后，水流需经 30 s 左右充满延迟器后方可冲打水力警铃。

延迟器下端为进水口，与报警阀报警口连接相通；上端为出水口，接水力警铃。当湿式报警阀因水锤或水源压力波动阀瓣被冲开时，水流由报警支管进入延迟器，因为波动时间短，进入延迟器的水量少，压力水不会推动水力警铃的轮机或作用到压力开关上，故能有效起到防止误报警的作用。

3.1.3.4 火灾探测器

火灾探测器是自动喷水灭火系统的重要组成部分，常用的有感烟探测器、感温探测器。感烟探测器是利用火灾发生地点的烟雾浓度进行探测，感温探测器是通过火灾引起的温升进行探测。火灾探测器布置在房间或走道的天花板下面，其数量应根据探测器的保护面积和探测区的面积计算确定。

3.1.3.5 水流报警装置

水流报警装置包括水流指示器、水力警铃压力开关。

1. 水流指示器

水流指示器通常安装于各楼层的配水干管起点上，是自动喷水灭火系统中用于将水流信号转换成电信号的一种报警装置，如图 3-1-25 所示。当某个喷头开启喷水时，管道中的水产生流动并推动水流指示器的桨片，桨片探测到水流信号并接通延时电路 20～30 s 之后，水流指示器将水流信号转换为电信号传至报警控制器或控制中心，告知火灾发生的区域。水流指示器类型有叶片式、阀板式等。目前，世界上应用最广泛的是叶片式水流指示器。

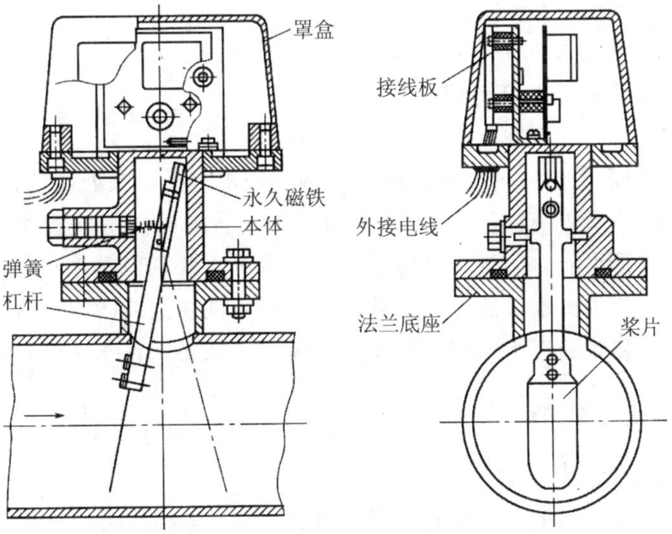

图 3-1-25 水流指示器

《自喷规范》规定：(1) 除报警阀组控制的喷头只保护不超过防火分区面积的同层场所外，每个防火分区、每个楼层均应设水流指示器。(2) 仓库内顶板下喷头与货架内喷头应分别设置水流指示器。(3) 当水流指示器入口前设置控制阀时，应采用信号阀。

2. 水力警铃

水力警铃安装在报警阀的报警管路上，是一种水力驱动的机械装置。当自动喷水灭火系统启动灭火，消防用水的流量等于或大于一个喷头的流量时，压力水流沿报警支管进入水力警铃驱动叶轮，带动铃锤敲击铃盖，发出报警声响。水力警铃不得由电动报警器取代。

《自喷规范》规定，水力警铃的工作压力不应小于 0.05 MPa，并应符合：(1) 应设在有人值班的地点附近；(2) 与报警阀连接的管道，其管径应为 20 mm，总长不宜大于 20 m。

3. 压力开关

压力开关是自动喷水灭火系统的自动报警和自动控制部件，当系统启动，报警支管中的压力达到压力开关的动作压力时，触点就会自动闭合或断开，将水流信号转化为电信号，输送至消防控制中心或直接控制和启动消防水泵、电子报警系统或其他电气设备。压力开关应垂直安装在水力警铃前，如报警管路上安装了延迟器，则压力开关应安装在延迟器之后。

《自喷规范》规定：(1) 雨淋系统和防火分隔水幕，其水流报警装置宜采用压力开关。(2) 应采用压力开关控制稳压泵，并应能调节启停压力。

3.1.3.6 末端试验装置

末端试验装置用来测试系统能否在开放一只喷头的最不利条件下可靠报警并正常启动，是对自动喷水灭火系统中每个水流指示器作用范围内，供水最不利处设置的检验水压、检测水流指示器以及报警与自动喷水灭火系统、水泵联动装置可靠性的检测装置。该装置由试水阀、压力表、试水接头组成，如图 3-1-26 所示。试水排入的排水管可单独设置，也可利用雨水管，但必须间接排除。

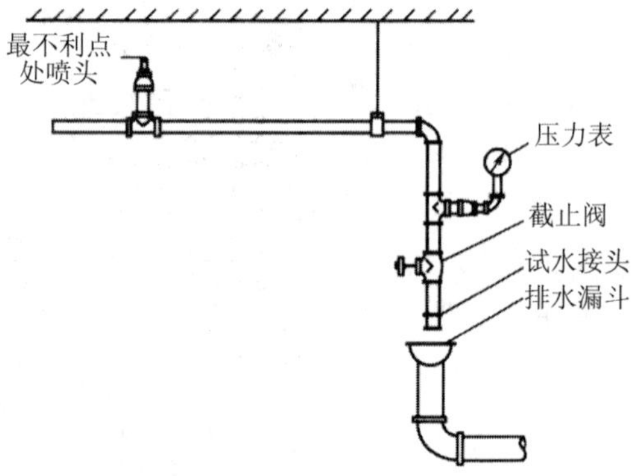

图 3-1-26 末端试验装置

《自喷规范》规定：(1) 每个报警阀组控制的最不利点喷头处，应设末端试水装置，其他防火分区、楼层均应设直径为 25 mm 的试水阀。末端试水装置和试水阀应便于操作，且应装有足够排水能力的排水设施。(2) 末端试水装置应由试水阀、压力表以及试水接头组成。试水接头出水口的流量系数，应等同于同楼层或防火分区内的最小流量系数喷头。末端试水装置的出水，应采取孔口出流的方式排入排水管道。

3.1.4 喷头布置

3.1.4.1 选择喷头的一般原则

采用闭式系统场所的最大净空高度不应大于表 3-1-7 的规定，仅用于保护室内钢屋架等建筑构件和设置货架内置喷头的闭式系统，不受此表规定的限制。

表 3-1-7 采用闭式系统场所的最大净空高度

设置场所	采用闭式系统场所的最大净空高度/m
民用建筑和工业厂房	8
仓库	9
采用早期抑制快速响应喷头的仓库	13.5
非仓库类高大净空场所	12

在无吊顶的场所应采用直立喷头，在有吊顶的场所喷头应采用下垂型喷头或吊顶型喷头；顶板为水平面的轻危险级、中危险级Ⅰ级居室和办公室，可采用边墙型喷头。

干式系统、预作用系统应采用直立型喷头或干式下垂型喷头。

自动喷水-泡沫联用系统应采用洒水喷头。

易受碰撞的部位，应采用带保护罩的喷头或吊顶型喷头。

水幕系统的喷头选型应符合下列规定：(1) 防火分隔水幕应采用开式洒水喷头或水幕喷头；(2) 防护冷却水幕应采用水幕喷头。

这四种场所宜采用快速响应喷头：(1) 公共娱乐场所、中庭环廊；(2) 医院、疗养院的病房及治疗区域，老年、少儿、残疾人的集体活动场所；(3) 超出水泵接合器供水高度的楼层；(4) 地下的商业及仓储用房。

采用标准喷头时，当保护场所的喷水强度≥12 L/（min・m^2）或者经计算喷头的工作压力大于 0.15 MPa 时，宜采用流量系数大的标准喷头。

扩展覆盖面喷头仅用于天花板或吊顶平滑无障碍物的轻危险等级或中危险Ⅰ级的场所，其喷水强度不应低于表 3-1-8 的要求，且保护面积的间距应是经过特殊认证的。

表 3-1-8　民用建筑和工业厂房的系统设计基本参数

火灾危险等级		净空高度/m	喷水强度/[L/(min・m^2)]	作用面积/m^2	喷头工作压力/MPa
轻危险级		≤8	4	160	0.1
中危险级	Ⅰ		6		
	Ⅱ		8		
严重危险级	Ⅰ		12	260	
	Ⅱ		16		

注：系统最不利点处喷头工作压力不应低于 0.05 MPa。

同一隔间内应采用热敏性能、流量系数相同的喷头，但当局部有热源时，允许采用温度等级高的喷头；而在宾馆客房的小走廊允许采用流量系数小的喷头。

每个雨淋阀控制的喷水区域内，应采用相同流量系数的喷头。

自动喷水灭火系统应有备用喷头，其数量不应少于总数的 1%，且每种型号均不得少于 10 只。

闭式系统的喷头，其公称动作温度宜高于环境最高温度 30 ℃。

在有些不宜接受热量的部位可采用温度等级较低的喷头，如公称动作温度 57 ℃的喷头。在局部温度较高的部位，可采用温度等级较高的喷头。加热器区域内应使用高温度等级喷头，危险区域内的喷头应为中温度等级。距不保温的蒸汽主管、加热盘管和散热器一侧 0.30 m 以内或位于其上 0.76 m 以内的喷头应为中温度等级。大型房间内距低压蒸汽自动放气阀 2.10 m 以内的喷头应为高温度等级。位于玻璃或塑料天窗下受日光直晒的喷头应为中温度等级。不通风的封闭房间内，在不隔热的屋顶下布置的喷头或不通风的阁楼内的喷头应为中温度等级。不通风橱窗内靠近顶棚装有高功率照明设备时，喷头的采用应为中温度等级。保护商业用烹调设备和通风装置的喷头应为高温度等级或超高温度等级，具体温标需经测温确定。

用于保护钢屋架的闭式喷头，宜采用公称动作温度 141 ℃的喷洒头。

3.1.4.2 喷头布置原则

喷头的布置应满足喷头的水力特性和布水特性的要求，并应均匀洒水和满足设计喷水强度的要求。

喷头的布置形式应根据天花板、吊顶的装饰要求，布置成正方形、矩形、平行四边形等形式，如图 3-1-27 所示。喷头的布置应不超出其最大保护面积以及喷头最大和最小间距。最大面积一般由规范或认证确定，而最小面积一般由最低工作压力和最小间距确定。

喷头应设在顶板或吊顶下易于接触到火灾热气流并有利于均匀喷洒水量的位置，应防止障碍物屏障热气流和破坏洒水分布。

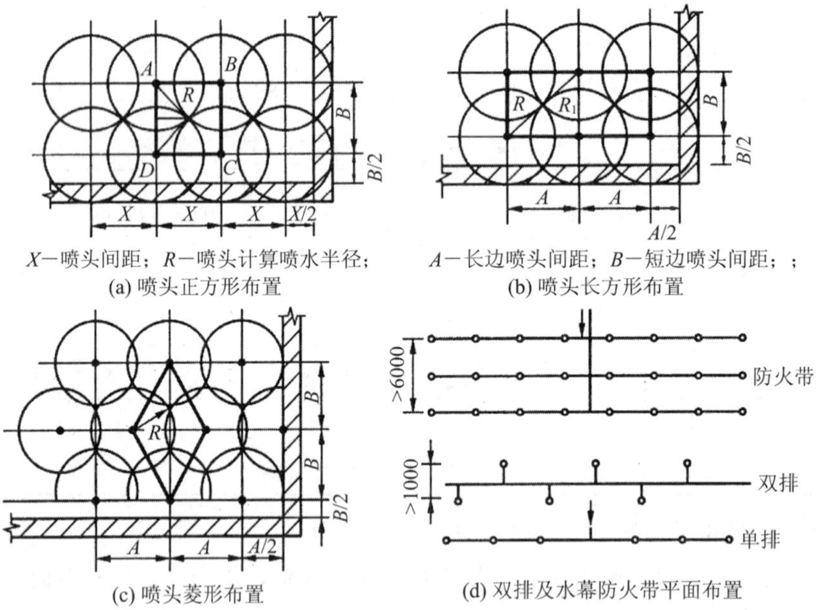

X—喷头间距；R—喷头计算喷水半径；
(a) 喷头正方形布置

A—长边喷头间距；B—短边喷头间距；；
(b) 喷头长方形布置

(c) 喷头菱形布置

(d) 双排及水幕防火带平面布置

图 3-1-27 喷头布置的几种形式

1. 直立、下垂型标准喷头布置

直立、下垂型标准喷头的保护面积和间距见表 3-1-9。喷头的最小间距不宜小于2.4 m，喷头到墙边的最小距离为 100 mm，喷头到墙边的最大距离为喷头最大距离的一半。

标准直立、下垂型喷头溅水盘与顶板的距离不应小于 75 mm，且不应大于 150 mm（吊顶型、吊顶下安装的喷头除外）。当在梁或其他障碍物下方的平面上布置喷头时，溅水盘与顶板的距离不应大于 300 mm，同时溅水盘与梁等障碍物底面的垂直距离不应小于 25 mm，不应大于 100 mm。当在梁间布置喷头时，应符合表 3-1-10 的规定。确有困难时，溅水盘与顶板的距离不应大于 550 mm。梁间布置的喷头，喷头溅水盘与顶板距离达到 550 mm 仍不能符合表 3-1-10 规定时，应在梁底面的下方增设喷头。密肋梁板下方的喷头，溅水盘与密肋梁板底面的垂直距离不应小于 25 mm，不应大于 100 mm。在净空高度不超过 8 m 的场所中，间距不超过 4 m×4 m 布置的十字梁，可在梁间布置 1

只喷头，但喷水强度仍应符合表 3-1-8 的规定。

直立型喷头的安装，其框架臂应与配水支管的方向一致，其他直立型喷头也应符合该规定。

表 3-1-9 同一根配水支管上喷头的间距及相邻配水支管的间距

喷水强度/[L/(min·m²)]	正方形布置的边长/m	矩形或平行四边形布置的长边边长/m	一只喷头的最大保护面积/m²	喷头与端墙的最大距离/m
4	4.4	4.5	20.0	2.2
6	3.6	4.0	12.5	1.8
8	3.4	3.6	11.5	1.7
≥12	3.0	3.6	9.0	1.5

注：① 仅在走道上布置单排喷头的闭式系统，其喷头间距应按走道地面不留漏喷空白点确定。
② 货架内置喷头的间距不应小于 2 m，且不应大于 3 m。
③ 喷水强度大于 8 L/min·m²时，宜采用流量系数 $K>80$ 的喷头。

表 3-1-10 喷头与梁、通风管道的距离

喷头溅水盘与梁或通风管道的底面的最大垂直距离/m		喷头与梁、通风管道的水平距离/m
标准喷头	其他喷头	
0	0	$a<0.3$
0.06	0.04	$0.3\leq a<0.6$
0.14	0.14	$0.6\leq a<0.9$
0.24	0.25	$0.9\leq a<1.2$
0.35	0.38	$1.2\leq a<1.5$
0.45	0.55	$1.5\leq a<1.8$
>0.45	>0.55	$a=1.8$

2. 边墙型标准喷头的布置

边墙型标准喷头的保护跨度与间距见表 3-1-11。两排相对喷头应交错布置；室内跨度大于两排相对喷头的最大保护跨度时，应在两排相对喷头中间增设一排喷头。

表 3-1-11 边墙型标准喷头的最大保护跨度与间距

设置场所火灾危险等级	轻危险级	中危险级Ⅰ级
配水支管上喷头的最大间距/m	3.6	3.0
单排喷头的最大保护跨度/m	3.6	3.0
两排相对喷头的最大保护跨度/m	7.2	6.0

注：① 两排相对喷头应交错布置。
② 室内跨度大于两排相对喷头的最大保护跨度时，应在两排相对喷头中间增设一排喷头。

直立式边墙型喷头，其溅水盘与顶板的距离不应小于 100 mm，且不宜大于 150 mm，与背墙的距离不应小于 50 mm，并不应大于 110 mm。水平式边墙型喷头溅水盘与顶板的距离不应小于 150 mm，且不应大于 300 mm。

边墙型扩展覆盖喷头的最大保护跨度、配水支管上的喷头间距、喷头与两侧端墙的距离，应按喷头工作压力下能够喷湿对面墙和邻近端墙距溅水盘 1.2 m 以下的墙面确定，且保护面积内的喷水强度应符合表 3-1-8 的规定。

3. 直立、下垂型扩展覆盖面喷头的布置

直立、下垂型扩展覆盖面喷头的保护面积和间距见表 3-1-12，其他要求同标准喷头。应用该喷头时应根据认证的保护面积和间距进行喷头布置，表 3-1-12 中数据是可能的最大数据。

表 3-1-12　直立、下垂型扩展覆盖面喷头的保护面积和间距

轻危险等级		中危险级Ⅰ级	
最大保护面积/m^2	最大间距/m	最大保护面积/m^2	最大间距/m
37.2	6.1	37.2	6.1
30.1	5.5	30.1	5.5
23.8	4.9	23.8	4.9
		18.2	4.3
		13.4	3.7

4. 边墙型扩展覆盖面喷头的布置

边墙型扩展覆盖面喷头的保护面积和间距见表 3-1-13，其他要求同标准边墙型喷头。应用该喷头时应根据认证的保护面积和间距进行喷头布置，表 3-1-13 中数据是可能的最大数据。

表 3-1-13　边墙型扩展覆盖面喷头的保护面积和间距

轻危险等级		中危险级Ⅰ级	
最大保护面积/m^2	最大间距/m	最大保护面积/m^2	最大间距/m
37.2	8.5	37.2	7.3

5. 图书馆、档案馆、商场、仓库喷头的布置

图书馆、档案馆、商场、仓库中的通道上方宜设有喷头。喷头与被保护对象的水平间距不应小于 0.3 m；喷头溅水盘与保护对象的最小垂直距离不应小于表 3-1-14 的规定。

表 3-1-14　溅水盘与被保护对象的最小垂直距离

喷头类型	最小垂直距离/m	喷头类型	最小垂直距离/m
标准喷头	0.45	其他喷头	0.90

6. 其他

(1) 喷头上方如有孔洞、缝隙，应在喷头的上方设置集热板；在管道等有孔隙的遮挡物下面设置喷头时，喷头上方应设置集热板；集热挡水板应为正方形或圆形金属板，其平面面积不宜小于 0.12 m^2，周围弯边的下沿，宜与喷头的溅水盘平齐。

(2) 当局部场所设置自动喷水灭火系统时，与相邻不设自动喷水灭火系统场所连通的走道或连通开口的外侧，应设喷头。

(3) 设置自动喷水灭火系统的建筑，当吊顶上闷顶、技术夹层内的净空高度大于 800 mm，且内部有可燃物时，应在闷顶或技术夹层内设置喷头。

(4) 当屋面坡度大于 16.7%时，可认为斜屋面或顶板；顶板或吊顶为斜面时，喷头应垂直于斜面，并应按斜面距离确定喷头间距。坡度较大屋顶脊处应设一排喷头。喷头溅水盘至屋脊的垂直距离 h，当屋顶坡度>1/3 时，不应大于 0.8 m；当屋顶坡度<1/3 时，不应大于 0.6 m，如图 3-1-28 所示。

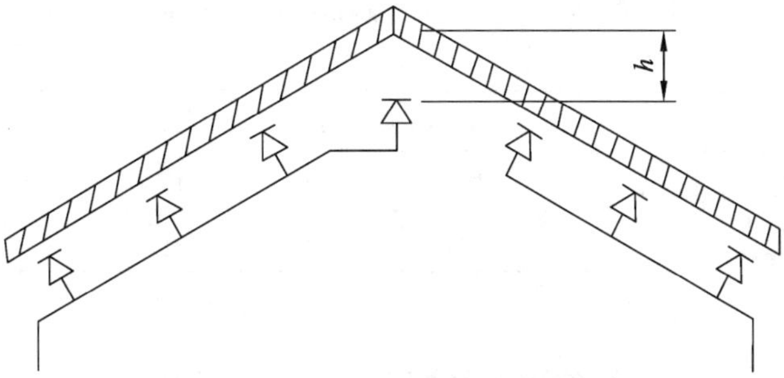

图 3-1-28 屋脊处设置喷头示意图

(5) 防火分隔水幕的喷头布置，应保证水幕的宽度不小于 6 m。采用水幕喷头时，喷头不应小于 3 排；采用开式洒水喷头时，喷头不应少于 2 排。防护冷却水幕的喷头宜布置成单排。

(6) 早期抑制快速响应喷头的溅水盘与顶板的距离，应符合表 3-1-15 的规定。

表 3-1-15 早期抑制快速响应喷头的溅水盘与顶板的距离

喷头安装方式	直立型		下垂型	
	不应小于	不应大于	不应小于	不应大于
溅水盘与顶板的距离/mm	100	150	150	360

3.1.4.3 喷头与障碍物的关系

喷头的布置应符合本节喷头布置原则的要求，当喷头附近有障碍物时应满足下列要求：

(1) 标准直立、下垂型喷头、ESFR 喷头、大水滴喷头、扩展覆面喷头与梁和通风管的距离宜符合图 3-1-29 和表 3-1-10 的要求。

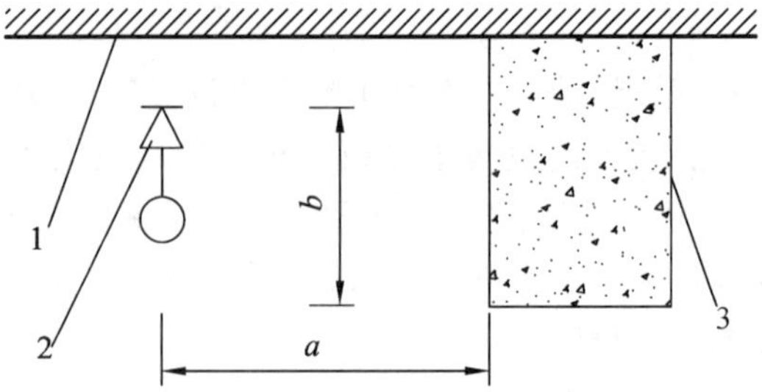

1—顶板；2—直立型喷头；3—梁或通风管道

图 3-1-29　喷头与梁、通风管道的距离

（2）标准直立、下垂型喷头溅水盘以下 0.45 m 范围内，其他直立型、下垂型喷头的溅水盘以下 0.9 m 范围内，如有屋架等间断障碍物或管道时，其与喷头间距宜符合表 3-1-16 和图 3-1-30 的规定。

表 3-1-16　喷头与邻近障碍物的最小水平距离

单位：mm

喷头类型	喷头与邻近障碍物的最小水平距离 a	
标准覆盖面积洒水喷头、特殊应用喷头	c、e 或 $d \leqslant 0.2$	$3c$ 或 $3e$（c 与 e 取大值）或 $3d$
	c、e 或 $d > 0.2$	0.6

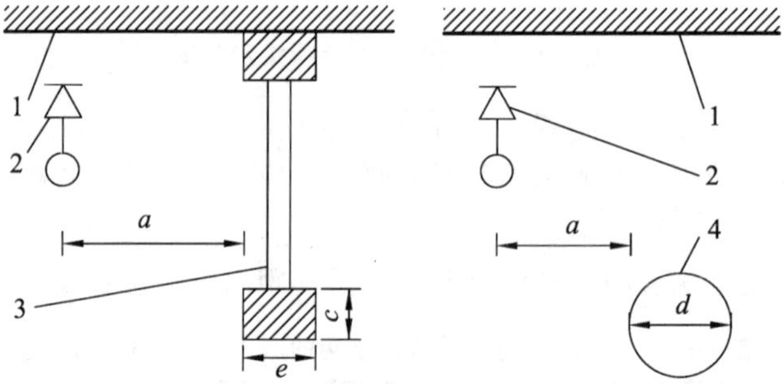

1—顶板；2—喷头；3—屋架；4—管道

图 3-1-30　直立、下垂型喷头与屋架等间断障碍物的距离

（3）位于直立、下垂型喷头下方，且在其最大保护面积内的通风管道、排管、桥架等水平障碍物，当其宽度大于 1.2 m 时，应在障碍物下方增设喷头。增设喷头的上方如有缝隙应设集热板，如图 3-1-31 所示。

（4）直立型、下垂型喷头与不到顶隔墙的水平距离，不得大于喷头溅水盘与不到顶隔墙顶面垂直距离的 2 倍，如图 3-1-32 所示。

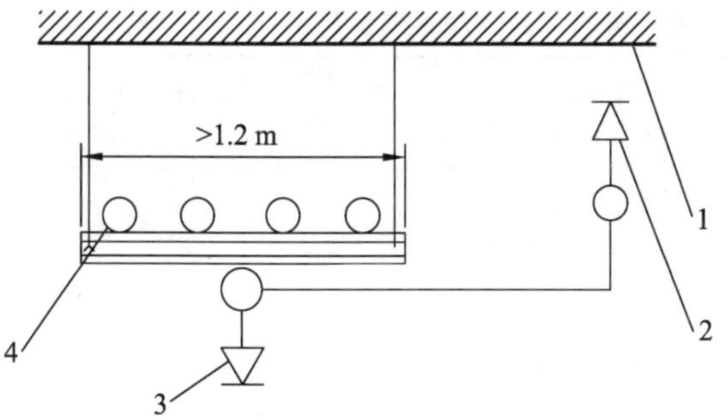

1—顶板；2—直立型喷头；3—下垂型喷头；
4—排管或梁、通风管道、桥架等

图 3-1-31　障碍物下方增设喷头

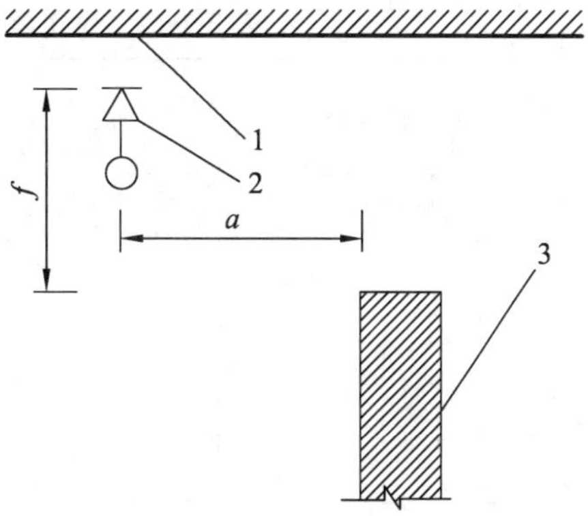

1—顶板；2—喷头；3—不到顶隔墙

图 3-1-32　喷头与不到顶隔墙的距离

（5）靠墙障碍物横截面边长大于或等于 750 mm 时，障碍物下应设喷头；靠墙障碍物的横截面边长小于 750 mm 时，喷头与靠墙障碍物的距离，如图 3-1-33 所示，并应符合公式（3-1）：

$$a \geqslant (e-200)+b \tag{3-1}$$

式中，a 为喷头与障碍物侧面的水平间距，mm；b 为喷头溅水盘与障碍物底面的垂直间距，mm；e 为障碍物横截面的边长，mm，$e<750$。

边墙型喷头两侧的 1 m 与正前方 2 m 范围内，顶板或吊顶下不应有阻挡喷水的障碍物。

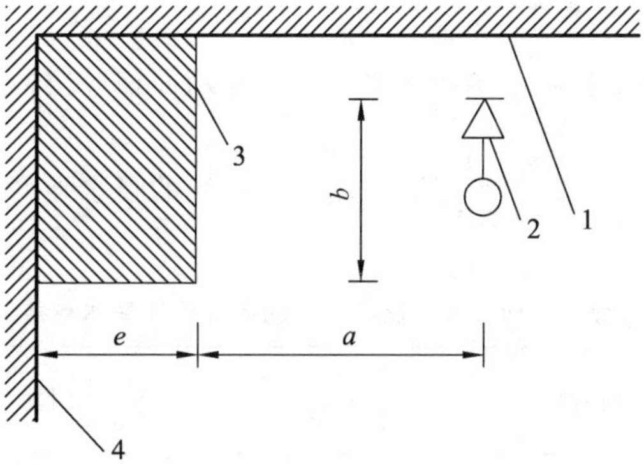

1—顶板；2—喷头；3—障碍物；4—墙面

图 3-1-33　直立、下垂型喷头与靠墙障碍物的距离

3.1.5　自动喷水灭火系统设计计算

3.1.5.1　设计计算基本参数

（1）民用建筑和工业厂房的系统设计参数不应低于表 3-1-17 的规定。

表 3-1-17 民用建筑和工业厂房的系统设计基本参数

火灾危险等级		净空高度/m	喷水强度/[L/(min·m²)]	作用面积/m²	喷头工作压力/MPa
轻危险级		≤8	4	160	0.1
中危险级	Ⅰ		6		
	Ⅱ		8		
严重危险级	Ⅰ		12	260	
	Ⅱ		16		

注：系统最不利点处喷头工作压力不应低于 0.05 MPa。

（2）非仓库类高大净空场所设置自动喷水灭火系统时，湿式系统的设计基本参数不应低于表 3-1-18 的规定。

表 3-1-18 非仓库类高大净空场所的系统设计基本参数

适用场所	净空高度/m	喷水强度/[L/(min·m²)]	作用面积/m²	喷头选型	喷头最大间距/m
中庭、影剧院、音乐厅、单一功能体育馆等	8～12	6	260	$K=80$	3
会展中心、多功能体育馆、自选商场等	8～12	12	300	$K=115$	

注：① 喷头溅水盘与顶板的距离应符合喷头的安装规定。
② 最大储物高度超过 3.5 m 的自选商场应按 16 L/（min·m²）确定喷水强度。
③ 表中“～”两侧的数据，左侧为“大于”、右侧为“不大于”。

（3）仅在走道设置单排喷头的闭式系统，其作用面积应按最大疏散距离所对应的走道面积确定。

（4）装设网格、栅板类通透性吊顶的场所，系统的喷水强度应按表 3-1-19 规定值的 1.3 倍确定。

表 3-1-19 堆垛储物仓库的系统设计基本参数

火灾危险等级	储物高度/m	喷水强度/[L/(min·m²)]	作用面积/m²	持续喷水时间/h
仓库危险级Ⅰ级	3.0～3.5	8	160	1.0
	3.5～4.5	8	200	1.5
	4.5～6.0	10		
	6.0～7.5	14		
仓库危险级Ⅱ级	3.0～3.5	10	200	2.0
	3.5～4.5	12		
	4.5～6.0	16		
	6.0～7.5	22		

注：本表及表 3-1-21、表 3-1-22 适用于室内最大净空高度不超过 9.0 m 的仓库。

（5）干式系统与雨淋系统的作用面积应符合下列规定：

① 干式系统的作用面积应按表 3-1-17 规定值的 1.3 倍确定。

② 雨淋系统中每个雨淋阀控制的喷水面积不宜大于表 3-1-17 中的作用面积。

（6）设置自动喷水灭火系统的仓库，系统设计基本参数应符合下列规定：

① 堆垛储物仓库不应低于表 3-1-19、表 3-1-20 的规定；

② 货架储物仓库不应低于表 3-1-21～表 3-1-23 的规定；

③ 当Ⅰ级、Ⅱ级仓库中混杂储存Ⅲ级仓库的货品时，不应低于表 3-1-24 的规定。

表 3-1-20　分类堆垛储物的Ⅲ级仓库的系统设计基本参数

最大储物高度/m	最大净空高度/m	喷水强度/［L/(min·m²)］			
		A	B	C	D
1.5	7.5	8.0			
3.5	4.5	16.0	16.0	12.0	12.0
	6.0	24.5	22.0	20.5	16.5
	9.5	32.5	28.5	24.5	18.5
4.5	6.0	20.5	18.5	16.5	12.0
	7.5	32.5	28.5	24.5	18.5
6.0	7.5	24.5	22.5	18.5	14.5
	9.0	36.5	34.5	28.5	22.5
7.5	9.0	30.5	28.5	22.5	18.5

注：① A 为袋装与无包装的发泡塑料橡胶；B 为箱装的发泡塑料橡胶；C 为箱装与袋装的不发泡塑料橡胶；D 为无包装的不发泡塑料橡胶。

② 作用面积不应小于 240 m²。

表 3-1-21　单、双排货架储物仓库的系统设计基本参数

火灾危险等级	储物高度/m	喷水强度/［L/(min·m²)］	作用面积/m²	持续喷水时间/h
仓库危险级Ⅰ级	3.0～3.5	8	200	1.5
	3.5～4.5	12		
	4.5～6.0	18		
仓库危险级Ⅱ级	3.0～3.5	12	240	1.5
	3.5～4.5	15	280	2.0

表 3-1-22　多排货架储物仓库的系统设计基本参数

火灾危险等级	储物高度/m	喷水强度/[L/(min·m²)]	作用面积/m²	持续喷水时间/h
仓库危险级Ⅰ级	3.5～4.5	12	200	1.5
	4.5～6.0	18		
	6.0～7.5	12+1J		
仓库危险级Ⅱ级	3.0～3.5	12	200	1.5
	3.5～4.5	18		2.0
	4.5～6.0	12+1J		
	6.0～7.5	12+2J		

表 3-1-23　货架储物Ⅲ级仓库的系统设计基本参数

序号	室内最大净高/m	货架类型	储物高度/m	货顶上方净空/m	顶板下喷头喷水强度/[L/(min·m²)]	货架内置喷头		
						层数	高度/m	流量系数
1	—	单、双排	3.0～6.0	<1.5	24.5	—	—	—
2	≤6.5	单、双排	3.0～4.5	—	18.0	—	—	—
3	—	单、双、多排	3.0	<1.5	12.0	—	—	—
4	—	单、双、多排	3.0	1.5～3.0	18.0	—	—	—
5	—	单、双、多排	3.0～4.5	1.5～3.0	12.0	1	3.0	80
6	—	单、双、多排	4.5～6.0	<1.5	24.5	—	—	—
7	≤8.0	单、双、多排	4.5～6.0	—	24.5	—	—	—
8	—	单、双、多排	4.5～6.0	1.5～3.0	18.0	1	3.0	80
9	—	单、双、多排	6.0～7.5	<1.5	18.5	1	4.5	115
10	≤9.0	单、双、多排	6.0～7.5	—	32.5			

注：① 持续喷水时间不应低于 2 h，作用面积不应小于 200 m²。
② 序号 5 与序号 8：货架内设置一排货架内置喷头时，喷头的间距不应大于 3.0 m；设置两排或多排货架内置喷头时，喷头的间距不应大于 3.0×2.4 m。
③ 序号 9：货架内设置一排货架内置喷头时，喷头的间距不应大于 2.4 m；设置两排或多排货架内置喷头时，喷头的间距不应大于 2.4×2.4 m。
④ 设置两排和多排货架内置喷头时，喷头应交错布置。
⑤ 货架内置喷头的最低工作压力不应低于 0.1 MPa。

表 3-1-24　混杂储物仓库的系统设计基本参数

货品类别	储存方式	储物高度/m	最大净空高度/m	喷水强度/[L/(min·m^2)]	作用面积/m^2	持续喷水时间/h
储物中包括沥青制品或箱装A组塑料橡胶	堆垛与货架	≤1.5	9.0	8	160	1.5
		1.5～3.0	4.5	12	240	2.0
		1.5～3.0	6.0	16	240	2.0
		3.0～3.5	5.0			
	堆垛	3.0～3.5	8.0	16	240	2.0
	货架	1.5～3.5	9.0	8+1J	160	2.0
储物中包括袋装A组塑料橡胶	堆垛与货架	≤1.5	9.0	8	160	1.5
		1.5～3.0	4.5	16	240	2.0
		3.0～3.5	5.0			
	堆垛	1.5～2.5	9.0	16	240	2.0
储物中包括袋装不发泡A组塑料橡胶	堆垛与货架	1.5～3.0	6.0	16	240	2.0
储物中包括袋装发泡A组塑料橡胶	货架	1.5～3.0	6.0	8+1J	160	2.0
储物中包括轮胎或纸卷	堆垛与货架	1.5～3.5	9.0	12	240	2.0

注：① 无包装的塑料橡胶视同纸袋、塑料袋包装。
② 货架内置喷头应采用与顶板下喷头相同的喷水强度。用水量应按开放6只喷头确定。
③ 表中字母"J"表示货架内喷头，"J"前的数字表示货架内喷头的层数。

④ 货架储物仓库应采用钢制货架，并应采用通透层板，层板中通透部分的面积不应小于层板总面积的50%。

⑤ 采用木制货架及采用封闭层板货架的仓库，应按堆垛储物仓库设计。

(7) 仓库采用早期抑制快速响应喷头的系统设计基本参数不应低于表3-1-25的规定。

(8) 货架储物仓库的最大净空高度或最大储物高度超过表3-1-19～表3-1-25的规定时，应设货架内置喷头。宜在自地面起每4 m高度处设置一层货架内置喷头。当喷头流量系数 $K=80$ 时，工作压力不应小于0.20 MPa；当 $K=115$ 时，工作压力不应小于0.10 MPa。喷头间距不应大于3 m，也不宜小于2 m。计算喷头数量不应小于表3-1-26的规定。货架内置喷头上方的层间隔板应为实层板。

(9) 仓库内设有自动喷水灭火系统时，宜设消防排水设施。

表 3-1-25　仓库采用早期抑制快速响应喷头的系统设计基本参数

储物类别	最大净空高度/m	最大储物高度/m	喷头流量系数 K	喷头最大间距/m	作用面积内开放的喷头数/只	喷头最低工作压力/MPa
Ⅰ级、Ⅱ级、沥青制品、箱装不发泡塑料	9.0	7.5	200	3.7	12	0.35
			360			0.10
	10.5	9.0	200	3.0	12	0.50
			360			0.15
	12.0	10.5	200		12	0.50
			360			0.20
	13.5	12.0	360		12	0.30
袋装不发泡塑料	9.0	7.5	200	3.7	12	0.35
			240			0.25
	9.5	7.5	200		12	0.40
			240			0.30
	12.0	10.5	200	3.0	12	0.50
			240			0.3S
箱装发泡塑料	9.0	7.5	200	3.7	12	0.35
	9.5	7.5	200		12	0.40
			240			0.30

注：早期抑制快速响应喷头在保护最大高度范围内，如有货架应为通透性层板。

表 3-1-26　货架内开放喷头数

仓库危险级	货架内置喷头的层数		
	1	2	>2
Ⅰ	6	12	14
Ⅱ	8	14	
Ⅲ	10		

（10）闭式自动喷水-泡沫联用系统的设计基本参数，除执行表 3-1-23 的规定外，尚应符合下列规定：

① 湿式系统自喷水至喷泡沫的转换时间，按 4 L/s 流量计算，不应大于 3 min；

② 泡沫比例混合器应在流量等于大于 4 L/s 时，符合水与泡沫灭火剂的混合比规定；

③ 持续喷泡沫的时间不应小于 10 min。

（11）雨淋自动喷水-泡沫联用系统应符合下列规定：

① 前期喷水后期喷泡沫的系统，喷水强度与喷泡沫强度均不应低于本规范表 3-1-17、表 3-1-19～表 3-1-24 的规定；

② 前期喷泡沫后期喷水的系统，喷泡沫强度与喷水强度均应执行现行国家标准《低倍数泡沫灭火系统设计规范》GB 50151—92 的规定；

③ 持续喷泡沫时间不应小于 10 min。

(12) 水幕系统的设计基本参数应符合表 3-1-27 的规定。

表 3-1-27 水幕系统的设计基本参数

水幕类别	喷水点高度/m	喷水强度/［L/(s·m)］	喷头工作压力/MPa
防火分隔水幕	≤12	2	0.1
防护冷却水幕	≤4	0.5	

注：防护冷却水幕的喷水点高度每增加 1 m，喷水强度应增加 0.1 L/(s·m)，但超过 9 m 时喷水强度仍采用 1.0 L/(s·m)。

(13) 除《自喷规范》另有规定外，自动喷水灭火系统的持续喷水时间，应按火灾延续时间不小于 1 h 确定。

(14) 利用有压气体作为系统启动介质的干式系统、预作用系统，其配水管道内的气压值应根据报警阀的技术性能确定；利用有压气体检测管道是否严密的预作用系统，配水管道内的气压值不宜小于 0.03 MPa，且不宜大于 0.05 MPa。

3.1.5.2 管网水力计算

自动喷水灭火系统管网水力计算的任务是确定管网各管段管径、计算管网所需的供水压力、确定高位水箱的设置高度和选择消防水泵。

1. 设计计算步骤

(1) 判断保护对象的性质、划分危险等级和选择系统。

(2) 确定作用面积和喷水强度。

(3) 确定喷头的形式和保护面积。

(4) 确定作用面积内的喷头数。

(5) 确定作用面积的形状。

(6) 确定第一个喷头的压力和流量。

(7) 计算第一根支管上各喷头流量、支管各管段的水头损失，以及支管流量和压力，并计算出相同支管的流量系数。

(8) 根据支管流量系数计算出配水干管各支管的流量和各管段的流量、水头损失；并计算出作用面积内的流量、压力和作用面积流量系数。

(9) 计算系统供水压力或水泵扬程（包括水泵的选择等），以及灭火用水量等。

(10) 确定系统水源和减压措施。

2. 作用面积形状计算

1) 作用面积内的喷头数

首先根据《自喷规范》对喷头间距的规定，结合被保护区间的形状，进行喷头布置，计算出一只喷头的保护面积。一只喷头的保护面积等于同一根配水支管上相邻喷头的距离与相邻配水支管之间距离的乘积。

根据喷头的平面布置、喷头的保护面积 A_s 和系统作用面积 A 确定系统设计喷头数。

$$N=\frac{A}{A_s} \tag{3-3}$$

式中，N 为作用面积内的喷头数量，个；A 为相应危险等级的作用面积，m^2；A_s 为喷头的保护面积，m^2。

2）作用面积形状的确定

作用面积的长边的计算：

$$L_{min}\geqslant 1.2\sqrt{A} \tag{3-4}$$

式中，L_{min}为作用面积长边的最小长度，m；A 为作用面积，m^2。

作用面积的短边的计算：

$$B=\frac{A}{L} \tag{3-5}$$

式中，B 为作用面积的短边长度，m；L 为根据 L_{min} 确定的实际作用面积长边的长度，m。

根据式（3-4）和式（3-5）计算出作用面积的长宽，再根据喷头的保护面积的长宽确定系统设计作用面积，作用面积应是喷头保护面积的整数，而且大于规范规定的设计作用面积。水力计算选定的最不利点处作用面积宜为矩形，其长边应平行于配水支管，其长度不宜小于作用面积平方根的 1.2 倍。

3. 自动喷水系统枝状管网水力计算

1）第一个喷头（最不利点处的喷头）出流量

根据建筑物危险等级，查规范得出喷水强度 D 和单个喷头保护的面积 A_s，确定喷头的出流量和最不利点喷头的压力。喷头的出流量 q 的计算如下：

$$q=D\cdot A_s \tag{3-6}$$

式中，q 为喷头流量，L/min；D 为喷水强度，L/(min·m^2)；A_s 为一只喷头的保护面积，m^2。

2）第一个喷头（最不利点处的喷头）工作压力

根据喷头的流量计算公式：

$$q=K\sqrt{10P} \tag{3-7}$$

式中，P 为喷头工作压力，MPa；q 为喷头流量，L/min；K 为喷头的流量系数。

确定第一个喷头的工作压力：

$$P=0.1\left(\frac{q}{K}\right)^2 \tag{3-8}$$

3）沿程水头损失和局部水头损失

每米管道的水头损失 i 应按公式（3-9）计算，管道内的水流速度宜采用经济流速，必要时可超过 5 m/s，但不应大于 10 m/s。也可直接查水力计算表得到 i。

$$i=0.0000107\frac{V^2}{d_j^{1.3}} \tag{3-9}$$

式中，i 为每米管道的水头损失，MPa/m；V 为管道内水的平均流速，m/s；d_j 为管道的计算内径，m，按管道的内径减 1 mm 确定。

管道的沿程水头损失按式（3-10）计算：

$$h = iL \tag{3-10}$$

式中，h 为管道的沿程水头损失，MPa；L 为管道长度，m。

管道的局部水头损失宜采用当量长度法计算。管件及阀门的当量长度见表 3-1-28。湿式报警阀局部水头损失取 0.04 MPa、水流指示器的局部水头损失取 0.02 MPa，雨淋阀的局部水头损失取 0.07 MPa。为了简化计算，自动喷淋给水管网局部水头损失占沿程水头损失的百分数估算为 20%。

表 3-1-28 管件及阀门的当量长度

管件名称	管件直径/mm											
	25	32	40	50	70	80	100	125	150	200	250	300
45°弯头	0.3	0.3	0.6	0.6	0.9	0.9	1.2	1.5	2.1	2.7	3.3	4.0
90°弯头	0.6	0.9	1.2	1.5	1.8	2.1	3.1	3.7	4.3	5.5	5.5	8.2
三通或四通	1.5	1.8	2.4	3.1	3.7	4.6	6.1	7.6	9.2	10.7	15.3	18.3
蝶阀	—	—	—	1.8	2.1	3.1	3.7	2.7	3.1	3.7	5.8	6.4
闸阀	—	—	—	0.3	0.3	0.3	0.6	0.6	0.9	1.2	1.5	1.8
止回阀	1.5	2.1	2.7	3.4	4.3	4.9	6.7	8.3	9.8	13.7	16.8	19.8
U形过滤器	12.3	15.4	18.5	24.5	30.8	36.8	49.0	61.2	73.5	98.0	122.5	—
Y形过滤器	11.2	14.0	16.8	22.4	28.0	33.6	46.2	57.4	68.6	91.0	113.4	—
异径接头	32～25	40～32	50～40	70～50	80～70	100～80	125～100	150～125	200～150	—	—	—
	0.2	0.3	0.3	0.5	0.6	0.8	1.1	1.3	1.6	—	—	—

注：异径接头的出口直径不变而入口直径提高 1 级时，当量长度应增大 0.5 倍；提高 2 级或 2 级以上时，当量长度应增大 1.0 倍。

4）喷头折算流量系数

如果喷头到支管有局部水头损失和势能差，设计时可计算喷头到支管接点处的压力，并根据公式（3-7）求出喷头折算流量系数 K。

5）支管水力计算

根据式（3-9）和式（3-10）计算出支管各个节点的压力，根据式（3-7）计算出喷头的流量，并最终计算出支管的设计流量和压力，以及支管的流量折算系数。在如图3-1-34所示配水支管布置相同的自动喷水灭火系统中，其他支管的流量可按式（3-11）计算。

$$Q_i = Q_1\sqrt{\frac{H_i}{H_1}} \tag{3-11}$$

式中，H_1 为第一根配水支管与配水管连接处的节点水压，MPa；Q_1 为第一根配水支管的总流量，L/s；H_i 为第 i 根配水支管与配水管连接处的节点水压，MPa；Q_i 为第 i 根配水支管的总流量，L/s。

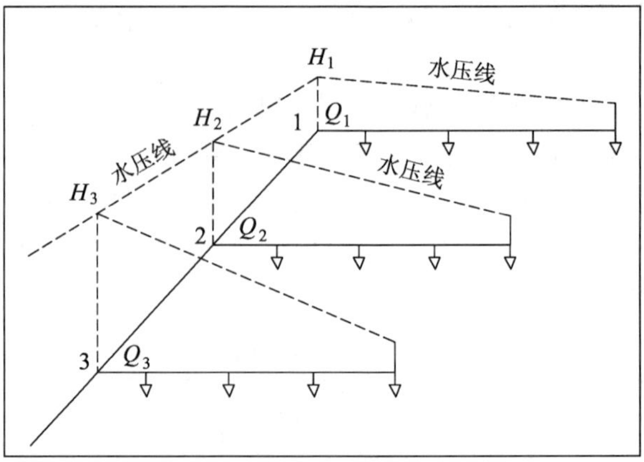

图 3-1-34　自动喷水灭火系统水力计算图

6）设计流量、压力以及流量折算系数计算

把支管作为一个复合喷头，计算出作用面积内的设计流量和压力，以及作用面积的流量折算系数。

7）系统压力计算

根据作用面积的设计流量和压力，按式（3-9）和式（3-10）计算系统所需的压力，并采用作用面积的流量折算系数来复核系统不同区域的喷水均匀性和选择水泵的供水可靠性。

根据系统的设计流量计算系统供水压力或水泵扬程（包括水泵选型）。系统的设计流量计算如下：

$$Q_s = \frac{1}{60}\sum_{i=1}^{n} q_i \tag{3-12}$$

式中，Q_s 为系统设计流量，L/s；q_i 为最不利点处作用面积内各喷头的流量，L/min；n 为最不利点处作用面积内的喷头数。

系统设计流量应满足作用面积内的平均喷水强度不低于表 3-1-23 的规定值。最不利点处作用面积内任意 4 只喷头围合范围内的平均喷水强度：轻危险级、中危险级不应低于表 3-1-23 规定值的 85%；严重危险级和仓库危险级不应低于表 3-1-23 的规定值。设置货架内喷头的仓库，顶板下喷头与货架内喷头应分别计算设计流量，并应按其设计流量之和确定系统的设计流量。建筑内设有不同类型的系统或有不同危险等级的场所时，系统的设计流量应按其设计流量的最大值确定。

消防水泵的流量不小于系统设计流量，水泵扬程根据最不利喷头的工作压力、最不利喷头与贮水池最低工作水位的高程差、设计流量下计算管路的总水头损失三者之和确定：

$$H = \sum h + P_0 + Z \tag{3-13}$$

式中，H 为水泵扬程或系统入口的供水压力，MPa；$\sum h$ 为管道沿程和局部水头损失的累计值，MPa，湿式报警阀取值 0.04 MPa 或按检测数据确定，水流指示器取值 0.02 MPa、雨淋阀取值 0.07 MPa。

8）确定系统的水源和管网的减压措施

【例 1】 某总建筑面积小于 5000 m^2 的商场内最不利配水区域的喷头布置，如图 3-1-35 所示，试确定自动喷水灭火系统的设计流量。

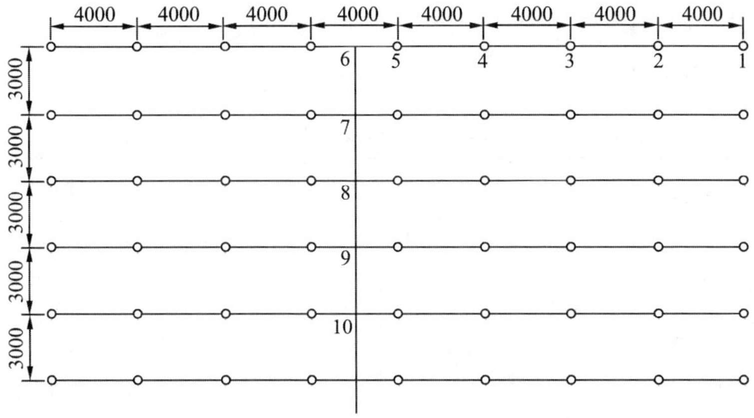

图 3-1-35 喷头平面布置图

【解】 由表 3-1-2 知设置场所的火灾危险等级为中危险Ⅰ级，查表得知喷水强度为 6 L/min·m^2，作用面积为 160 m^2，由图 3-1-36 可知，1 只喷头的保护面积等于 12 m^2。

因此，作用面积内的喷头数应为 160/12＝13.3 只，取 14 只。

实际作用面积为 14×12＝168 m^2。

作用面积的平方根等于 12.6 m，作用面积长边的长度不应小于 1.2×12.6＝15.1 m，根据喷头布置情况，实际取 16 m。

喷头 1 为最不利喷头，实际作用面积为图 3-1-36 中虚线所包围的面积。

参照表 3-1-18 确定各管段直径，标注在图 3-1-36 中。

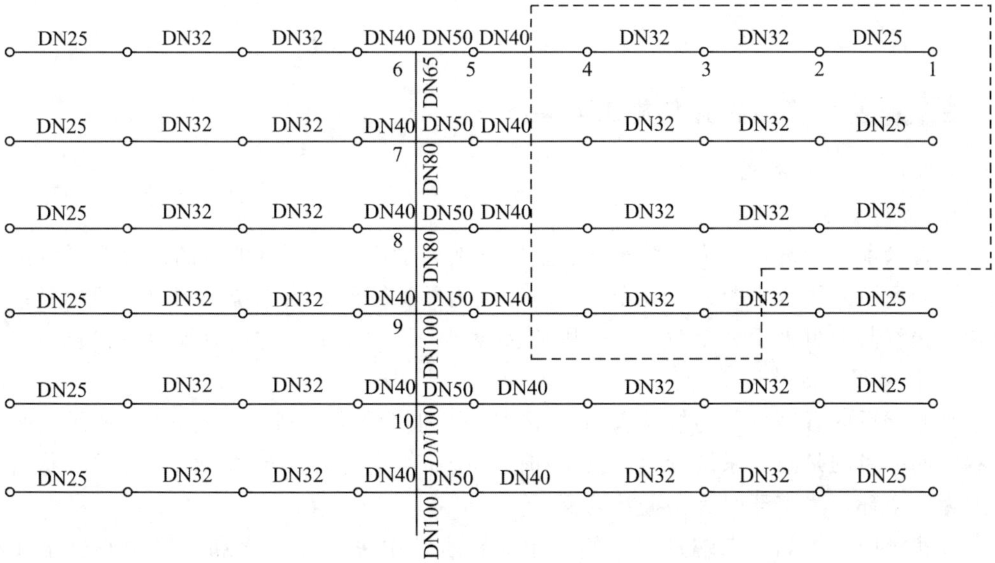

图 3-1-36 水力计算草图

第一个喷头的流量：$q_1 = D \cdot A_s = 6 \times 12 = 72$ L/min

第一个喷头的工作压力：$P_1 = 0.1\left(\frac{q_1}{K}\right)^2 = 0.1\left(\frac{72}{80}\right)^2 = 0.081$ Mpa

第二个喷头的工作压力：$P_2 = P_1 + h = 0.081 + 0.034 = 0.115$ Mpa

第二个喷头的流量：$q_2 = K\sqrt{10P_2} = 80\sqrt{10 \times 0.115} = 85.8$ L/min

依次计算管段流量、流速、水头损失、喷头压力、喷头出流量，列入表 3-1-29 中。

表 3-1-29　水力计算结果

节点编号	管段编号	节点压力/MPa	喷头流量/L/min	管段流量/(L/s)	管径/mm	流速/(m/s)	水头损失/MPa
1		0.081					
	1～2		72	1.20	25	2.44	0.034
2		0.115					
	2～3		85.8	2.63	32	3.27	0.042
3		0.157					
	3～4		100.2	4.30	32	5.35	0.120
4		0.277					
	4～5		133.1	6.52	40	5.19	0.084
5		0.361					
	5～6			6.52	50	3.32	0.024
6		0.385					
	6～7			6.52	65	1.96	0.005
7		0.390					
	7～8		(393.6)	13.08	80	2.60	0.007
8		0.397					
	8～9		(397.1)	19.70	80	3.92	0.017
9		0.414					
	9～10		(241.9)	23.73	100	3.02	
10							

表 3-1-35 中括号内的数值为支管流量，节点 9 以后的管径和流量均不再变化，系统的设计流量为 23.73 L/s。

项目 3.2　自喷给水系统的施工技术

3.2.1　管网布置与施工安装

3.2.1.1　管网布置

1. 报警阀前的管网

报警阀前的管网可分为环状管网和枝状管网，采用环状管网的目的是提高系统的可靠性。当系统采用双水源或 1.2 个水源时，应为环状管网。当系统采用单水源，且系统设置的报警阀数量大于 2 个时，应采用环状管网；不大于 2 个时，宜采用枝状管网。

2. 报警阀后的管网

报警阀后的管网可分为枝状管网、环状管网和格栅状管网，如图 3-2-1 所示。采用环状管网的目的是减少系统管道的投资和使系统布水更均匀。自动喷水系统的环状管网一般为一个环，当多环时为格栅状管网。

枝状管网分为侧边末端进水、侧边中央进水、中央末端进水和中央中心进水 4 种形式。

(1) 一般轻危险等级宜采用侧边末端进水、侧边中央进水。

(2) 中危险等级宜采用中央末端进水和中央中心进水，以及环状管网。对于民用建筑，为节约吊顶空间可采用环状管网，一般配水干管的管径为DN80～DN100，并应经过水力计算确定。

(3) 严重危险等级和仓库危险等级宜采用环状管网和格栅状管网。

(4) 湿式系统可采用任何形式的管网，但干式系统、预作用系统不应采用格栅状管网。

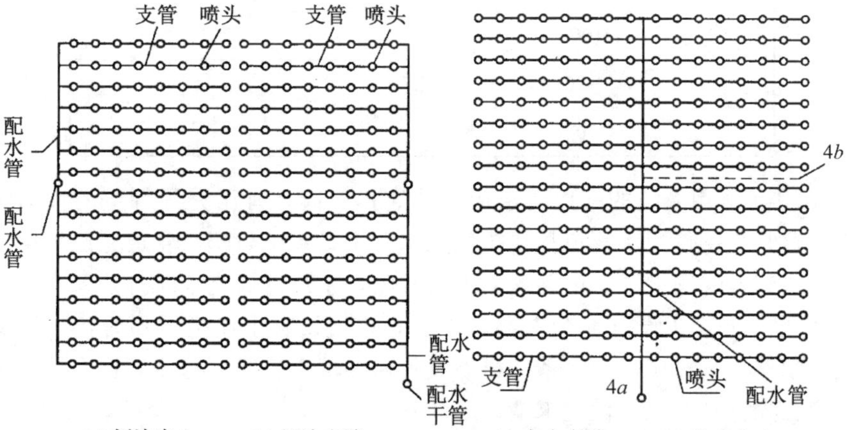

(a)枝状管网布置示意

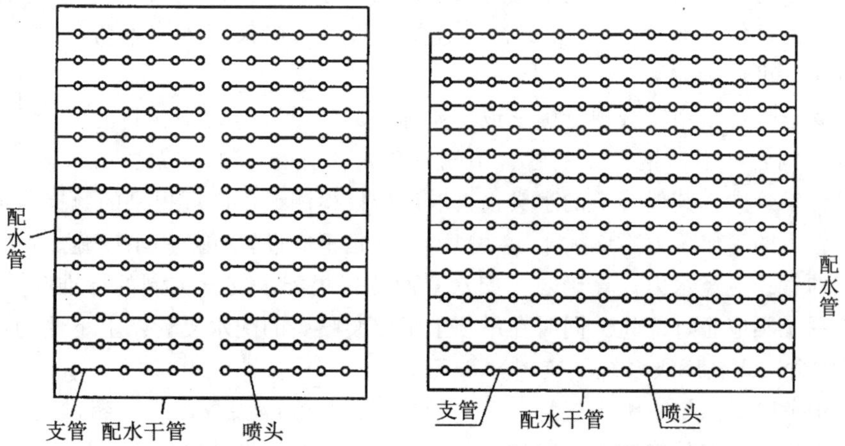

(b) 环状管网布置示意　　(c) 格栅状管网布置示间

图 3-2-1　管网布置示意图

3. 管道系统

(1) 自动喷水灭火系统应有下列组件、配件和设施：

①系统应设有洒水喷头、水流指标器、报警阀组、压力开关等组件和末端试水装置、配水管道、供水设施。

②系统中需要减静压的区段宜分区供水或设减压阀，需要减动压的区段，宜设减压孔板或节流管。

③系统应设有泄水阀（口）、排气阀（口）和排污口；在每层水流指示器后应设置层系统排污阀；系统立管的底部应设置排污阀；系统立管的顶部应设置自动排气阀。

设置排气阀，是为了使系统的管道充水时不存留空气。设置泄水阀，是为了便于检修。排气阀设在其负责区段管道的最高点，泄水阀设在其负责区段管道的最低点。泄水阀及其连接管的管径可参考表 3-2-1。

表 3-2-1　泄水管管径

供水干管管径/mm	泄水管管径/mm
≥100	≤50
70～80	≤40
<70	25

④ 干式和预作用系统的配水管道应设快速排气阀，有压充气管道的快速排气前应设自动阀。这是为了使配水管道尽快排气充水。干式系统与配水管道充压缩空气的预作用系统，为快速排气阀设置的电动阀，平时常闭，系统开始充水时打开。

⑤ 一个报警阀至少设置一个末端试水装置；当设有水流指示器时，末端试水装置应与水流指示器一一对应；开式系统可不设置末端试水装置。有传导管系统的雨淋和预作用系统应在先导管系统上设置末端试水装置。

（2）配水管道。配水管道应采用内外壁热镀锌钢管。当报警阀入口前采用内壁不防腐的钢管时，其末端应设过滤器。系统管道的连接，应采用沟槽式连接件（卡箍）、丝扣或法兰连接，报警阀前采用内壁不防腐的钢管时，可焊接连接。

螺纹连接

配水管道也可采用符合现行国家或行业标准的涂覆其他防腐材料的钢管，以及铜管、不锈钢管。铜管、不锈钢管应采用配套的支架、吊架。除镀锌钢管外，其他管道的水头损失取值应按检测或生产厂提供的数据确定。

配水管道的工作压力不应大于 1.2 MPa，并且不应设置其他用水设施。

管道的管径应经水力计算确定。配水管两侧每根配水支管控制的标准喷头数，轻、中危险级系统不应超过 8 只。同时在吊顶上下安装喷头的配水支管，上下侧均不应超过 8 只；严重危险级仓库级系统不应超过 6 只。

轻、中危险级系统中配水支管、配水管控制的标准喷头数，不宜超过表 3-2-2 的规定，本表仅用于系统的控制喷头数量设计，不应作为系统设计管网管径用。

短管及末端试水装置的连接管，其管径不应小于 25 mm。

干式系统的配水管道充水时间，不宜大于 1 min；预作用系统与雨淋系统的配水管道充水时间，不宜大于 2 min。

干式、预作用系统的供气管道，采用钢管时，管径不宜小于 15 mm；采用铜管时，管径不宜小于 10 mm。

自动喷水灭火系统的水平管道宜有坡度，充水管道不宜小于 2‰，准工作状态不充水的管道不宜小于 4‰，管道应坡向泄水阀。

表 3-2-2 轻、中危险级系统中配水支管、配水管控制的标准喷头数

公称直径/mm	控制的标准喷头数/只	
	轻危险级	中危险级
25	1	1
32	3	3
40	5	4
50	10	8
65	18	12
80	48	32
100	—	64

报警阀应设在距地面高 0.8～1.5 m 的范围内，没有冰冻危险，易于排水、管理维修方便而明显的地点。

自动喷水灭火系统报警阀后的管道上，不应设置其他用水设施。

自动喷水灭火系统应设消防水泵接合器，一般不少于两个，每个按 10～15 L/s 计算。

闭式自动喷水灭火系统的每个报警阀控制的喷头数：湿式和预作用喷水灭火系统为 800 个，有排气装置的干式喷水灭火系统为 500 个，无排气装置的干式喷水灭火系统为 250 个。

轻、中危险级系统中配水支管、配水管控制的标准喷头数，不宜超过表 3-2-1 的规定。

自动喷水灭火系统水压应按最不利点喷头的工作水压确定，闭式自动喷水灭火系统最不利点喷头水压应为 980 kPa，最小不应小于 490 kPa。

雨淋系统最不利点压力应为 980 kPa；水幕系统最不利点的压力应不小于 980 kPa。

系统中直径等于或大于 100 mm 的管道，应分段采用法兰或沟槽式连接件（卡箍）连接。水平管道上法兰间的管道长度不宜大于 20 m；立管上法兰间的距离，不应跨越 3 个及以上楼层。净空高度大于 8 m 的场所内，立管上应有法兰。

管道的直径应经水力计算确定。配水管道的布置，应使配水管入口的压力均衡。轻危险级、中危险级场所中各配水管入口的压力均不宜大于 0.40 MPa。

3.2.2 管网施工安装

3.2.2.1 管材

自动喷水灭火系统和水喷雾灭火系统报警阀以前管道、消火栓系统给水管架空时，应采用内外壁热浸镀锌钢管或焊接钢管；埋地时应采用球墨铸铁管，自动喷水灭火系统和水喷雾系统报警以后的管道，可采用热浸镀锌钢管、铜管、不锈钢管及钢衬塑、不锈钢衬塑的管道。

消防给水管道应采用符合表 3-2-3 标准的钢管，当压力小于等于 2 MPa 时，最小壁

厚应符合下列要求：

① 采用焊接、法兰连接或卡箍连接时，当管径小于等于DN125，最小管壁序列号为Sch20钢管；当管径为DN150，最小管壁厚为3.4 mm；当管径为DN200及DN250时，最小管壁厚为4.78 mm。

② 采用卡箍连接时，当管径大于等于DN100，最小管壁序列号为Sch30钢管；当管径小于DN100，最小管壁序列号为Sch40钢管。

热浸镀锌焊接钢管分为普通钢管和加厚钢管，在自动喷水灭火系统中应采用加厚钢管，当系统压力小于等于1.2 MPa时，可采用热浸镀锌焊接钢管。当系统压力大于1.2 MPa时，应采用热浸镀锌焊接或无缝钢管。

当喷头为60°锥管螺纹（NPT）时，宜采用热浸镀锌无缝钢管。

各种消防给水管材及管件标准见表3-2-3。

表3-2-3 消防给水管材及管件标准

序号	标准	管材及管件	序号	标准	管材及管件
1	GB/T 3091—1993	低压流体输送用镀锌焊接钢管	6	GB/T 13294—1991	球墨铸铁管件
2	GB/T 3092—1993	低压流体输送用焊接钢管	7	GB/T 13295—1991	离心铸造球墨铸铁管
3	GB/T 8163—1999	流体输送用无缝钢管	8	GB/T 1496	流体输送用不锈钢无缝钢管
4	GB/T 8714—1998	梯唇形橡胶圈接口铸铁管	9	GB/T 156—2001	沟槽式管接头
5	GB/T 8715—1998	柔性机械接口铸铁管件			

3.2.2.2 管道敷设技术要求

1. 管道接口

管道的连接方式有卡箍连接、螺纹连接、法兰连接和焊接连接。系统管道的连接应采用沟槽式连接件（卡箍）、螺纹或法兰连接。报警阀前采用内壁不防腐钢管时，可焊接连接。系统中管径DN≤80 mm时，采用螺纹连接；管径DN>80 mm时，可采用卡箍连接、法兰连接或焊接。因卡箍连接要求的施工空间小，便于维修，是目前最佳的连接方式。

沟槽式（卡箍）连接时，沟槽式连接件（管接头）和钢管沟槽深度应符合建设部行业标准《沟槽式管接头》（GB/T 156—2001）的规定。公称直径DN≤250 mm的沟槽式管接头的最大工作压力为2.5 MPa，公称直径DN≥300 mm的沟槽式管接头的最大工作压力为1.6 MPa。有振动的场所和埋地管道应采用柔性接头，其他场所宜采用刚性接头。当采用刚性接头时，每隔4～5个刚性接头应设置一个柔性接头。当采用机械三通、四通接头时，其开孔大小和开孔间距不应影响被开孔管道的强度。通常，开孔最大直径宜小于被开孔管道直径的1/2左右，开孔间距与开孔大小有关，一般不宜小于2 m。

沟槽式连接与其他型式的接口连接时应采用转换接头。采用卡箍连接的管道变径时，宜采用卡箍异径接头；在管道弯头处不得采用补芯；当需要采用补芯时，三通上可用1个，四通上不应超过2个；公称直径大于50 mm的管道不宜采用活接头。

螺纹连接时，系统中管径小于DN100的热浸镀锌钢管或热浸镀锌无缝钢管均可采用螺纹连接。当系统采用热浸镀锌钢管时，其管件可采用锻铸铁螺纹管件（GB 3287—3289）；当系统采用热浸镀锌无缝钢管时，其管件可采用锻钢制螺纹管件（GB/T 14626）。

钢管壁厚$\delta <$Sch30（$\geqslant$DN200）或钢管壁厚$\delta <$Sch40（$<$DN200），均不得使用螺纹连接件连接。当管道采用55°锥管螺纹（Rc或R）时，螺纹接口可采用聚四氟带密封；当管道采用60°锥管螺纹（NPT）时，宜采用密封胶作为螺纹接口的密封；密封带应在阳螺纹上施加。管径大于DN50的管道不得使用螺纹活接头，在管道变径处应采用单体异径接头。

焊接或法兰连接时，法兰类型根据连接形式可分为：平焊法兰、对焊法兰和螺纹法兰等，法兰选择必须符合《钢制管法兰》（GB 9112—9131）、《钢制对焊无缝管件》（GB/T 12459）、《管法兰用聚四氟乙烯包覆垫片》（GB/T 13404）标准的规定。

热浸镀锌钢管若采用法兰连接，应选用螺纹法兰。系统管道采用内壁不防腐管道时，可焊接连接。管道焊接应符合《现场设备、工业管道焊接工程施工及验收规范》（GB 50236）。任何管段需要改变管径时，均应使用符合标准的异径管接头和管件。

2. 管道的安装

管道安装时，管道的中心线与梁、柱、楼板等的最小距离应符合表3-2-4的规定。

表3-2-4 管道的中心线与梁、柱、楼板等的最小距离

公称直径/mm	25	32	40	50	70	80	100	125	150	200
距离/mm	40	40	50	60	70	80	100	125	150	200

消防给水管穿过建筑物墙、楼板或构筑物墙壁时，应采取下列防护措施：

（1）穿地下室外墙和构筑物墙壁时，应设防水套管。

（2）穿过建筑物承重墙或基础时，应预留洞口，洞口高度应保证管顶上部净空不得小于建筑物的沉降量，一般不小于0.1 m，并填充不透水的弹性材料。

（3）如必须穿过伸缩缝及沉降缝时，应采用波纹管、橡胶短管和补偿器等方法处理。

消防给水管如有可能发生结冻时，应采取保温措施：采用电伴热保温或在管外壁缠包岩棉管壳、玻璃纤维管壳、石棉管壳、B1级聚乙烯泡沫管壳等材料。

消防给水管通过或敷设在下列部位时，应采取下列防护措施：

通过及敷设在有腐蚀性气体的房间（如酸洗车间、电镀车间、电瓶充电间等）内时，管外壁应刷防腐漆或缠绕防腐材料。埋地及敷设在垫层内的镀锌钢管或非镀锌钢管，如地下水无腐蚀性时管外壁涂沥青漆；如地下水有腐蚀性时，管外壁采取加强防腐（即一布两油或二布三油）。

3.2.2.3 自动喷水系统管道的支(吊)架

设计的吊架在管道的每一支撑点处应能承受 5 倍于充满水的管重，另加 114 kg 的荷载，且这些支撑点应能支撑整个自动喷水灭火系统。

管道支（吊）架的支撑点宜设在建筑的结构上，如梁、柱、楼板等，其结构在管道悬吊点应能承受充满水管道重量另加至少 114 kg 的附加荷载，充水管道的参考重量见表 3-2-5。

表 3-2-5 充水管道的参考重量

公称直径/mm	25	32	40	50	70	80	100	125	150	200
保温管道/（kg/m）	15	18	19	22	27	32	41	54	66	103
不保温管道/（kg/m）	5	7	7	9	13	17	22	33	42	73

支（吊）架的设置应符合下面的要求：

如图 3-2-2 所示，支架与吊架的位置不应影响喷头的喷水效果，一般吊架距直立喷头不应小于 300 mm，距末端喷头距离不应大于 750 mm；当喷头处的最大压力超过 0.6 Mpa，且由吊顶上方的配水支管向位于吊顶下的下垂型喷头供水时，与无支撑喷头或短立管连接的管段悬臂长不超过 300 mm。

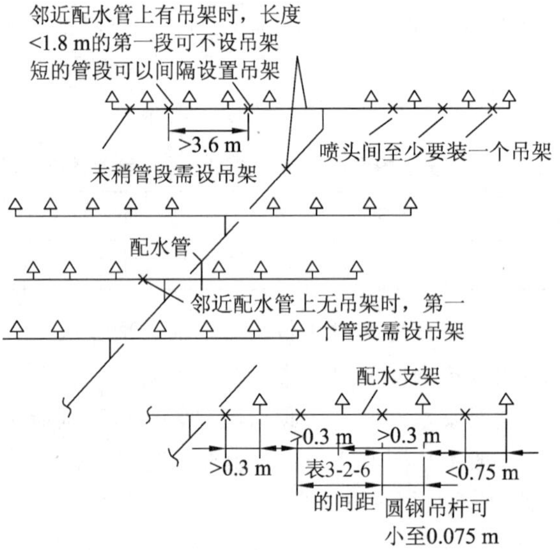

图 3-2-2 配水支管管段上吊架布置

管道支架或吊架的间距应不大于表 3-2-6 的要求。管道穿梁安装时，穿梁处可作为一个吊架考虑。相邻两喷头之间的管段上至少应设 1 个支（吊）架，当喷头间距小于 1.8 m 时，可隔一个喷头设一个吊架，但支（吊）架最大间距不应大于 3.6 m。每 2 根支管间的水平主管上至少应设 1 个支（吊）架。沿屋面坡度布置的配水支管，当坡度大于 1∶3 时，应采取防滑措施（加点焊箍套），以防短立管与配水管受扭折推力。当喷水管道安装于通风管道之下时，管道应由建筑的结构支撑；当通风管道支撑具备同时支撑风管及其上荷载的能力时，喷水管道也可利用其支撑。

表 3-2-6 管道支架或吊架的间距

管径/mm	25	32	40	50	70	80	100	125	150	200	250	300
间距/mm	3.5	4.0	4.5	5.0	6.0	6.0	6.5	7.0	8.0	9.5	11.0	12.0

当自动喷水管安装在轻质钢结构屋面下时，需在安装屋面的同时在檩条和梁柱上预埋吊架，或吊架根部、预埋件，使在安装管道时不破坏屋面的整体结构。如不预埋吊架或其部件，则应采用特殊的加紧部件代替吊架根部。在实际工程设计中，应事先与结构专业商定钢结构的支吊架的生根部位和预留螺栓孔。在无法利用预留螺栓孔时，应采用梁柱抱固和夹紧件来做支（吊）架的生根，不得采用焊接。

为了防止喷水时管道沿管线方向晃动，在下列部位设置（固定）防晃支架：配水管一般在中点设一个（固定）防晃支架（管径在 DN50 及以下时可不设）；配水干管及配水管、配水支管的长度超过 15 m（包括管径为 DN50 的配水管及配水支管），每 15 m 长度内最少设 1 个（固定）防晃支架（管径小于等于 DN40 的管段可不算在内）；管径大于 DN50 的管道拐弯处（包括三通及四通位置）应设 1 个（固定）防晃支架。（固定）防晃支架的强度，应能随管道、配件及管内水的重量和 50%的水平方向推力而不损坏或产生永久变形。当管道穿梁安装时，若管道再用紧固件固定于混凝土结构上，则可作为 1 个防晃支架处理，如图 3-2-3 所示。

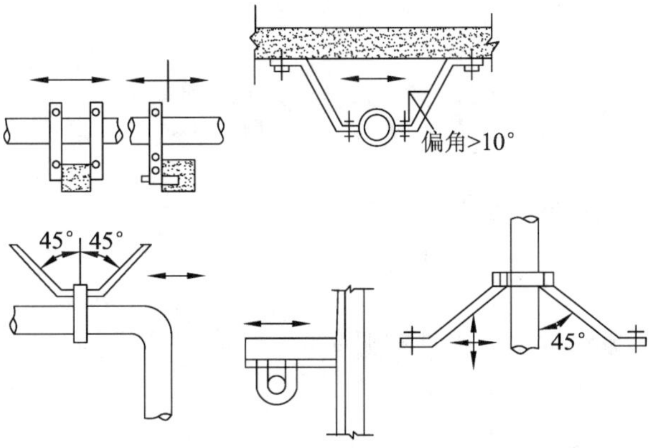

图 3-2-3 管道防晃支架

3.2.3 系统试压和冲洗

系统安装完毕后，应对管网进行强度试验、严密性试验和冲洗。

管网强度的试验、严密性试验宜用水进行，但对干式喷水灭火系统、预作用喷水灭火系统必须既作水压试验又作气压试验；在冰冻季节，如进行水压试验有困难时，可用气压试验代替。系统的水源干管、进户管和室内地下管道应在回填隐蔽前，单独地或与系统一起进行强度试验和严密性试验。

系统管网经试压合格后，应分段用水进行冲洗。冲洗的顺序是先室外，后室内；先地下，后地上；室内部分应按配水干管、配水支管的顺序进行。管网冲洗前，应对系统仪表采取保护措施，并将止回阀报警阀等拆下，冲洗工作结束后应及时复位。

系统的压力试验，应先做进水引入管，再做室内系统。

水压试验宜用生活用水进行，不得使用海水或有腐蚀性化学物质的水。水压试验宜在环境温度 5 ℃以上时进行，否则应有防冻措施。

水压试验压力 P_t 的要求：

系统设计工作压力 $P \leqslant 1.0$ MPa 时，$P_t = 1.5P$ 且不小于 1.4 MPa；

系统设计工作压力时 $P > 1.0$ MPa，$P_t = P + 0.4$ MPa；

水压强度试验的测试点应设在系统管网最低点，对管网注水时，应将空气排净，然后缓慢升压；达到试验压力后，稳压 30 min，目测无泄漏、无变形、压降 $\Delta P \leqslant 0.05$ MPa 为合格。

气压试验的介质宜采用空气或氮气。气压严密性试验压力为 0.28 MPa，稳压 24 h 压力降不应超过 0.01 MPa，即为合格。

小　结

本章介绍了自动喷水灭火系统的分类和基本原理、自喷系统的组件、喷头布置、自喷系统设计计算以及自喷系统施工技术等知识点。在学习过程中应注意干式和湿式自动喷水灭火系统的区别，重点掌握预作用自动喷水灭火系统的工作原理，熟悉自喷管道螺纹和卡箍连接施工工艺。

复习思考题

1. 常用的自动喷水灭火系统有哪些种类？

2. 自动喷水灭火系统设置场所的火灾危险等级分几级？各自的作用面积和喷水强度是多少？

3. 自动喷水灭火系统的主要组件有哪些？

4. 闭式喷头的公称动作温度如何确定？

5. 喷头布置的要求有哪些？

6. 如何布置自动喷水灭火系统的管道？

7. 某 7 层办公楼，最高层喷头安装标高 23.7 m，一层地坪标高为 0.00 m，喷头流量特性系统为 0.133，喷头处压力为 0.1 MPa，设计喷水强度为 6 L/（min·m^2），作用面积为 200 m^2，形状为长方形，长边 $L = 1.2\sqrt{F} = 1.2\sqrt{200} = 17$ m，短边为 12 m，作用面积内喷头数为 20 个。试计算作用面积内的设计秒流量是多少？作用面积内的计算平均喷水强度为多少？

8. 水喷雾灭火系统与自动喷水灭火系统有何区别？

模块4

建筑室内排水系统与施工技术

项目4.1 建筑室内排水系统

4.1.1 建筑室内排水系统的分类、体制和组成

4.1.1.1 室内排水系统的分类

按系统排除的污、废水种类的不同，可将建筑内排水系统分为以下几类。

1. 粪便污水排水系统

排除大便器（槽）、小便器以及与此相似的卫生设备排出的污水。

2. 生活废水排水系统

排除洗涤盆（池）、淋浴设备、洗脸盆、化验盆等卫生器具排出的洗涤废水。

3. 生活污水排水系统

排除粪便污水和生活污水的排水系统。

4. 生产污水排水系统

排除生产过程中污染较重的工业废水的排水系统。生产污水经过处理后才允许回收利用或排放，如含酚污水、含氰污水、酸、碱污水等。

5. 生产废水排水系统

排除生产过程中只有轻度污染或水温较高，只需要经过简单处理即可循环或重复使用的较洁净的工业废水的排水系统。如冷却废水、洗涤废水等。

6. 屋面雨水排水系统

排除降落在屋面的雨、雪水的排水系统。

4.1.1.2 排水体制

建筑内部排水体制也分为分流制和合流制两种，分别称为建筑内部分流排水和建筑内部合流排水。

建筑内部分流排水，是指居住建筑和公共建筑中的粪便污水和生活废水；工业建筑中的生产污水和生产废水各自由单独的排水管道系统排除。

建筑内部合流排水，是指建筑中两种以上的污水、废水合用一套排水管道系统排除。

建筑内部排水体制确定时，应根据污水性质、污染程度、结合建筑外部排水系统体制、有利于综合利用、污水的处理和中水开发、经济合理性等方面的因素考虑决定。

建筑物宜设置独立的屋面雨水排水系统，迅速、及时地将雨水排至室外雨水管渠或地面。在缺水或严重缺水地区宜设置雨水贮存池。

4.1.1.3 建筑内部排水系统的组成

建筑内部排水系统设计的质量不仅体现在能否迅速安全地将污水、废水排到室外，而且还在于能否减小管道内的压力波动，使其尽量稳定，从而防止系统中接存水弯的水封被破坏而使室外排水管道中的有毒或有害气体进入室内。因此，在进行建筑排水系统的设计时，应明确建筑内部排水系统的组成，从而保证设计质量。

完整的建筑内部排水系统一般由下列部分组成，如图 4-1-1 所示。

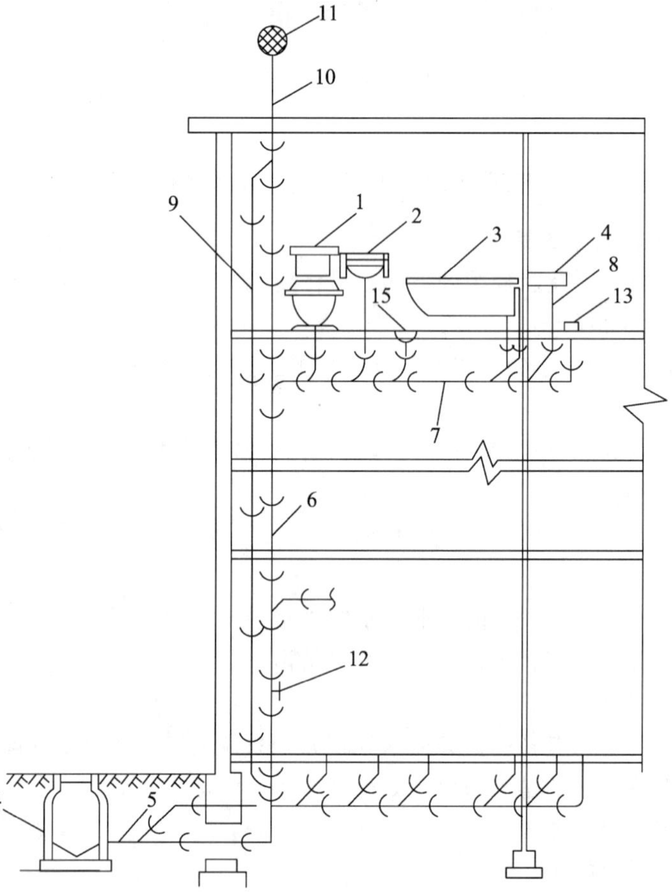

1—大便器；2—洗脸盆；3—浴盆；4—洗涤盆；5—排出管；6—立管；7—横支管；8—支管；9—专用通气立管；10—伸顶通气管；11—网罩；12—检查口；13—清扫口；14—检查井；15—地漏

图 4-1-1 建筑内部排水系统的组成

1. 污废水收集器

它是建筑内部排水系统的起点，污水、废水从器具排水栓经器具内的水封装置或器具排水管连接的存水弯排入排水管道。

2. 排水管道

由器具排水管（连接卫生器具和横支管之间的一段短管，除坐式大便器、地漏外，其间包括存水弯)、有一定坡度的横支管、立管、横干管和排出到室外的排出管等组成。

3. 通气管

绝大多数排水管道系统内部排水的流动是重力流，即管道系统中的污水、废水是依靠重力的作用排出室外的。因此，排水管道系统必须和大气相通，从而保证管道系统内气压恒定，维持重力流状态。

4. 清通设备

指检查口、清扫口、检查井以及带有清通盖板的90°弯头或三通等设备作为疏通排水管道之用。

5. 抽升设备

民用建筑中的地下室、人防建筑物、高层建筑的地下层、某些工业企业车间地下室或半地下室、地下铁道等地下建筑物内的污水、废水不能自流排至室外时，必须设置污水抽升设备。

6. 污水局部处理构筑物

当建筑内部污水未经处理不能排入其他管道或市政排水管网和水体时，须设污水局部处理构筑物。

4.1.2 室内排水管材（件）及附件

4.1.2.1 排水管材和管道接口

建筑物内排水管道应采用建筑排水塑料管及管件或柔性接口机制排水铸铁管及相应管件。工业废水排水管道则应根据污、废水的性质，管材的机械强度及管道敷设方法，并结合就地取材原则选用管材。

排水管材

1. 塑料管

塑料管包括PVC-U（硬聚氯乙烯）管、UPVC隔音空壁管、UPVC芯层发泡管、ABS管等多种管道，适用于建筑高度不大于100 m、连续排放温度不大于40 ℃、瞬时排放温度不大于80 ℃的生活污水系统、雨水系统，也可用作生产排水管。常用胶粘剂承插连接，或弹性密封圈承插连接。优点是耐腐蚀、重量轻、施工简单、水力条件好、不易堵塞；但有强度低、易老化、耐温性差、普通PVC-U管噪音大等缺点。目前最常用的是PVC-U（硬聚氯乙烯）管。

在使用PVC-U（硬聚氯乙烯）排水管时，应注意以下几个问题：

(1) PVC-U（硬聚氯乙烯）管的水力条件比铸铁管好，泄流能力大，确定管径时，应使用塑料排水管的参数进行水力计算或查看相应的水力计算表。

(2) 受环境温度或污水温度变化引起的伸缩长度，可按下列公式计算：

$$\Delta L = La\Delta t \tag{4-1}$$

式中，ΔL 为管道温升长度，m；L 为管道计算长度，m；a 为线性膨胀系数，一般采用$(6\sim8)\times10^{-5}$，m/(m·℃)；Δt 为温差，℃。

式(4-1)中的温差由两方面因素影响，即管道周围空气的温度变化和管道内水温的变化，可按下列公式计算：

$$\Delta t = 0.65\Delta t_s + 0.1\Delta t_g \tag{4-2}$$

式中，Δt_s 为管道内水的最大变化温度差，℃；Δt_g 为管道外空气的最大变化温度差，℃。

（3）消除 PVC-U（硬聚氯乙烯）管道受温度影响引起的伸缩量，通常采用设置伸缩节的办法予以解决。排水立管、通气立管应每层设一个伸缩节；横支管上汇流配件至立管的直线管段大于 2 m 时应设置伸缩节，但伸缩节之间最大间距不得超过 4 m；伸缩节应设置在汇合配件处，横干管伸缩节应设置在汇合配件上游端；横管伸缩节应采用承压橡胶密封圈或横管专用伸缩节。

2. 排水铸铁管

排水铸铁管的管壁较给水铸铁管薄，不能承受高压，常用于建筑生活污水管、雨水管等，也可用作生产排水管。排水铸铁管的优点是耐腐蚀、具有一定的强度、使用寿命长和价格便宜等；缺点是性脆、自重大，每根管的长度短，管接口多，施工复杂。

排水铸铁管连接方式多为承插式，常用的接口材料有普通水泥接口、石棉水泥接口、膨胀水泥接口等。

柔性抗震排水铸铁管，广泛应用于高层和超高层建筑室内排水，它采用橡胶圈密封，螺栓紧固，具有较好的挠曲性、伸缩性、密封性及抗震性能，且便于施工。

3. 钢管

钢管用作卫生器具排水支管及生产设备震动较大的地点、非腐蚀性排水支管上，管径小于或等于 50 mm 的管道，可采用焊接或配件连接。

4.1.2.2　管件

室内排水管道是通过各种管件来连接的，管件种类很多，常用的有以下几种。

1. 弯头

弯头用在管道转弯处，使管道改变方向。常用弯头的角度有 90°，45°两种。

2. 乙字管

排水立管在室内距墙比较近，但基础比墙要宽，为了到下部绕过基础需设乙字管，或高层排水系统为消能而在立管上设置乙字管。

3. 存水弯

存水弯也叫水封，设在卫生器具下面的排水支管上。使用时，由于存水弯中经常存有水，可防止排水管道中的有毒有害气体或虫类进入室内，保证室内的环境卫生。水封高度通常为 50～100 mm。存水弯有 S 形和 P 形两种。

4. 三通或四通

三通或四通用在两条管道或三条管道的汇合处。三通有正三通、顺流三通和斜三通。四通有正四通和斜四通。

5. 管箍

管箍也叫套袖，它的作用是将两段排水铸铁直管连在一起。各种管件如图 4-1-2 所示。

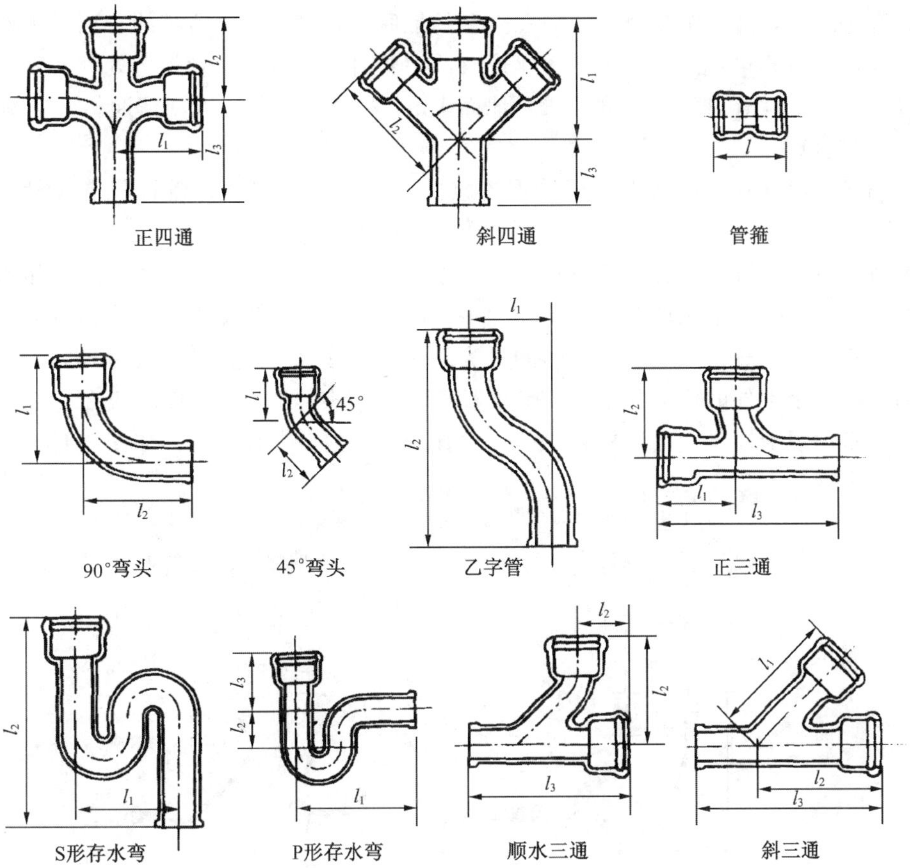

图 4-1-2　常用铸铁排水管件

4.1.2.3　管道附件

1. 存水弯

存水弯如图 4-1-3 所示。

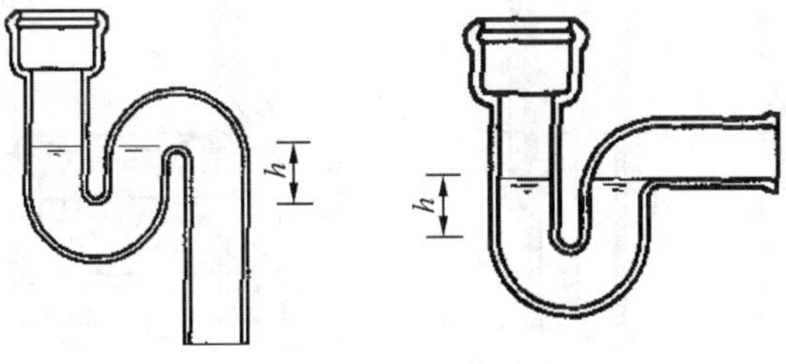

图 4-1-3　存水弯

2. 检查口和清扫口

检查口和清扫口属于清通设备，室内排水管道一旦堵塞利用它们可以方便疏通，因此在排水立管和横支管上的相应部位都应设置清通设备。

1）检查口

检查口设置在立管上，铸铁排水立管上检查口之间的距离不宜大于 10 m，塑料排水立管宜每六层设置一个检查口。但在立管的最底层和设有卫生器具的二层以上建筑的最高层应设置检查口，当立管水平拐弯或有乙字管时，在该层立管拐弯处和乙字管的上部应设检查口。检查口设置高度一般距地面 1 m，检查口向外，方便清通。

2）清扫口

清扫口一般设置在横管上，横管上连接的卫生器具较多时，横管起点应设清扫口（有时用可清掏的地漏代替）。在连接 2 个或 2 个以上的大便器或 3 个及 3 个以上的卫生器具的铸铁排水横管上，宜设置清扫口。在连接 4 个及 4 个以上的大便器塑料排水横管上宜设置清扫口。在水流偏转角大于 45°的排水横管上，应设检查口或清扫口。污水横管的直线管段上检查口或清扫口之间的最大距离，按表 4-1-2 确定。从污水立管或排出管上的清扫口至室外的检查井中心的最大长度，大于表 4-1-1 的数值时应在排水管上设清扫口。室内埋地横干管上设检查口井。检查口、清扫口、检查口井如图 4-1-4 所示。

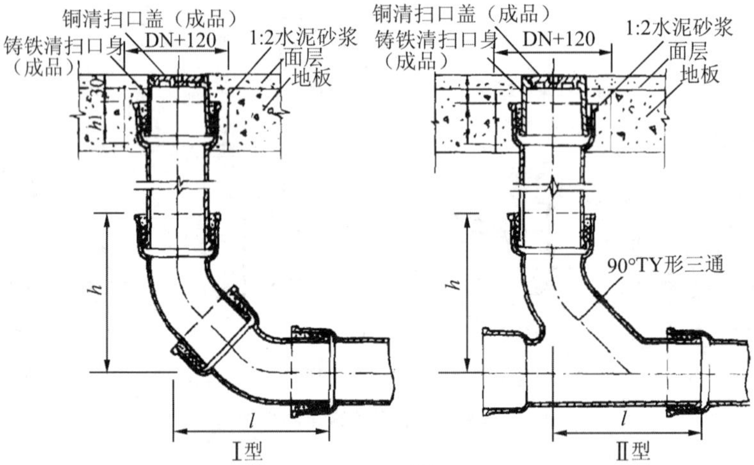

(a) 清扫口

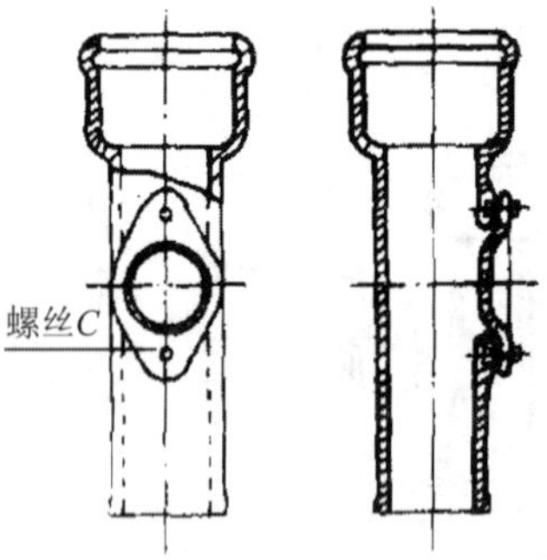

(b) 检查口

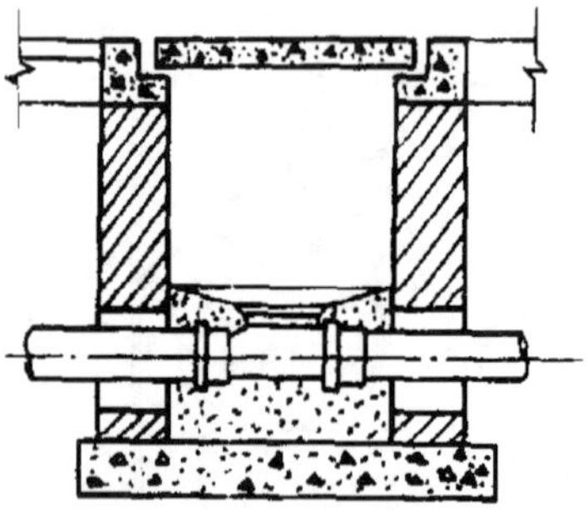

(c) 检查口井

图 4-1-4 清通设备

表 4-1-1 排水立管或排出管上的清扫口至室外检查井中心的最大长度

管径/mm	50	75	100	100 以上
最大长度/m	10	12	15	20

表 4-1-2　排水横管直线段上清扫口或检查口之间的最大距离

管道管径/mm	清扫设备种类	距离/m	
		生活废水	生活污水
50～75	检查口	15	12
	清扫口	10	8
100～150	检查口	20	15
	清扫口	15	10
200	检查口	25	20

3. 地漏

地漏一般设置在经常有水溅出的地面、有水需要排除的地面和经常需要清洗的地面最低处（如淋浴间、盥洗室、厕所、卫生间等），其地漏箅子应低于地面 5～10 mm。带水封的地漏水封深度不得小于 50 mm。地漏的选择应符合下列要求：① 应优先采用直通式地漏，直通式地漏下必须设置存水弯；② 卫生要求高或非经常使用地漏排水的场所，应设置密闭地漏；③ 食堂、厨房和公共浴室等排水宜设置网框式地漏。

4.1.3 常用卫生器具

卫生器具主要分布在卫生间、盥洗间、厨房和阳台等场所，主要有便溺用卫生器具、盥洗用卫生洁具和洗涤用卫生器具等。

卫生器具

4.1.3.1 便溺用卫生器具

便溺用卫生器具包括大便器、大便槽、小便器和小便槽等。

1. 坐便器

坐便器又称为马桶，本身带有存水弯，一般用于住宅、宾馆等卫生间内。坐便器按冲洗原理及构造可分为冲洗式、虹吸式、喷射虹吸式和旋涡虹吸式。冲洗水箱与坐便器可以分体，也可以连体，最常用的是连体式坐便器，其结构如图 4-1-5 所示，其材质一般为陶瓷。

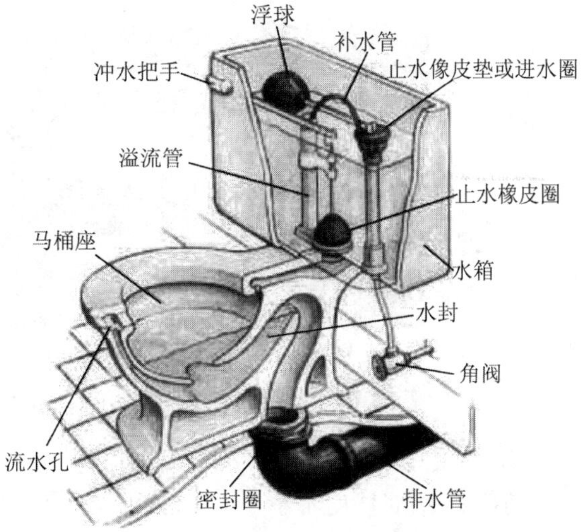

图 4-1-5　下排水式坐便器的结构

2. 蹲式大便器

蹲式大便器的卫生条件比坐式大便器要好，一般用于机关、学校、工厂等公共场所的卫生间内。蹲式大便器本身不带存水弯，安装时需另设存水弯。冲洗设备可采用延时自闭冲洗阀、高水箱，也可采用低水箱。

3. 大便槽

大便槽用水磨石、瓷砖或整体不锈钢槽建造，设备简单，建造费用低，在建筑标准不高的公共建筑或公共厕所内采用。大便槽槽底坡度不小于 0.015，排水管的管径一般为 150 mm。大便槽宜采用自动冲洗水箱进行定时冲洗，如图 4-1-6 所示。

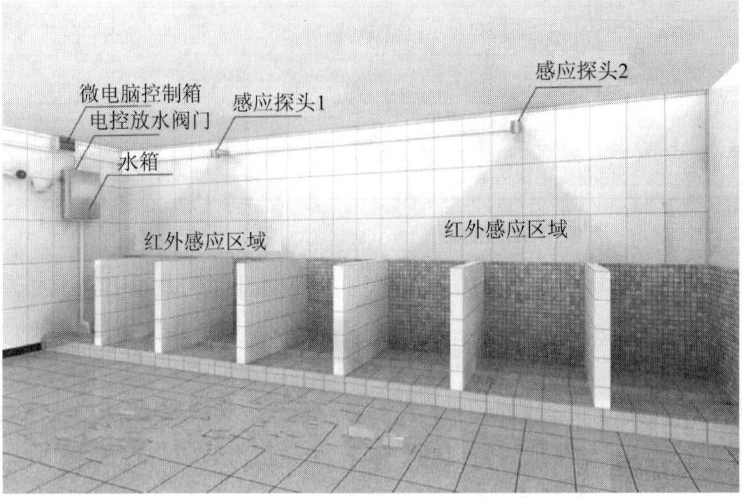

图 4-1-6　大便槽的红外感应式冲洗

4. 小便器

小便器设于公共建筑的男厕所内，有立式和挂式两种，如图 4-1-7 所示。小便器由冲洗阀、小便斗、存水弯和冲洗管组成。

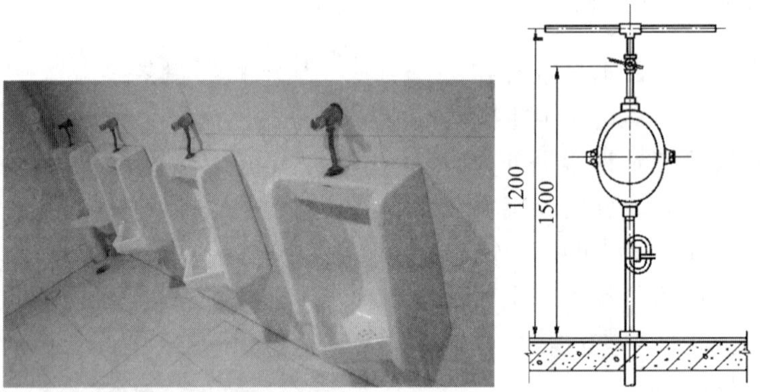

(a) 挂式小便器（自闭冲洗阀式）的安装实物图　(b) 挂式小便器的安装尺寸

图 4-1-7　小便器的安装

5. 小便槽

小便槽槽底坡度不小于 0.01，如图 4-1-8 所示，小便槽可用普通阀门控制的多孔冲洗管冲洗，但应尽量采用自动冲洗水箱冲洗，冲洗管设在距地面 1.1 m 的地方，管径为 15 mm 或 20 mm；管壁上开有直径为 2 mm、间距为 30 mm 的一排小孔，小孔喷水的方向与墙面成 45°夹角；小便槽的长度 L 一般不大于 6 m。目前在公共场所男卫生间也采用不锈钢制品成套小便槽。

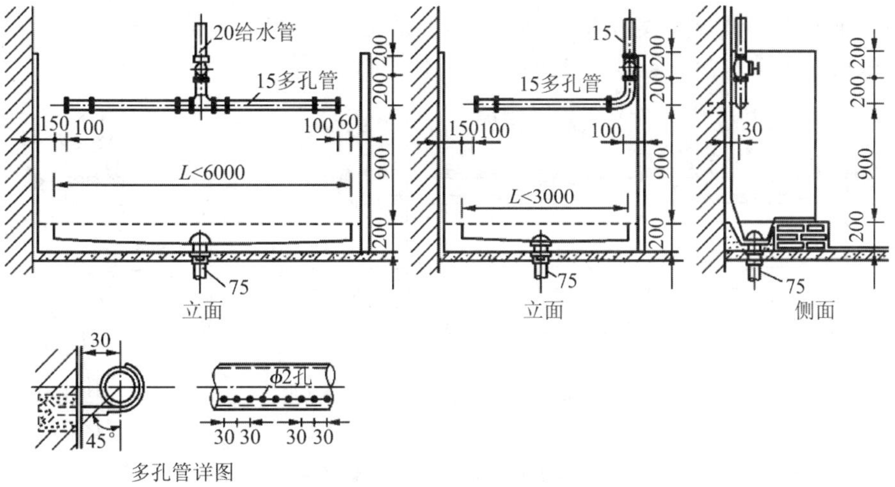

图 4-1-8 小便槽的安装尺寸

4.1.3.2 盥洗、沐浴用卫生洁具

盥洗、沐浴用卫生器具包括洗脸盆、盥洗槽、浴盆、淋浴器和净身盆等。

1. 洗脸盆

洗脸盆的规格形式多样，材质大部分为瓷质，常用的有台上、台下、台中盆，也可分为单冷、冷热水洗脸盆。成套洗脸盆的安装包含盆具、水龙头、水件（角阀软管）、下水甚至台面、柜体等，盆具的安装应按照标准图集尺寸预留给排水点位。洗脸盆的台面高度为 800 mm，上配水时：单冷水的水龙头位于盆中心线墙面，距地面 1000 mm，冷、热水龙头中心距 150 mm，明管安装时，热水龙头高于冷水龙头 100 mm（距地面 1100 mm）。下配水洗脸盆最为常用，如图 4-1-9 所示。角阀安装高度 450 mm，角阀位置与洗脸盆上水龙头孔位置在一垂直线上，盆的后壁有溢水孔，盆底部设有排水栓，存水弯的公称直径为 32 mm，排水管的公称直径为 50 mm。

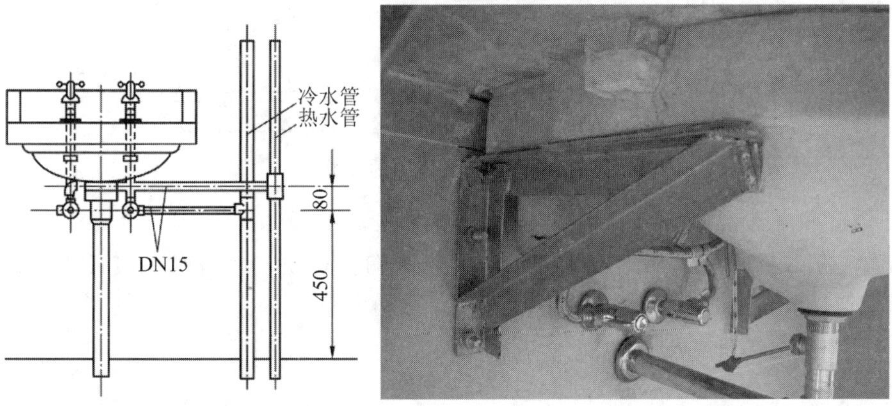

(a) 下配水型洗脸盆安装详图　(b) 台下洗脸盆安装实物图

图 4-1-9 洗脸盆的安装

2. 盥洗槽

盥洗槽装置在同时有多人需要使用盥洗的地方，如工厂、学校的集体宿舍、工厂生

活间等。单面盥洗槽的安装如图 4-1-10 所示。槽宽一般为 500～600 mm；槽长在 4.2 m 以内可采用 1 个排水栓，超过 4.2 m 需设置 2 个排水栓。

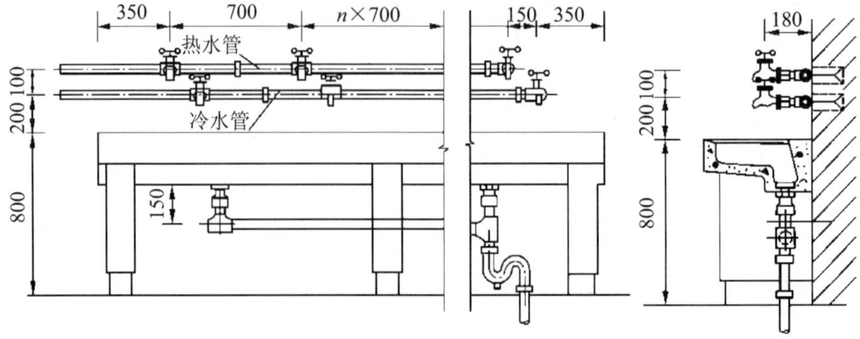

图 4-1-10　盥洗槽的安装详图

3. 淋浴器

淋浴器如图 4-1-11 所示。一般淋浴器的莲蓬头下缘安装在距地面 1.9～2.1 m 高度，给水管的公称直径为 15 mm，其冷、热水截止阀离地面 1.15 m，两淋浴头的间距为 900～1000 mm。地面有 0.005～0.010 的坡度坡向排水口或排水明沟。

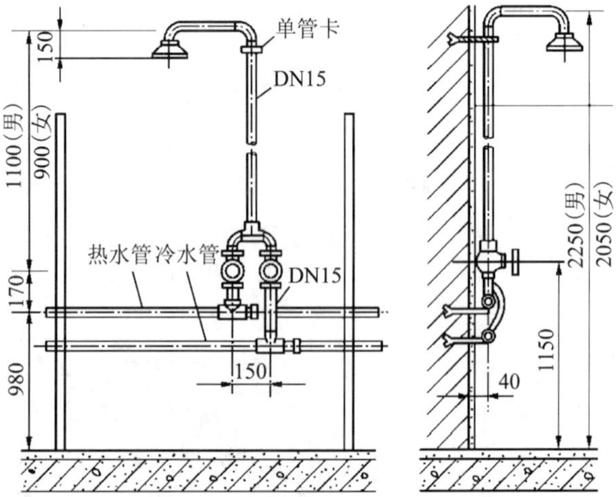

图 4-1-11　淋浴器的安装

4. 浴盆和净身盆

浴盆一般设在住宅、宾馆卫生间内，通常为陶瓷材质。净身盆一般设于高级公寓、宾馆和妇产医院的厕所中。

4.1.3.3　洗涤用卫生器具

1. 洗涤盆

洗涤盆装设在厨房或公共食堂内，供洗涤碗碟、蔬菜等食物之用。洗涤盆排水口在盆底的一端，口上设十字栏栅，卫生要求严格时还设有过滤器；为使水在盆内停留，应设排水栓。

2. 污水盆（池）

污水盆装设在公共建筑的厕所、盥洗室内，供打扫厕所、洗涤拖布或倾倒污水之用。污水盆以前常用水磨石或水泥砂浆抹面的钢筋混凝土制品，目前常用陶瓷成套产品，如图 4-1-12 所示。

图 4-1-12 陶瓷污水盆

4.1.4 排水通气管系统

排水通气管系统有三个作用：① 向排水管道补给空气，使水流畅通，更重要的是减小排水管道内的气压变化幅度，防止卫生器具水封破坏；② 使室内外排水管道中散发的臭气和有害气体能排到大气中去；③ 管道内经常有新鲜空气流通，既增加了管道排水能力又可减轻管道内废气对管道的锈蚀，延长使用寿命；④ 减少排水系统的噪声。

4.1.4.1 通气管系统的类型

1. 伸顶通气管

伸顶通气管是排水立管与最上层排水横支管连接处向上垂直延伸至室外作通气用的管道，如图 4-1-13。

2. 专用通气管

专用通气管是仅与排水立管相连接，为排水立管内空气流通而专门设置的垂直通气管道，如图 4-1-13 所示。

3. 主通气立管

主通气立管是连接环形通气管和排水立管，并为排水横支管和排水立管内空气流通而设置的专用于通气的立管，如图 4-1-13 所示。

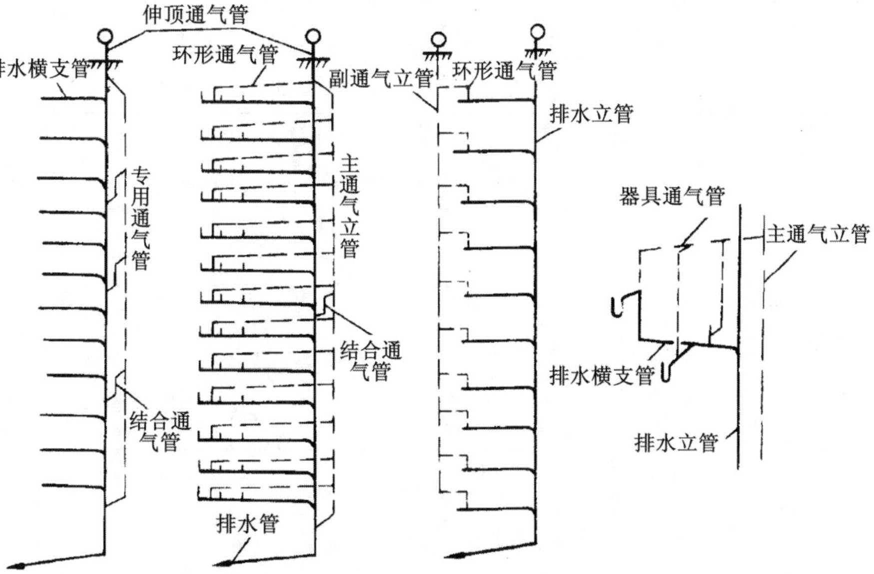

图 4-1-13 几种典型的通气方式

4. 副通气立管

副通气立管是仅与环形通气管连接，使排水横支管内空气流通而设置的专用于通气的管道，如图 4-1-13 所示。

5. 结合通气管

结合通气管是排水立管与通气立管的连接管段，如图 4-1-13 所示。

6. 环形通气管

环形通气管是在多个卫生器具的排水横支管上，从最始端卫生器具的下游端至通气立管的一段通气管段，如图 4-1-13 所示。

7. 器具通气管

器具通气管是卫生器具存水弯出口端接至主通气立管的管段，如图 4-1-13 所示。

8. 汇合通气管

连接数根通立管或排水立管顶端通气部分，并延伸至室外大气的通气管段。

4.1.4.2 通气管的设置和安装要求

1. 通气管的设置

生活排水管道的立管顶端，应设置伸顶通气管。生活排水立管承担的卫生器具排水设计流量，当超过表 4-1-3、表 4-1-4 中仅设伸顶通气管的排水立管最大排水能力时，应设专用通气立管；建筑标准要求较高的多层住宅和公共建筑、10 层及 10 层以上高层建筑的生活立管宜设置专用通气立管。建筑物各层的排水管道上设有环形通气管时，应设置连接各层环形通气管的主通管立管或副通气立管。凡设有专用通气立管或主通气立管时，应设置连接排水立管与专用通气立管或主通气管的结合通气管。连接 4 个及 4 个以上卫生器具并与立管的距离大于 12 m 的排水横支管、连接 6 个及 6 个以上大便器的污水横支管、设有器具通气管的排水管道上，应设置环形通气管。对卫生、安静要求较高的建筑物内，生活排水管道宜设置器具通气管。伸顶通气管不允许或不可能单独伸出屋面时，可设置汇合通气管。通气立管不得接纳器具污水、废水和雨水，不得与风道和烟道连接。在建筑物内不得设置吸气阀替代通气管。

表 4-1-3 设有通气管系的铸铁排水立管最大排水能力

排水立管管径/mm	排水能力/（L/s）	
	仅设伸顶通气管	有专用通气立管或主通气立管
50	1.0	—
75	2.5	5
100	4.5	9
125	7.0	14
150	10.0	25

表 4-1-4　设有通气管系的塑料排水立管最大排水能力

排水立管管径/mm	排水能力/（L/s）	
	仅设伸顶通气管	有专用通气立管或主通气立管
50	1.0	—
75	2.5	5
100	4.5	9
125	7.0	14
150	10.0	25

对不设伸顶通气管的生活排水立管，其最大排水能力不得超过表 4-1-5 中的数值。

表 4-1-5　不通气的生活排水立管最大排水能力

立管工作高度/m	排水能力/（L/s）				
	立管管径/mm				
	50	75	100	125	150
≤2	1.00	1.70	3.80	5.00	7.00
3	0.64	1.35	2.40	3.40	5.00
4	0.50	0.92	1.76	2.70	3.50
5	0.40	0.70	1.36	1.90	2.80
6	0.40	0.50	1.00	1.50	2.20
7	0.40	0.50	0.76	1.20	2.00
≥8	0.40	0.50	0.64	1.00	1.40

2. 通气管与排水立管的连接、安装要求

器具通气管应设在存水弯出口端。在横支管上设环形通气管时，应在最始端的两个卫生器具间接出，并应在排水支管中心线以上与排水支管呈垂直或 45°连接。器具通气管和环形通气管应在卫生器具上边缘以上不少于 0.15 m 处，按不小于 0.01 的上升坡度与通气立管相连接。专用通气立管应每隔二层、主通气立管应每隔 8～10 层设结合通气管与排水立管连接，结合通气管上端可在卫生器具上边缘以上不小于 0.15 m 处与通气立管以斜三通连接，下端宜在排水横支管以下与排水立管以斜三通连接。结合通气管可采用 H 管件替代，但其位置应设在卫生器具上边缘以上不小于 0.15 m 处。当污水立管与废水立管合用一根通气管时，H 管件可隔层分别与污水立管和废水立管连接，但最低横支管连接点以下应安装结合通气管。专用通气立管和主通气立管的上端可在最高卫生器具上边缘或检查口以上与排水立管通气部分以斜三通连接，下端应在最低排水横支管以下与排水立管以斜三通连接。

通气管的管材，可采用排水铸铁管、塑料管、柔性接口排水铸铁管等。伸顶通气管高出屋面不得小于 0.3 m，且必须大于最大积雪厚度，通气管顶端应装设风帽或网罩。

经常有人停留的平屋面上，通气管口应高出屋面 2 m，并应根据防雷要求考虑防雷装置。通气管口不宜设在屋檐檐口、阳台和雨篷等的下面，若通气管口周围 4 m 以内有门窗时，通气管口应高出窗顶 0.6 m 或引向无门窗一侧。通气立管不得接纳器具污水、废水和雨水，不得与风道和烟道连接。

3. 通气管管径的确定

通气管的管径应根据排水管的排水能力、管道长度确定。

排水立管上部的伸顶通气管的管径可与排水立管的管径相同。但在最冷月平均气温低于−13 ℃的地区，应在室内平顶或吊顶以下 0.3 m 处将管径放大一级，以免管口结霜减少断面积。

通气立管（专用的、主通气的、副通气的）、器具通气管、环形通气管的最小管径可按表 4-1-6 确定。通气立管长度在 50 m 以上时，其管径应与排水立管管径相同。通气立管长度小于等于 50 m 且两根或两根以上排水立管同时与一根通气立管相连时，应以最大一根排水立管按表 4-1-6 确定通气立管管径，且其管径不宜小于其余任何一根排水立管的管径。结合通气管的管径不宜小于通气立管的管径。

汇合通气管的断面积应为最大一根通气管的断面积加其余通气管断面积之和的 0.25 倍。

表 4-1-6　通气管最小管径

通气管名称	排水管管径/mm						
	32	40	50	75	100	125	150
器具通气管	32	32	32	—	50	50	—
环形通气管			32	40	50	50	—
通气立管			40	50	75	100	100

注：表中通气立管系指专用通气立管、主通气立管、副通气立管。

4.1.5 室内排水管道系统的水力计算

建筑内部排水管道系统水力计算的目的是合理经济地确定排水管道管径、横管管道坡度。

4.1.5.1 排水定额

每人每日排放的污水量和时变化系数与气候、建筑内设备的完善程度有关，由于人们在用水过程中散失水量较少，所以生活排水定额和时变化系数与生活给水相同。为了便于计算，以污水盆的排水流量 0.33 L/s 作为一个排水当量，将其他卫生器具的排水流量和它的比值称为排水当量。卫生器具排水的流量、当量和排水管的管径按表 4-1-7 确定。

排水系统水力计算

表 4-1-7 卫生器具排水的流量、当量和排水管的管径

序号	卫生器具名称	排水流量/(L/s)	当量	排水管管径/mm
1	洗涤盆、污水盆（池）	0.33	1.00	50
2	餐厅、厨房洗菜盆（池） 单格洗涤盆（池） 双格洗涤盆（池）	 0.67 1.00	 2.00 3.00	 50 50
3	盥洗槽（每个水嘴）	0.33	1.00	50～75
4	洗手盆	0.10	0.30	32～50
5	洗脸盆	0.25	0.75	32～50
6	浴盆	1.0	3.0	50
7	淋浴器	0.15	0.45	50
8	大便器 高水箱 低水箱 冲落式 虹吸式、喷射虹吸式 自闭式冲洗阀	 1.50 1.50 1.50 2.00 1.50	 4.50 4.50 4.50 6.00 4.50	 100 100 100 100 100
9	医用倒便器	1.50	4.50	100
10	小便器 自闭式冲洗阀 感应式冲洗阀	 0.10 0.10	 0.30 0.30	 40～50 40～50
11	大便槽 ≤4 个蹲位 >4 个蹲位	 2.50 3.00	 7.50 9.00	 100 150
12	小便槽（每米长） 自动冲洗水箱	0.17	0.50	—
13	化验盆（无塞）	0.20	0.60	40～50
14	净身器	0.10	0.30	40～50
15	饮水器	0.05	0.15	25～50
16	家用洗衣机	0.50	1.50	50

4.1.5.2 排水设计秒流量的计算

国内常用的排水设计秒流量计算公式有两种。

(1) 用于工业企业生活间、公共浴室、洗衣房、职工食堂或营业餐厅的厨房、实验室、影剧院、体育场、候车（机、船）等建筑的生活管道排水设计秒流量计算公式如下：

$$q_p = \sum q_0 N_0 b \qquad (4\text{-}3)$$

式中，q_p 为计算管段排水设计秒流量，L/s；q_0 为计算管段上同类型的一个卫生器具排水流量，L/s；N_0 为计算管段上同类型卫生器具数；b 为卫生器具的同时排水百分数，%，冲洗水箱大便器的同时排水百分数按 12% 计算，其他卫生器具的同时排水百分

数同给水。

当按式（4-3）计算排水量时，若计算所得小于一个大便器的排水流量时，应按一个大便器的排水流量计算。

（2）用于住宅、集体宿舍、旅馆、医院、疗养院、幼儿园、养老院、办公楼、商场、会展中心、中小学教学楼等建筑的生活排水管道的设计秒流量计算公式：

$$q_p = 0.12\alpha\sqrt{N_p} + q_{\max} \tag{4-4}$$

式中，q_p 为计算管段排水设计秒流量，L/s；N_p 为计算管段的卫生器具排水当量总数；$q_{\max}$为计算管段上排水量最大的一个卫生器具的排水流量，L/s；α 为根据建筑物用途而定的系数，按表 4-1-8 确定。

当按式（4-4）计算排水量时，若计算所得流量值大于该管段上按卫生器具排水流量累加值时，应按卫生器具排水流量累加值确定设计秒流量。

表 4-1-8 根据建筑物用途而定的系数 α 值

建筑物名称	集体宿舍、旅馆和其他公共建筑的公共盥洗室和厕所间	住宅、宾馆、医院、疗养院、幼儿园、养老院的卫生间
α 值	2.0～2.5	1.5

4.1.5.3 按经验确定某些排水管的最小管径

室内排水管的管径和管道坡度，在一般情况下是根据卫生器具的类型和数量按经验资料确定其最小管径。

（1）为防止管道淤塞，室内排水管的管径不得小于 50 mm。

（2）公共食堂、厨房，排泄含大量油脂和泥沙等杂物的排水管管径不宜过小，其管径应比计算管径大一号，但干管管径不得小于 100 mm，支管不得小于 75 mm。

（3）医院住院部的卫生间或杂物间内，由于使用卫生器具人员繁杂，而且常有棉花球、纱布碎块、竹签、玻璃瓶等杂物投入各种卫生器具内，因此洗涤盆或污水盆的排水管管径不得小于 75 mm。

（4）小便槽或连接 3 个及 3 个以上小便器的排水管，应考虑冲洗不及时而结尿垢的影响，管径不得小于 75 mm。

（5）凡连接有大便器的管段，即使仅有一只大便器，也应考虑其排放时水量大而猛的特点，其最小管径应为 100 mm。

（6）对于大便槽的排水管，同上道理，管径最小应为 150 mm。

（7）多层住宅厨房间的立管管径不宜小于 75 mm。

（8）浴池的泄水管管径宜采用 100 mm。

（9）建筑底层排水管道与其楼层管道分开单独排出时，其排水横支管管径可按表 4-1-5中立管工作高度≤2 m 的数值确定。当不分开时，最低排水横支管与立管连接处距排水立管管底垂直距离不得小于表 4-1-9 的规定。

表 4-1-9　最低横支管与立管连接处距立管管底的垂直距离

立管连接卫生器具的层数	垂直距离/m	立管连接卫生器具的层数	垂直距离/m
≤4	0.45	13～19	3.0
5～6	0.75	≥20	6.0
7～12	1.2		

4.1.5.4　水力计算确定管径

当计算管段上卫生器具数量相当多，其排水当量总数甚大时，必须按式（4-3）、式（4-4）进行水力计算。水力计算的目的在于合理、经济地确定管径、管道坡度以及是否需要设置通气管系统，从而使排水顺畅，管系工况良好。

1. 计算规定

1）管道坡度

生活排水和工业废水管道有通用坡度（正常情况下采用的坡度）和最小坡度（能使管道中的污废水带走泥沙等杂质而不沉积于管道所要确保的坡度）。表 4-1-10 为建筑物内生活排水铸铁管道的通用坡度、最小坡度和最大设计充满度。表 4-1-11 为建筑物内塑料排水管道的通用坡度、最小坡度和最大设计充满度。

表 4-1-10　建筑物内生活排水铸铁管道的通用坡度、最小坡度和最大设计充满度

管径/mm	通用坡度	最小坡度	最大设计充满度
50	0.035	0.025	0.5
70	0.025	0.015	
100	0.20	0.012	
125	0.015	0.010	
150	0.010	0.007	0.6
200	0.008	0.005	

表 4-1-11　建筑物内塑料排水管道的通用坡度、最小坡度和最大设计充满度

管外径（mm）	通用坡度	最小坡度	最大设计充满度
110	0.026	0.004	0.5
125		0.0035	
160		0.003	0.6
200		0.003	

2）管道充满度

自流排水管中污水、废水是在非满流的状态下排除的。管道上部未充满水流的空间的作用是使污水、废水散发的有毒、有害气体能自由向空间（或通过通气管道系统）排出；调节排水管道系统内的压力，避免排水管道内产生压力波动，从而防止卫生器具水封的破坏；容纳管道内超设计的高峰流量。排水管道的最大设计充满度见表 4-1-10 和

表 4-1-11。

3）管道的自清流速

为使悬浮在污水中的杂质不致沉淀在管道底部，减小过流断面，造成排水不畅甚至堵塞，必须使管中的污水流速确保一个最小流速，该流速称为污水的自清流速。

自清流速应根据污水、废水的成分和所含机械杂质的性质而定，表 4-1-12 为在设计充满度下各种管道的自清流速。

表 4-1-12　各种排水管道的自清流速值

污、废水类别	管径/mm			明渠（沟）	雨水道及合流制排水管
	$d<150$	$d=150$	$d=200$		
自清流速/（m/s）	0.6	0.65	0.70	0.40	0.75

2. 水力计算

排水横管水力计算公式如下：

$$q_u = \omega \cdot \upsilon \tag{4-5}$$

$$\upsilon = \frac{1}{n} \cdot R^{2/3} \cdot I^{1/2} \tag{4-6}$$

式中，q_u 为排水设计秒流量，L/s；ω 为水流断面积，m^2；υ 为流速，m/s；R 为水力半径，m；I 为水力坡度；n 为管道粗糙系数。经常采用的铸铁管为 0.013；混凝土管、钢筋混凝土管为 0.013～0.014；钢管为 0.012；塑料管为 0.009。

排水管道和明渠的水力计算，一般可按式（4-5）、式（4-6）预先制成水力计算表，使用时可直接查阅相关手册。

项目 4.2　建筑室内排水系统的施工技术

4.2.1　室内排水管道的安装

4.2.1.1　管道布置

管道布置有以下 4 点要求：① 满足最佳排水水力条件；② 满足美观要求及便于维护管理；③ 保证生产和使用安全；④ 保护管道不易受到损坏。

其布置原则如下：

（1）污水立管应设置在靠近杂质最多、最脏及排水量最大的排水点处，以便尽快地接纳横支管的污水而减少管道堵塞的机会；污水管的布置还应尽量减少不必要的转角及曲折而作直线连接。横管与横管、横管与立管之间的连接，宜采用 45°三通或 45°四通和 90°斜三通或 90°斜四通，或直角顺水三通水四通；横支管接入横干管、立管接入横干管时，应在横干管管顶或其两侧各 45°范围内接入；排水管若需轴线偏置，宜用乙字管或两个 45°弯头连接。

(2) 排水立管与排出管端部的连接，宜采用两个45°弯头或弯曲半径不小于4倍管径的90°弯头。排出管宜以最短距离通至室外，因排水管较易堵塞，如埋设在室内的管道太长，则清通检修不方便；此外，管道长则坡度大，必然造成室外管道的埋设深度加深。

(3) 在层数较多的建筑物内，为防止底层卫生器具因受立管底部出现过大的正压等原因而造成污水外溢现象，底层的生活污水管道应考虑采取单独排出方式。

(4) 不论是立管或横支管，不论是明装或暗装，其安装位置应有足够的空间以利于拆换管件和清通维护工作的进行。

(5) 当排出管与给水引入管布置在同一处进出建筑物时，为方便维修，避免或减轻因排水管渗漏造成土壤潮湿腐蚀和污染给水管道的现象，给水引入管与排出管管外壁的水平距离不得小于1.0 m。

(6) 管道应避免布置在有可能受设备震动影响或重物压坏处，因此管道不得穿越生产设备基础；若必须穿越时，应与有关专业人员协商作技术上的特殊处理。

(7) 管道应尽量避免穿过伸缩缝、沉降缝；若必须穿过时，应采取相应的技术措施，以防止管道因建筑物的沉降或伸缩而受到破坏。

(8) 排水架空管道不得敷设在有特殊卫生要求的生产厂房以及贵重商品仓库、通风小室和变、配电间内。

(9) 污水立管的位置应避免靠近与卧室相邻的内墙。

(10) 明装的排水管道应尽量沿墙、梁、柱而作平行设置，保持室内的美观；当建筑物对美观要求较高时，管道可暗装，但应尽量利用建筑物装饰使管道隐蔽，这样既美观又经济。

(11) 硬聚氯乙烯排水立管（UPVC管）应避免布置在易受机械撞击处，如不能避免时，应采取保护措施；同时应避免布置在热源附近；如不能避免，且管道表面受热温度大于60 ℃时，应采取隔热措施；立管与家用灶具边净距不得小于0.4 m，硬聚氯乙烯排水管应按规定设置阻火圈或防火套管。

4.2.1.2 管道敷设

排水管的管径相对于给水管管径较大，又常需要清通修理，所以排水管道应以明装为主。在工业车间内部甚至采用排水明沟排水（所排污水、废水不应散发有害气体或大量蒸汽）。明装方式的优点是造价低；缺点是不美观，易积灰、结露、不卫生。

对室内美观程度要求较高的建筑物或管道种类较多时，应采用暗装方式。立管可设置在管道井内，或用装饰材料镶包掩盖，横支管可镶嵌在管槽中，或利用平吊顶装修空间隐蔽处理。大型建筑物的排水管道应尽量利用公共管沟或管廊敷设，但应留有检修位置。

排水管多为承插管道，无须留设安装或检修时的操作工具位置，所以排水立管的管壁与墙壁、柱等的表面净距有25～35 mm就可以。排水管与其他管道共同埋设时的最小距离，水平向净距为1.0～3.0 m，竖直向净距为0.15～0.20 m，且给水管道布置在排水管道上面。

为防止埋设在地下的排水管道受到机械损坏，按照不同的地面性质，规定各种材料管道的最小埋深为0.4～1.0 m。

排水管道的固定措施比较简单，排水立管用管卡固定，其间距最大不得超过3 m；在承插管接头处必须设置管卡。横管一般用吊箍吊设在楼板下，间距视具体情况不得大于1.0 m。

排水管道尽量不要穿越沉降缝、伸缩缝，以防止管道受到影响而漏水。在不得不穿越时，应采取有效措施，如软性接口等。

排水管道穿越建筑物基础时，必须在垂直通过基础的管道部分外套较其直径大20 mm的金属套管，或设置在钢筋混凝土过梁的壁孔内（预留洞），管顶与过梁之间应留有足够的沉降间距以保护管道不因建筑物的沉降而受到破坏，一般不宜小于0.15 m。

4.2.1.3　室内排水管安装

室内排水管一般先安装出户管，然后安装排水立管和排水支管，最后安装卫生器具。

1. 普通铸铁排水管安装

1）出户管安装

出户管的安装宜采取排出管预埋或预留孔洞方式。当土建砌筑基础时，将出户管按设计坡度，承口朝来水方向敷设，安装时一般按标准坡度，但不应小于最小坡度，坡向检查井。为了减小管道的局部阻力和防止污物堵塞管道，出户管与排水立管应采用两个45°弯头连接。排水管道的横管与横管、横管与立管的连接应采用45°三通或45°四通和90°斜三通或90°斜四通。预埋的管道接口处应进行临时封堵，防止堵塞。

管道穿越房屋基础的应作防水处理。排水管道穿过地下室外墙或地下构筑物的墙壁处，应设刚性或柔性防水套管。防水套管的制作与安装可参见全国通用《给水排水标准图集》S312。

排出管的埋深：在素土夯实地面，应不小于排水铸铁管管顶至地面的最小覆土厚度0.7 m；在水泥等路面下，最小覆土厚度不小于0.4 m。

2）排水立管安装

排水立管在施工前应检查楼板预留孔洞的位置和大小是否正确，未预留或留的位置不对，应重新打洞。

立管通常沿墙角安装，立管中心距墙面的距离应以不影响美观、便于接口操作为适宜。一般立管管径DN50～75时，距墙110 mm左右；主管管径DN100时，距墙140 mm；主管管径DN150时，距墙180 mm左右。

排水立管安装宜采取预制组装法，即先实测建筑物层高，以确定立管加工长度，然后进行立管上管件预制，最后分楼层由下而上组装。排水立管预制时，应注意下列管件所在位置：

(1) 检查口设置及标高。排水立管每两层设置一个检查口，但最底层和有卫生器具的最高层必须设置。检查口中心距地面的距离为1 m，允许偏差±20 mm，并且至少高出该层卫生器具上边缘0.15 m。

(2) 三通或四通设置及标高。排水立管上有排水横支管接入时，须设置三通或四通管件。当支管沿楼层地面安装时，其三通或四通口中心至地面距离一般为100 mm左右；当支管悬吊在楼板下时，三通或四通口中心至楼板底面距离为350～400 mm。此间距太小不利于接口操作；间距太大影响美观，且浪费管材。

立管在分层组装时，必须注意立管上检查口盖板向外，开口方向与墙面成45°夹角；设在管槽内立管检查口处应设检修门，以便对立管进行清通。还应注意三通口或四通口的方向要准确。

立管必须垂直安装，安装时可用线锤校验检查，当达到要求再进行接口。立管的底部弯管处应设砖支墩或混凝土支墩。

安装立管应由2人上下配合，一人在上一层的楼板上，由管洞投下一个绳头，下面的人将预制好的立管上部拴牢，可上拉下托，将管子插口插入其下的管子承口内。在下层操作的人可把预留分支管口及立管检查口方向找正，上层的人用木楔将管子在楼板洞处临时卡牢，并复核立管的垂直度，确认没问题后，再在承口内充塞填料，并填灰打实。管口打实后，将立管固定。

立管安装完毕后，应配合土建在立管穿越楼层处支模，并采用c20细石混凝土分二次浇捣密实。浇筑结束后，结合地平层或面层施工，并在管道周围筑成厚度不小于20 mm、宽度不小于30 mm的阻水圈。

伸顶通气管应高出屋面0.3 m，并且应大于最大积雪厚度。经常有人活动的平屋顶，伸顶通气管应高出屋面2 m。通气口上应有网罩，以防落入杂物。伸顶通气管伸出屋面应作防水处理。

3）排水横支管安装

立管安装后，应按卫生器具的位置和管道规定的坡度敷设排水支管。排水支管通常采取加工场预制或现场地面组装预制，然后现场吊装连接的方法。排水支管预制过程主要有测线、下料切断、连接、养护等工序。

测线要依据卫生器具、地漏、清通设备和立管的平面位置，对照现场建筑物的实际尺寸，确定各卫生器具排水口、地漏接口和清通设备的确切位置，实测出排水支管的建筑长度，再根据立管预留的三通或四通高度与各卫生器具排水口的标准高度，并考虑坡度因素求得各卫生器具排水管的建筑高度。

在实测和计算卫生器具排水管的建筑高度时，必须准确地掌握土建实际施工的各楼层地坪高度和楼板实际厚度，根据卫生器具的实际构造尺寸和国标大样图准确地确定其建筑尺寸。

测线工作完成后，即可进行下料，此步骤关键在于计算是否正确。计算下料先要弄清管材、管件的安装尺寸，再按测线所得的构造尺寸进行计算。

排水支管连接时要算好坡度，接口要直，排水支管组装完毕后，应小心靠墙或贴地坪放置，不得绊动，接口湿养护时间不少于48 h。

排水支管吊装前，应先设置支管吊架或托架，吊架或托架间距一般为1.5 mm左右，宜设在支管的承口处。

吊装方法一般用人工绳索吊装，吊装时应不少于两个吊点，以便吊装时使管段保持水平状态。卫生器具排水管穿过楼板调整好，待整体到位后将支管末端插入立管三通或四通内，用吊架吊好，采取水平尺测量并调整吊杆顶端螺母以满足支管所需坡度。最后，进行立管与支管的接口，并进行养护。在养护期，吊装的绳索若要拆除，则须用不少于两处吊点的粗钢丝固定支管。

伸出楼板的卫生器具排水管，应进行有效地临时封堵，以防施工时杂物落入堵塞管道。

2. 建筑排水柔性接口铸铁管安装

建筑排水柔性接口铸铁管，是以柔性接头连接的灰口铸铁管及其配套管件的统称，按连接方式可分为承插式柔性接头和卡箍式柔性接头两种形式。

1）系统选用

（1）建筑排水柔性接口铸铁管管道系统宜在下列情况和场所中使用：

① 要求管道系统的使用年限与建筑物的使用年限相当时。

② 高层和超高层建筑。

③ 要求管道系统具有适应建筑物较大横向和竖向变位能力时。

④ 管道系统易受人为损坏的场所（如拘留所、精神病院病房等）。

⑤ 瞬间排水温度高或系统运行中经常出现较高内压的场所。

⑥ 防火等级要求较高的建筑。

（2）承插式柔性接口排水铸铁管宜在下列情况下采用：

① 要求管道系统接口具有较大的轴向转角和伸缩变形能力。

② 对管道接口安装误差的要求相对较低时。

③ 对管道的稳定性要求较高时。

（3）卡箍式柔性接口排水铸铁管宜在下列情况下采用：

① 安装要求的平面位置小，排水管道需设置在尺寸较小的管道井内或需紧贴墙面安装时。

② 需分层同步安装和快速施工时。

③ 需分期修建或有改建、扩建要求的建筑。

2）建筑排水柔性接口排水铸铁管的设置

（1）建筑排水柔性接口排水铸铁管宜在地面上、楼板下明设。当建筑有专门要求时，可在管槽、管道井、管窿或吊顶内暗设。明敷设的管道与墙、楼板的距离不得小于装卸管道及接头紧固螺栓操作时需要的最小距离。暗敷设应满足安装、维护、检修的需求，且不得影响建筑结构的安全。

（2）接入柔性接口排水铸铁管管道系统的卫生器具和设施，必须牢固地安装在建筑物的墙和楼板上；不得将其重量和载荷作用在管道上。

（3）管道穿越楼板、梁和墙时，管道不得作用在任何建筑结构上。管道穿承重墙或基础时，必须设置防护套管，套管内径较排水铸铁管外径大 50 mm。套管与被套管之间应用柔性材料填塞后，再用防水油膏封口。穿越防火墙时应用防火材料填塞和封口。穿墙套管的长度不得小于墙厚，穿楼板的套管应高出地面 50 mm。

（4）管道接口不得设置在楼板、梁、墙等建筑结构内。接头与板、梁、墙的净距不得小于 150 mm。若因穿管道敷设打洞或开槽而影响结构安全时，必须进行加固，使结构达到设计要求的安全强度。

(5) 排水管道埋地敷设时，管顶与室内地坪的净距不得小于 300 mm，不宜大于 600 mm。平行于建筑外墙的室外埋地管道，当管底高于墙基底时，管道与墙外皮的净距不得小于 1000 mm，管顶覆土厚度不应小于 500 mm。当管底低于墙基底时，管道必须设置在基底外向下 45°分布线范围以外。

(6) 建筑物内部的埋地排水管道和排出室外的管道，均不得在墙基础下面穿越。当建筑物无地下室时，立管底部与排出管的连接处必须加设支墩。支墩可采用强度不低于 C15 的混凝土浇筑或强度不低于 Mu10 的砖砌筑。弯头底部应设置配套支座并锚固在支墩上。

(7) 建筑排水柔性接口排水铸铁管管道系统，允许不设位移补偿装置。当管道系统需要折线安装时，承插式柔性接口的转角不得大于 5°，卡箍式柔性接口的转角不得大于 3°。

3) 柔性接口排水铸铁管的连接

(1) 管道连接前应对管材和管件进行检查和检验，检验管材外观和接头配合公差是否满足连接需求。卡箍式连接平口铸铁管相邻两端接头部位的外径应一致。

(2) 建筑排水用柔性接口承插铸铁管连接的步骤如下：

① 安装前，应将直管和管件内外污物和杂质清除，承口、插口、法兰压盖工作面上的泥沙等附着物应清除干净。

② 连接前，应按插入长度在插口外壁上画出安装线。插入承口内的深度应比承口实际深度小 5 mm，安装线所在的平面应与管的轴线垂直。

③ 插入前，先将法兰压盖（图 4-2-1）套在插口端，再套入橡胶圈（图 4-2-2），橡胶圈右侧与安装线对齐，如图 4-2-3 所示。

④ 在插入的过程中，插入管的轴线与承口管的轴线应在同一直线上，橡胶密封圈应均匀紧贴在承口的倒角上。

⑤ 拧紧螺栓时，三耳压盖的三个角应交替拧紧。四耳和四耳以上的压盖应按对角位置对称拧紧。拧紧应分多次交替进行，以使橡胶圈均匀受力。

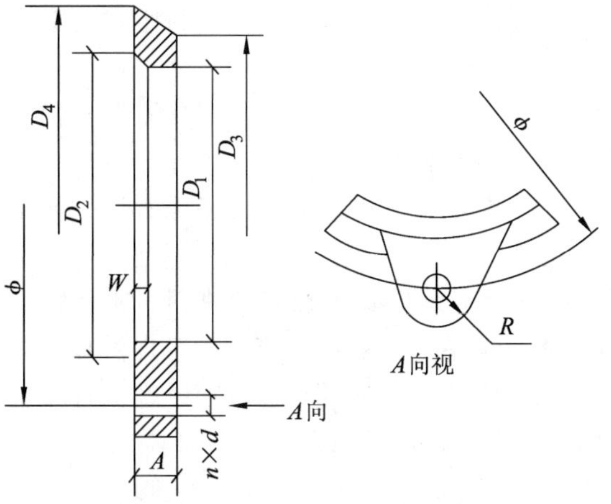

图 4-2-1 柔性接口法兰压盖

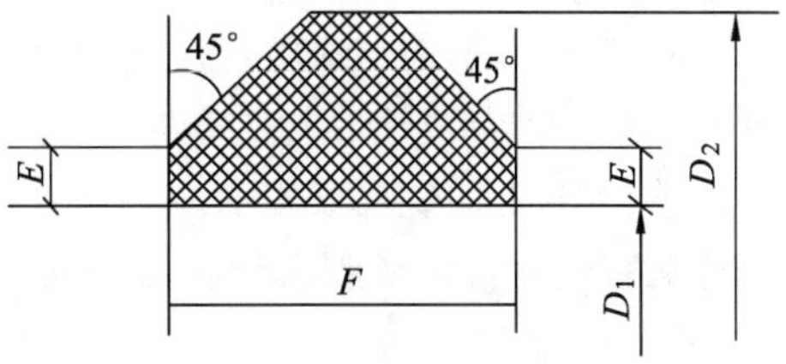

图 4-2-2 柔性接口橡胶密封圈

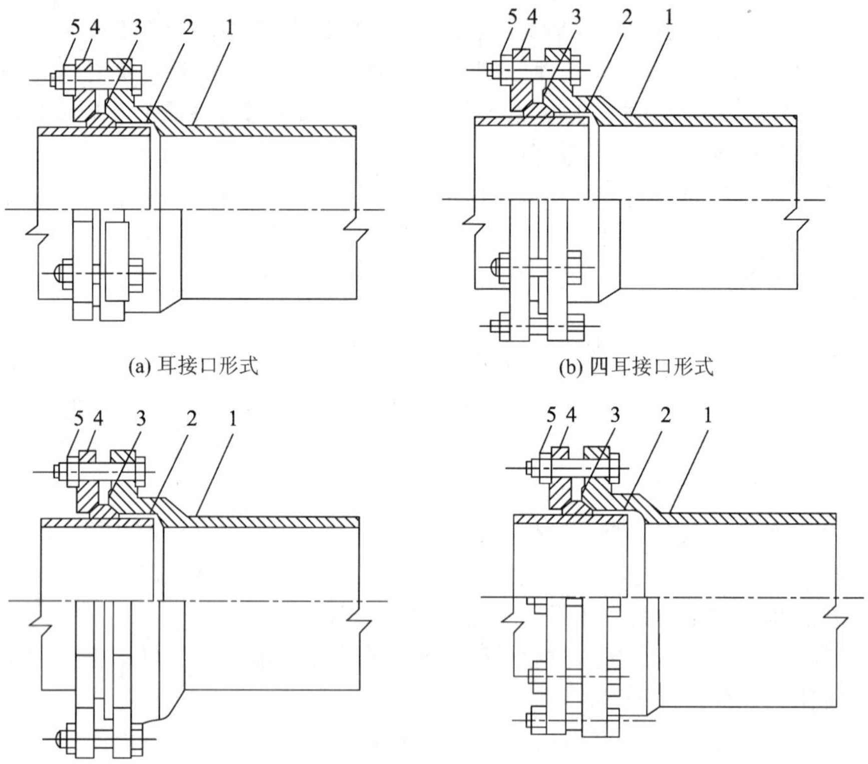

(a) 耳接口形式　(b) 四耳接口形式

(c) 六耳接口形式　(d) 八耳接口形式

1—承口管件；2—插口管件；3—橡胶圈；4—法兰压盖；5—螺栓

图 4-2-3　承插式柔性接口安装

(3) 无承口（卡箍式）排水铸铁管连接。如图 4-2-4 所示，卡箍式连接方法步骤如下：

① 安装前，应将直管和管件内外污物杂质清除干净，接口处不得有油污、泥沙、灰土等杂质。

② 连接时，取出卡箍内橡胶密封套。卡箍为整圈不锈钢套环时，可将卡箍先套在接口一端的管材（管件）上。

③ 在接口相邻管端的一端套上橡胶密封套（图 4-2-5），使管口达到并紧贴在橡胶密封套中间肋的侧边上。将橡胶圈密封套的另一端向外翻转。

④ 将连接的管端固定，并紧贴在橡胶套中间肋的另一侧边上，再将橡胶密封套翻回套在连接管的管端上。

⑤ 安装卡箍前，应将橡胶密封圈擦拭干净。当卡箍件要求在橡胶密封套上涂润滑剂时，应按产品要求在橡胶密封套上涂抹润滑剂（润滑剂一般由生产厂配套提供）。

⑥ 卡箍上的螺栓紧固前应校准接头轴线，使两管轴线在同一直线上。螺栓拧紧应对称交替进行，使橡胶密封套均匀受力，起到良好的密封作用。

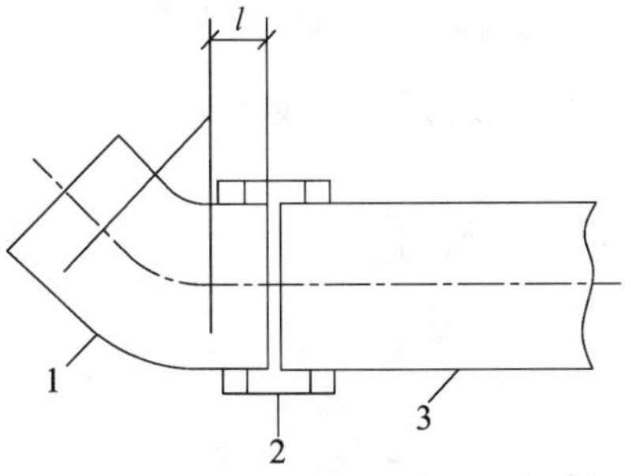

1—管件；2—不锈钢卡箍；3—直管

图 4-2-4　卡箍式连接

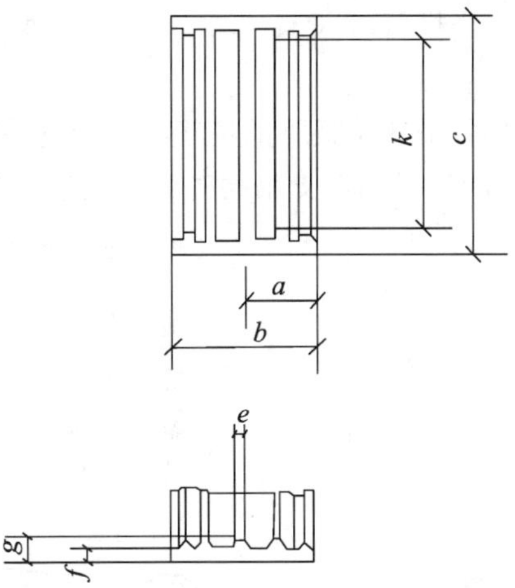

图 4-2-5　钢带型卡箍橡胶密封套

(4) 加强型卡箍的使用。钢带型卡箍可用于高、低层建筑物的平口铸铁管排水管道系统。管道系统在下列情况下宜采用加强型卡箍：

① 生活排水管道系统立管管道的拐弯处。

② 屋面雨水排水系统的雨水斗接口处和管道转弯处。

③ 管道末端堵头处。

④ 无支管接入的排水立管和雨落管，且管道不允许出现偏转角时。

(5) 其他管道与柔性接口排水管的连接。卫生器具的塑料排水管、金属管等与柔性接口排水铸铁管连接时，可按相应管径采用插入式或套筒式连接。连接接头采用的密封材料、填缝材料、嵌缝材料应满足接头的密封要求。

4) 柔性接口排水铸铁管道支吊架安装

柔性接口排水管道支吊架（管卡）必须锚固在墙体或钢筋混凝土结构内。当房屋结构为非承重墙体时，应在立管位置设置安装和锚固支架用的承重构件。横管吊架可锚固在楼板、梁和屋架上，横管托架应锚固在墙体内。

(1) 承插式柔性接口排水铸铁管道支吊架安装应满足以下要求：

① 立管支架（管卡）。立管支架（管卡）的支承强度应大于所支承管段重量，多层建筑内，立管重量不得全部作用在底层的立管支承上。立管的管材长度大于 1.2 m 时，每根立管上安装一个支架。支架宜安装在立管接头以及立管与弯头、三通、四通连接处，与接头间的净距不宜大于 300 mm。

② 立管的支承间距应满足立管的垂直度要求。

③ 横管吊架（托架）的安装。当管材长度大于 1.2 m 时，每根管材上必须安装一个吊架（托架）；当管材长度小于等于 1.2 m 时，可隔段安装。横管与弯头、三通、四通等管件的连接处应安装吊架（托架），吊架（托架）与接头的间距不得大于 300 mm。排水横管上，两个吊架（托架）之间的间距不得大于 3.0 m。

(2) 卡箍连接的排水铸铁管道支吊架安装应满足以下要求：

① 直线管段的每个卡箍处均应设置支吊架，支吊架与卡箍的距离应小于等于 0.45 m，且支吊架间距不得超过 3 m，如图 4-2-6 (a) 所示。

② 当横管较长且由多个管配件组对时，在每一个的配件处应设置支吊架，如图4-2-6（b)所示。

③ 悬吊在楼板下的横管与楼板的距离大于0.45 m时，应在梁或楼板下设置刚性吊架，不能设置刚性支吊架时，应设置防晃支架，如图4-2-6（c）所示。

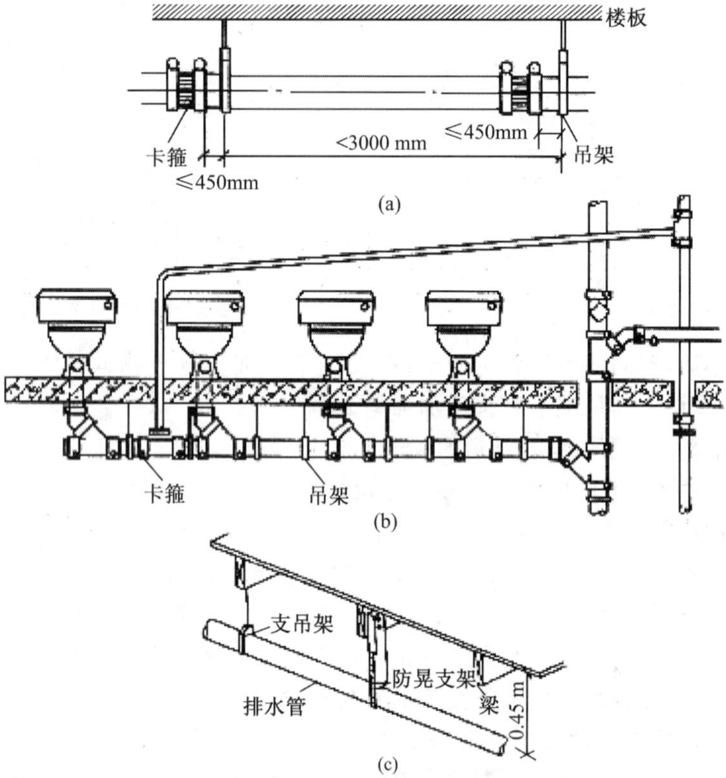

图 4-2-6　卡箍式连接排水铸铁横管支吊架安装

④ 卡箍式排水铸铁管，在横管转弯处应设置拉杆装置（图4-2-7)，在立管转弯处应设置固定装置，固定装置可做成固定支墩，也可用型钢支承，立管固定装置如图4-2-8所示。

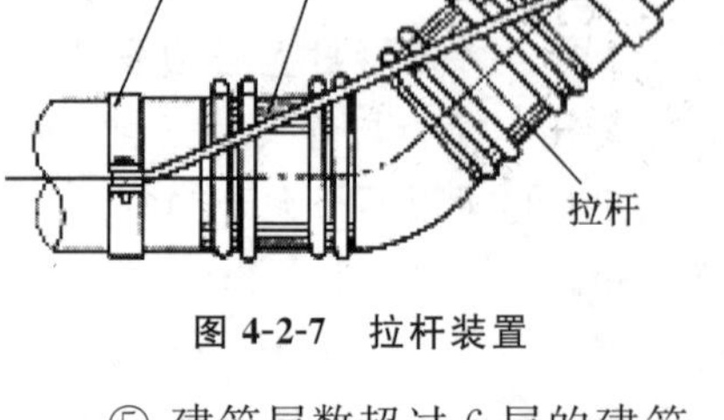

图 4-2-7　拉杆装置

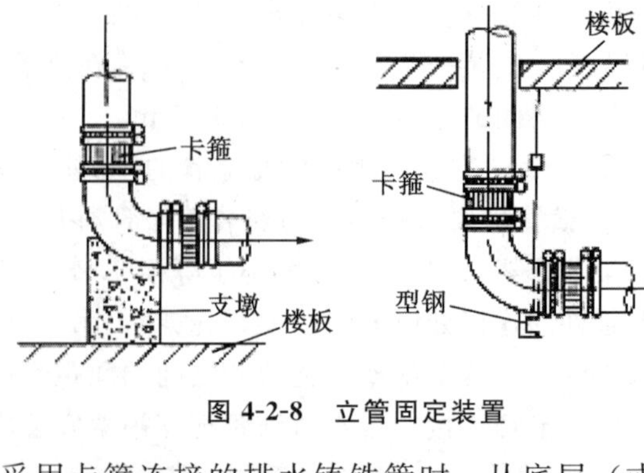

图 4-2-8　立管固定装置

⑤ 建筑层数超过6层的建筑，立管采用卡箍连接的排水铸铁管时，从底层（或地下室）往上每隔5层宜在立管上安装一节承重短管。承重短管应采用配套支架并锚固在

墙上或立柱上。

(3) 当横管长度超过 12 m 时，每 12 m 必须设置一个防止水平位移的斜撑式吊架或用管卡固定的托架。

(4) 吊架不得安装在卡箍上，也不得安装在连接件上。吊架用钢吊杆的直径不得小于表 4-2-1 的规定。

表 4-2-1　吊架用钢吊杆直径

管材公称直径 DN/mm	吊杆直径 φ/mm
DN≤100	φ≤10 mm
125≤DN≤200	φ≥12 mm
250≤DN≤300	φ≥16 mm

3. 硬聚氯乙烯排水管安装

硬聚氯乙烯（UPVC）排水管具有重量轻、价格低、阻力小、排水量大、表面光滑美观、耐腐蚀、不易堵塞、安装维修方便等优点，在建筑排水系统中，硬聚氯乙烯管有逐渐取代传统排水铸铁管的趋势。

硬聚氯乙烯排水管的安装顺序与排水铸铁管相同，先装出户管，后装立管、支管，然后安装卫生器具。管道接口一般为承插粘接。

承插粘接

1) 出户管安装

由于硬聚氯乙烯管抗冲击能力低，埋地铺设的出户管道宜分两段施工。第一段先做±0.00 以下的室内部分，至伸出外墙为止。待土建施工结束后，再铺设第二段，从外墙接入检查井。穿地下室墙或地下构筑物的墙壁处，应作防水处理。埋地铺设的管材为硬聚氯乙烯排水管时，应作 100～150 mm 厚的砂垫层基础。回填时，应先填 100 mm 左右的中、细砂层，然后再回填挖填土。出户管如采用排水铸铁管，底层硬聚氯乙烯排水立管插入排水铸铁管件（45°弯头）承口前，应先用砂纸打毛，插入后用麻丝填嵌均匀，以石棉水泥捻口，不得采用水泥砂浆，操作时应注意防止塑料管变形。

2) 硬聚氯乙烯排水管的粘接

硬聚氯乙烯排水管的承插粘接，应用胶粘剂粘牢。其操作按下列要求进行：

(1) 下料及坡口。下料长度应根据实测并结合各连接件的尺寸确定。切管工具宜选用细齿锯、割刀和割管机等机具。断口应平整并垂直于轴线，断面处不得有任何变形。插口处坡口可用中号板锉锉成 15°～30°。坡口厚度宜为管壁厚度的 1/3～1/2，长度一般不小于 3 mm。坡口后应将残屑清理干净。

(2) 清理粘接面。管材或管件在粘接前应用棉丝或软干布将承口内侧和插口外侧擦拭干净，使被粘接面保持清洁，无尘砂与水迹。当表面沾有油污时，可用棉纱蘸丙酮等清洁剂清除。

(3) 管端插入承口深度。配管时应将管材与管件承口试插一次，在其表面画出标记。管端应插入承口一定深度，具体深度见表 4-2-2。

表 4-2-2 管端插入管件承口深度

序号	外径/mm	管端插入承口深度/mm	序号	外径/mm	管端插入承口深度/mm
1	40	25	4	110	50
2	50	25	5	160	60
3	75	40			

（4）胶粘剂涂刷。用毛刷蘸胶粘剂涂刷粘接承口内侧及粘接插口外侧时，应轴向涂刷，动作要快，涂抹均匀，涂刷的胶粘剂应适量，不得漏涂或涂抹过厚。应先涂承口，后涂插口。

（5）承插接口的连接。承插口涂刷胶粘剂后，应立即找正方向将管子插入承口，使其准直，再加挤压。应使管端插入深度符合所画标记，并保证承插接口的直度和接口位置正确，还应保持静待 2～3 min，防止接口滑脱。

（6）承插接口的养护。承插接口连接完毕后，应将挤出的胶粘剂用棉纱或干布蘸清洁剂擦拭干净。根据胶粘剂的性能和气候条件静置至接口固化为止。冬期施工时固化时间应适当延长。

3）立管的安装

立管安装前，应按设计要求设置固定支架或支承件，再进行立管的吊装。立管安装时，一般先将管段吊正，注意三通口或四通口的朝向应正确。硬聚氯乙烯排水管应按设计要求设置伸缩节。伸缩节安装时，应注意将管端插口平直插入伸缩节承口橡胶圈中，用力应均匀，不可摇挤，避免顶歪橡胶圈造成漏水。安装完毕后，即可将立管固定。

立管穿越楼板比较容易漏水。若立管穿越楼板是非固定的，应在楼板中埋设钢制防水套管（套管管径比立管管径大 1 号），套管高于地面 10～15 mm，套管与立管之间的缝隙用油麻或沥青玛碲脂填实。当立管穿越楼板或屋面处固定时，应用不低于楼板强度等级的细石混凝土填实，立管周围应做出高于原地坪 10～20 mm 的阻水圈，防止接合部位发生渗水漏水现象；也可采用橡胶圈止水，圈壁厚 4 mm、高 10 mm，套在立管上，设在楼板内，再浇捣细石混凝土，立管周围抹成高出楼面 10～15 mm 的防水坡；还可以采用硬聚氯乙烯防漏环，环与立管粘接，安装方法同橡胶圈，但价格比橡胶圈便宜。

立管上的伸缩节应设置在靠近支管处，使支管在立管连接处位移较小。伸顶通气管穿屋面应作防水处理。通气管也可采用排水铸铁管，接口采取麻-石棉水泥捻口。

4）支管的安装

支管安装前，应预埋吊架。支管安装时，应按设计要求设置伸缩节，伸缩节的承口应逆水流方向，安装时应根据季节情况，预留膨胀间隙。支管的安装坡度应符合设计要求。

硬聚氯乙烯排水管安装必须保证立管垂直度，以及出户管、支管弯曲度要求。

5）硬聚氯乙烯排水管的螺纹连接

螺纹连接硬聚氯乙烯排水管系指管件的管端带有牙螺纹段，并采用带内螺纹与塑料垫圈和橡胶密封圈的螺帽相连接的管道。

硬聚氯乙烯排水管螺纹连接常用于需经常拆卸的地方。与粘接相比，成本较高，施工要求高。在建筑排水工程中的应用没有粘接普遍。

（1）螺纹连接材料。管件必须使用注塑管件。塑料垫圈应采用与管材不同性质的塑料如聚乙烯等制成。橡胶密封圈须采用耐油、耐酸和耐碱的橡胶制成。

（2）螺纹连接施工。首先应清除材料上的油污与杂物，使接口处保持洁净；然后将管材与管件的接口试插一次，使插入处留有 5～7 mm 的膨胀间隙，插入深度确定后，应在管材表面画出标记。

安装时，先在管端依次套上螺帽、垫圈和胶圈，然后插入管件。用手拧紧螺帽，并用链条扳手或专用扳手拧紧。用力应适量，以防止胀裂螺帽。拧紧螺帽时应使螺纹外露 2～3 扣。橡胶密封圈的位置应平整正确，使塑料垫圈四周均能压实。

6）塑料管道的施工安全

塑料管道粘接所使用的清洁剂和胶粘剂等属易燃物品，在其存放、使用过程中，必须远离火源、热源和电源。管道粘接场所，禁止明火和吸烟，通风必须良好。集中操作预制场所，还应设置排风设施。管道粘接时，操作人员应站在上风处并穿戴防护手套、防护眼镜和口罩等，避免皮肤与眼睛同胶粘剂接触。冬期施工，应采取防寒防冻措施。操作场所应保持空气流通，不得密闭。胶粘剂和清洁剂易挥发，装胶粘剂和清洁剂的瓶盖应随用随开，不用时应立即盖紧，严禁非操作人员使用。

4.2.2 卫生器具及常用排水设备的施工安装

4.2.2.1 卫生器具安装的一般要求

卫生器具安装一般在土建内粉刷工作基本完工、建筑内部给水排水管道敷设完毕后进行。安装前应熟悉施工图纸和国家颁发的《全国通用给水排水标准图集》S342，做到所有卫生器具的安装尺寸符合国家标准及施工图纸的要求。

卫生器具的安装基本上有共同的要求：平、稳、牢、准、不漏、使用方便、性能良好。

平：所有卫生器具的上口边沿要水平，同一房间成排的卫生器具标高应一致。

稳：卫生器具安装后无晃动现象。

牢：安装牢固，无松动脱落现象。

准：卫生器具的平面位置和高度尺寸准确。

不漏：卫生器具上、下水管口连接处严密不漏。

使用方便：零部件布局合理，阀门及手柄的位置朝向合理，整套设施力求美观。

安装前，应对卫生器具及其附件（如配水嘴、存水弯等）进行质量检查，要求卫生器具及其附件有产品出厂合格证，卫生器具外观应规矩、表面光滑、造型美观、无破损无裂纹、边沿平滑、色泽一致、排水孔通畅。不符合质量要求的卫生器具不能安装。

卫生器具的安装顺序：首先是卫生器具排水管的安装，然后是卫生器具落位安装，最后是进水管和排水管与卫生器具的连接。

卫生器具落位安装前，应根据卫生器具的位置进行支、托架的安装。支、托架的安装宜采用膨胀螺栓或预埋螺栓固定。卫生器具的支、托架防腐良好。支、托架的安装须正确、牢固，与卫生器具接触应紧密、平稳，与管道的接触应平整。

卫生器具安装位置应正确、平直。卫生器具的排水管管径选择和安装最小坡度应符合设计要求，若设计无要求，应符合表 4-2-3 有关规定。

表 4-2-3 连接卫生器具的排水管管径和管道的最小坡度

项次	卫生器具名称		排水管管径/mm	管道的最小坡度
1	污水盆（池）		50	0.025
2	单、双格洗涤盆（池）		50	0.025
3	洗脸盆、洗手盆		32～50	0.020
4	浴盆		50	0.020
5	淋浴器		50	0.020
6	大便器	高、低水箱	100	0.012
		自闭式冲洗阀	100	0.012
		拉管式冲洗阀	100	0.012
7	小便器	手动式冲洗阀	40～50	0.020
		自动冲洗水箱	40～50	0.020
8	化验盆（无塞）		40～50	0.025
9	净身器		40～50	0.020
10	饮水器		20～50	0.01～0.02
11	家用洗衣机		50（软管为 30）	

注：成组洗脸盆接至共用水封的排水管的坡度为 0.01。

卫生器具的安装高度，如设计无要求，应符合表 4-2-4 规定。

表 4-2-4 卫生器具的安装高度

项次	卫生器具名称			卫生器具安装高度/mm		备注
				居住和公共建筑	幼儿园	
1	污水盆（池）		架空式 落地式	800 500	800 500	
2	洗涤盆（池）			800	800	自地面至器具上边缘
3	洗脸盆、洗手盆（有塞、无塞）			800	500	
4	盥洗槽			800	500	
5	浴盆			≯520		
6	蹲式大便器		高水箱 低水箱	1800 900	1800 900	自台阶面至高水箱底 自台阶面至低水箱底
7	坐式大便器	高水箱		1800	1800	自地面至高水箱底 自地面至低水箱底
		低水箱	外露排水管式 虹吸喷射式	510 470		
8	小便器	挂式		600	450	自地面至下边缘

地面。

2. 坐式大便器安装

坐式大便器按冲洗方式，分为低水箱冲洗和延时自闭式冲洗阀冲洗两种；按低水箱所处的位置，又分为分体式或连体式两种。分体式低水箱坐便器的安装顺序如下：

(1) 低水箱安装，先在地面将水箱内的附件组装好；然后根据水箱的安装高度和水箱背部孔眼的实际尺寸，在墙上标出螺栓孔的位置，采用膨胀螺栓或预埋螺栓等方法将水箱固定在墙上。就位固定后的低水箱应横平竖直，稳固贴墙。

(2) 大便器安装。大便器安装前，应先将大便器的排出口插入预先安装的 DN100 污水管口内，再将大便器底座孔眼的位置用笔在地坪上标记，移开大便器用冲击电钻打孔（不打穿地坪），然后将大便器用膨胀螺栓固定。固定时，用力要均匀，防止瓷质便器底部破碎。

(3) 水箱与大便器连接管安装。水箱和大便器安装时，应保证水箱出水口和大便器进水口中心对正。连接管一般为 90°铜质冲水管。安装时，先将水箱出水口与大便器进水口上的锁母卸下，然后在弯头两端缠生料带或铅油麻丝，一端插入低水箱出水口，另一端插入大便器进水口，将卸下的锁母分别锁紧两端，注意松紧要适度。

(4) 水箱进水管上角阀与水箱进水口处的连接。常采用外包金属软管，能有效地满足角阀与低水箱管口不在同一垂直线上时的安装要求。该软管两端为活接，安装十分方便。

(5) 大便器排出口安装。大便器排出口应与大便器安装同步进行。其做法与蹲便器排出口安装相同，只是坐便器不需存水弯。

连体式大便器由于水箱与大便器连为一体，造型美观，整体性好，已成为当今高档坐便器主流。其安装比分体式大便器简单得多，仅需连接水箱进水管和大便器排出管及安装大便器即可。

此外，采用延时自闭式冲洗阀冲洗的坐便器及蹲便器具有所占空间小、美观、安装方便的特点，因而得到广泛的应用，其安装可参照设计施工图及产品使用说明进行。

4.2.2.3 洗脸盆、洗涤盆、小便器安装

1. 洗脸盆

洗脸盆有墙架式、柱脚式、台板式三种形式。

墙架式洗脸盆，如图 4-2-9 所示，是一种低档洗脸盆，其安装顺序如下：

(1) 托架安装。根据洗脸盆的位置和安装高度，画出托架在墙上固定的位置。用冲击电钻钻孔，采用膨胀螺栓或预埋螺栓将托架平直地固定在墙上。

(2) 进水管及水嘴安装。将脸盆稳装在托架上，脸盆上水嘴垫胶皮垫后穿入脸盆的进水孔，然后加垫并用根母紧固。水嘴安装时应注意热水嘴装在脸盆左边，冷水嘴装在右边，并保证水嘴位置端正、稳固。水嘴装好后，接着将角阀的入口端与预留的给水口相连接，另一端配短管（宜采用金属软管）与脸盆水嘴连接，并用锁母紧固。

(3) 出水口安装。将存水弯锁母卸开，上端套在缠油麻丝或生料带的排水栓上，下端套上护口盘插入预留的排水管管口内，然后把存水弯锁母加胶皮垫找正紧固，最后把存水弯下端与预留的排水管口间的缝隙用铅油麻丝或防水油膏塞紧，盖好护口盘。

立式及台式洗脸盆属中高档洗脸盆，其附件通常是镀铬件，安装时应注意不要损伤镀铬层。安装立式及台式洗脸盆可参见国标图及产品安装要求，也可参照墙架式洗脸盆安装顺序进行。

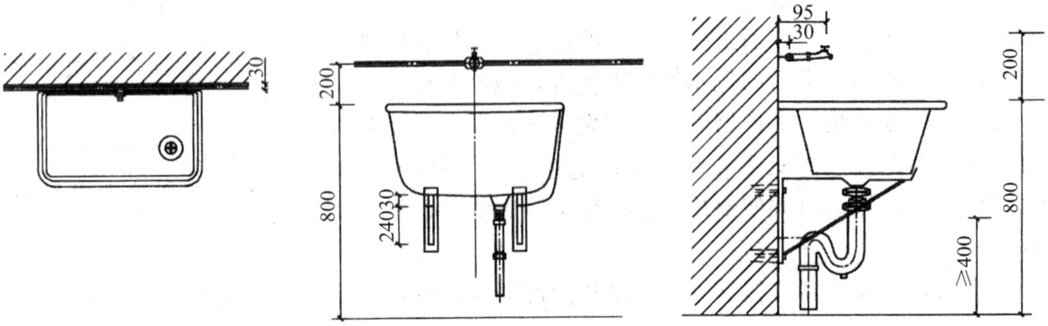

图 4-2-9　墙架式洗脸盆安装示意图

2. 洗涤盆

住宅厨房、公共食堂中设洗涤盆，用作洗涤食品、蔬菜、碗碟等。医院的诊室、治疗室等也需设置。洗涤盆材质有陶瓷、砖砌后瓷砖贴面、水磨石、不锈钢。水磨石洗涤盆安装如图 4-2-10 所示。首先按图纸所示，确定洗涤盆安装位置，安装托架或砌筑支撑墙，然后装上洗涤盆，找平找正，与排水管道进行连接。在洗涤盆排水口丝扣下端涂铅油，缠少许麻丝，然后与 P 形存水弯的立节或 S 形存水弯的上节丝扣连接，将存水弯横节或存水弯下节的端头缠好油盘根绳，与排水管口连接，用油灰将下水管口塞严、抹平。最后按图纸所示安装、连接给水管道及水嘴。

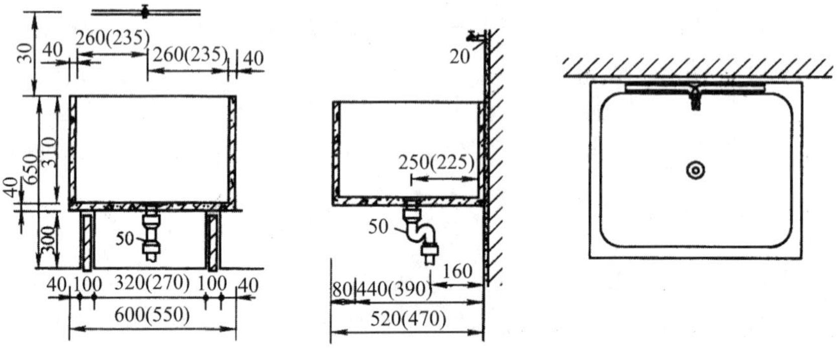

(a) 立面图　　(b) 侧面图　　(c) 平面图

图 4-2-10　洗涤盆安装示意图

3. 小便器

小便器是设于公共建筑的男厕所内的便溺设施，有挂式、立式和小便槽三种。挂式小便器安装，如图 4-2-11 所示。

挂式小便器安装：对准给水管中心画一条垂线，由地面向上量出规定的高度画一水平线，根据产品规格尺寸由中心向两侧量出孔眼的距离，确定孔眼位置，钻孔，栽入螺栓，将小便器挂在螺栓上。小便器与墙面的缝隙可嵌入白水泥涂抹。挂式小便器安装时应检查给水、排水预留管口是否在一条垂线上，间距是否一致；然后分别与给水管道、排水管道进行连接。挂式小便器给水管道、排水管道分别可以采用明装或暗装施工。

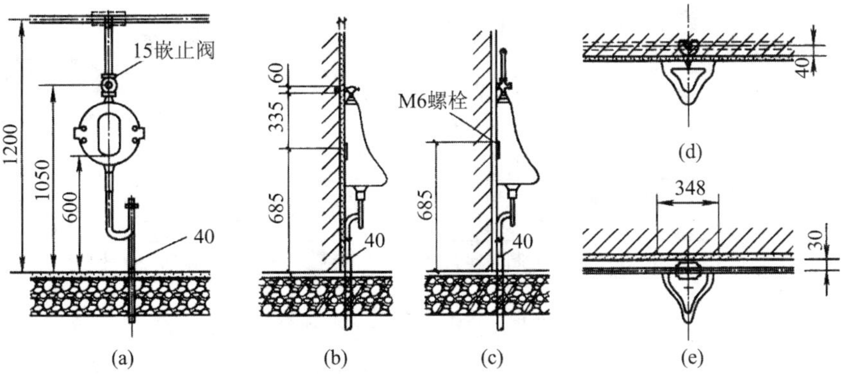

图 4-2-11　挂式小便器安装图

4.2.2.4　浴盆安装

浴盆一般为长方形，也有方形的。长方形浴盆有带腿和不带腿之分。按配水附件的不同，浴盆可分为冷热水龙头、固定式淋浴器、混合龙头、软管淋浴器、移动式软管淋浴器浴盆。

冷热水龙头浴盆是一种普通浴盆。

1. 浴盆稳装

浴盆安装应在土建内粉刷完毕后才能进行。如浴盆带腿，应将腿上的螺栓卸下，将拨锁母插入浴盆底卧槽内，把腿扣在浴盆上，带好螺母，拧紧找平，不得有松动现象。不带腿的浴盆，将其底部平稳地放在用水泥砖块砌成的两条墩子上，从光地坪至浴盆上口边缘为 520 mm，浴盆向排水口一侧稍倾斜，以利排水。浴盆四周用水平尺找正，不得歪斜。

2. 配水龙头安装

配水龙头高于浴盆面 150 mm，热左冷右，两龙头中心距 150 mm。

3. 排水管路安装

排水管安装时，先将溢水弯头、三通等组装好，准确地量好各段长度再下料，排水横管坡度为 0.02。先把浴盆排水栓涂上白灰或油灰，垫上胶皮垫圈，由盆底穿出，用根母锁紧，多余油灰抹平，再连上弯头、三通。溢水管的弯头也垫上胶皮圈，将花盖串在堵链的螺栓上，然后将溢水管插入三通内，用根母锁住。三通与存水弯连接处应配上一段短管，插入存水弯的承口内，缝隙用铅油麻丝或防水油膏填实抹平。

4. 浴盆装饰

浴盆安装完成后，由土建人员用砖块沿盆边砌平并贴瓷砖，在安装浴盆排水管的一端，池壁墙应开一个 300 mm ×300 mm 的检查门，供维修使用。在最后铺瓷砖时，应注意浴盆边缘必须嵌进瓷砖 10～15 mm，以免使用时渗水。

在现实生活中，由于使用浴盆会引起交叉感染，传播疾病，故现在许多地方已不再安装浴盆，而是将地面进行防水处理，然后站在地板上直接淋浴，淋浴水直接通过地漏排入排水管道系统。

除以上介绍的几种卫生器具的安装外，还有大便槽、小便槽、污水盆、化验盆、盥洗槽、淋浴器、妇女卫生盆及地漏等，施工时，可按设计要求及《全国通用给水排水标准图集》S342要求安装。

4.2.2.5 潜水泵安装

1. 安装工艺流程

潜水泵安装工艺流程如图4-2-12所示。

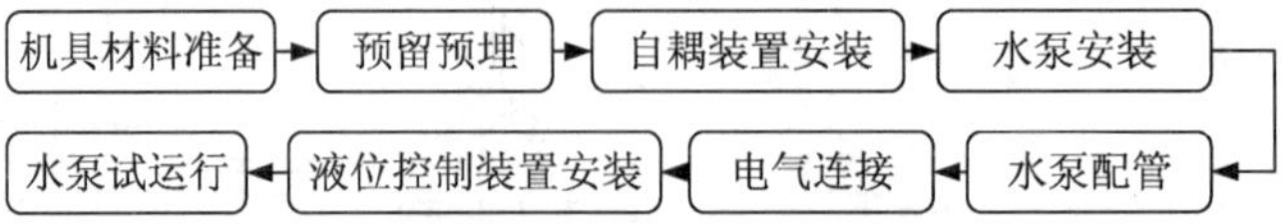

图4-2-12 潜水泵安装工艺流程图

2. 潜水泵运输

地下部分潜水泵通过汽车坡道运入，水平采用叉车运输或人力搬运，运输过程中应保护设备。

3. 潜水泵安装

每台潜水泵的安装需配备上升导杆及提升链条，排水管与潜水泵的连接为自动耦合，利用耦合装置将泵与出水管路相连，泵和出水管路相互独立，其间不用紧固件联结。

导杆只起导向作用，用普通水管或钢管，提升链条为不锈钢制造。

安装时，把底座固定在池底，将导杆支架固定于池顶部侧壁；用螺栓将泵体与耦合接口相连，将耦合接口半圆孔导入导杆，把泵沿导杆向下滑到底，耦合支架就会把泵体的出水口和排水底座入口自动对准，依靠泵的自重使两法兰面自动贴紧，潜水泵安装如图4-2-13所示。

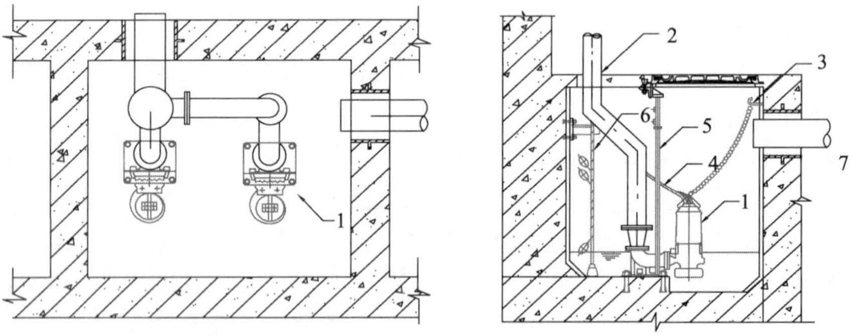

(a) 俯视图　　(b) 俯视图

1—潜水泵；2—出水管；3—挂钩；4—电缆；5—自动耦合装置；6—液位自动控制装置；7—集水井进水管

图4-2-13 潜水泵安装详图

4. 潜水泵维护

为了保证潜水泵的正常使用和延长使用寿命，应该进行定期的检查和保养。

在污水介质中长期使用后，潜水泵的叶轮与密封环之间的间隙可能增大，造成水泵流量和效率下降，应关掉电闸，将潜水泵吊起，拆下底盖，取下密封环，按叶轮口环实际尺寸配密封环，间隙一般在 0.5 mm 左右。

潜水泵长期不用时，应清洗并吊起置于通风干燥处，注意防冻；若置于水中，每 15 天至少运转 30 min（不能干磨），以检查其功能和适应性。

电缆每年至少检查一次，若破损应给予更换。

每年至少检查一次电机绝缘及紧固螺栓。

潜水泵在出厂前已注入适量的机油，用以润滑机械密封，该机油应每年检查一次。如果发现机油中有水，应将其放掉，更换机油，更换密封垫，旋紧螺塞。

4.2.3 排水系统试验

建筑内部排水管道为重力流管道，一般作闭水（灌水）试验，以检查其严密性。同时，为了防止管道堵塞还要求作通球试验。

4.2.3.1 闭水(灌水)试验

建筑内部暗装或埋地排水管道，应在隐蔽或回填土之前作闭水试验，其灌水高度应不低于底层地面高度。确认合格后方可进行回填土或进行隐蔽作业。

对生活和生产排水管道系统，管内灌水高度一般以一层楼的高度为准；雨水管的灌水高度必须到每根立管最上部的雨水斗。

灌水试验以满水 15 min 后，再灌满延续 5 min，液面不下降为合格。

灌水试验时，除检查管道及其接口有无渗漏现象外，还应检查是否有堵塞现象。

排水系统的灌水试验可采取排水管试漏胶囊。试验方法如下：

(1) 立管和支管（横管）砂眼或接口试漏。先将试漏胶囊从立管检查口处放至立管适当部位，然后用打气筒充气（图 4-2-14），从支管口灌水；如管道有砂眼或接口不良，即会发生渗漏。

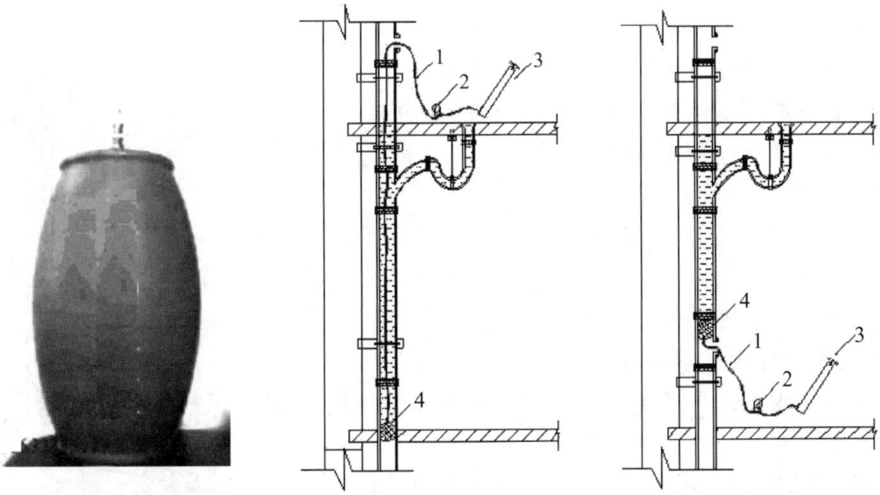

(a) 灌水试验用胶囊　　(b) 对下层楼层灌水　　(c)对上层楼层灌水

1—胶管；2—压力表；3—气筒；4—气囊

图 4-2-14　排水管灌水试漏方法

（2）大便器胶皮碗试验。胶囊在大便器下水口充气后，通过灌水试验如胶皮碗绑扎不严，水在接口处渗漏。

（3）地漏、立管穿楼板试漏。打开地漏盖，胶囊在地漏内充气后可在地面作泼水试验，如地漏或立管封堵不好，即向下层渗漏。

整个闭水试验过程中，各有关方面负责人必须到现场，做好记录和签证，并作为工程技术资料归档。

4.2.3.2 通球试验

排水主立管及水平干管管道均应作通球试验，通球球径不小于排水管道管径的 2/3，通球率必须达到 100%。通球试验应从上至下进行，胶球从排水立管顶端投入，注入一定水量于管内，使球能顺利流出为合格；通球过程中如遇堵塞，应查明位置进行疏通，直到通球无阻为止。

项目 4.3 屋面雨水系统

4.3.1 屋面雨水排除系统分类

屋面雨水系统

降落在屋面的雨水和冰雪融化水，尤其是暴雨，会在短时间内形成积水，为了不造成屋面漏水和四处溢流，需要对屋面积水进行有组织地排放。坡屋面一般为檐口散排，平屋面则需设置屋面雨水排除系统。根据建筑物的类型、建筑结构形式、屋面面积大小、当地气候和生产生活的要求等，屋面雨水排除系统可以分为多种类型。

4.3.1.1 雨水管道布置位置分类

1. 外排水系统

外排水雨水排除系统是指屋面不设雨水斗，建筑内部没有雨水管道的雨水排放形式。按屋面有无天沟，又可分为檐沟外排水系统和天沟外排水系统。

1）檐沟外排水系统

檐沟外排水系统又称普通外排水系统或水落管外排水系统，屋面雨水由檐沟汇水，然后流入雨水斗，经连接管至承雨水斗和外立管，排至室外散水坡，如图 4-3-1 所示。

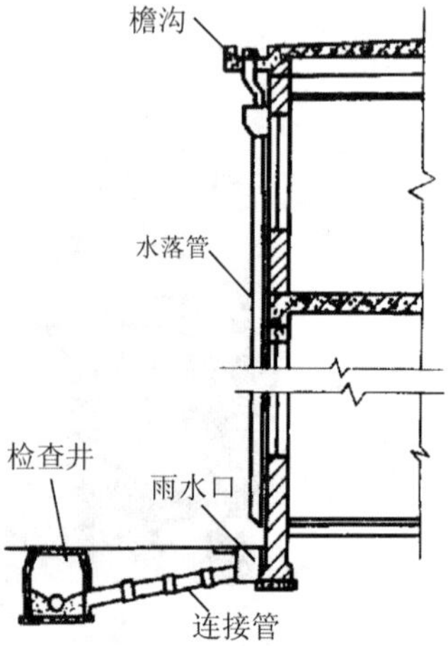

图 4-3-1 普通外排水

2）长天沟外排水系统

长天沟外水系统是指屋面水由天沟汇水，排至建筑物两端，经雨水斗、外立管排至室外地面，如图 4-3-2 所示。天沟设置在两跨中间并坡向端墙（山墙、女儿墙），外立管连接雨水斗沿外墙布置，如图 4-3-3 所示。

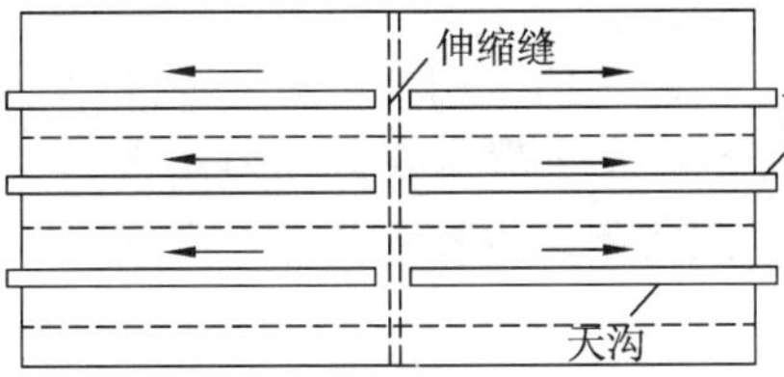

图 4-3-2　天沟布置示意

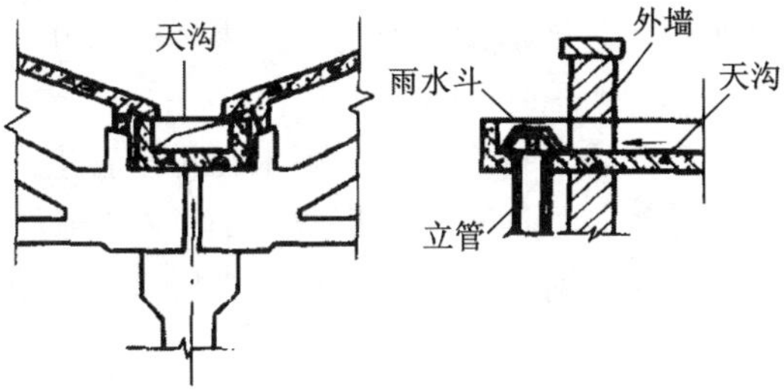

图 4-3-3　天沟与雨水管连接

2. 内排水系统

内排水系统是指屋面设有雨水斗、建筑物内部设有雨水管道的雨水排水系统。该系统常用于跨度大、特别长的多跨工业厂房，屋面设天沟有困难的壳形屋面、锯齿形屋面、屋面有天窗的厂房等。建筑立面要求高的高层建筑、大屋面建筑和寒冷地区的建筑，不允许在外墙设置雨水立管时，也应考虑采用内排水形式。内排水系统可分为单斗排水系统和多斗排水系统，敞开式内排水系统和密闭式内排水系统。

1）单、多斗内排水系统

单斗系统一般不设悬吊管，雨水经雨水斗流入设在室内的雨水排水立管排至室外雨水管渠。

多斗系统一般设有悬吊管，雨水由多个雨水斗流入悬吊管，再经雨水排水立管排至室外雨水管渠，如图 4-3-4 所示。由于多个雨水斗排水系统水力工况复杂，目前尚无定论。

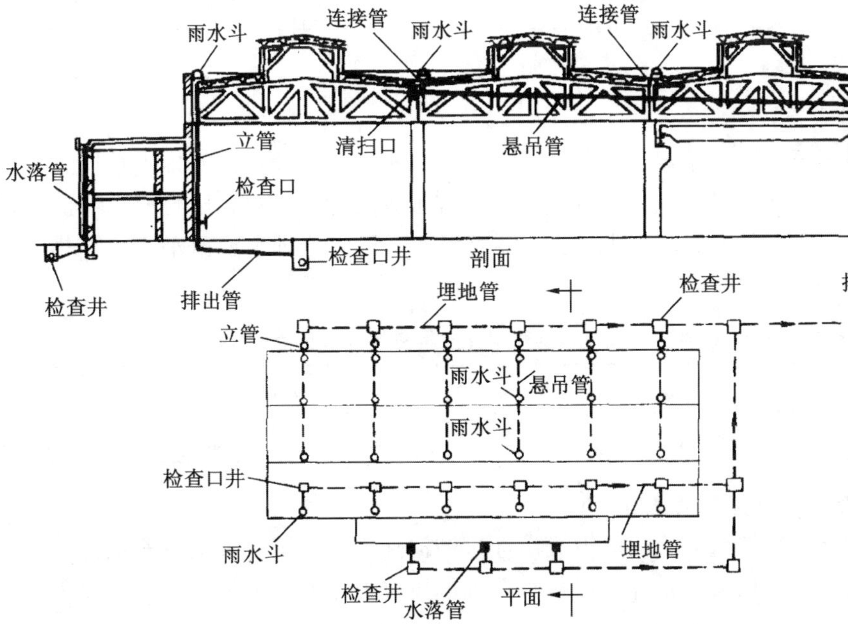

图 4-3-4　内排水系统

2）敞开式和密闭式内排水系统

敞开式内排水系统，雨水经排出管进入室内普通检查井，属于重力流排水系统，因雨水排水中负压抽吸会挟带大量的空气，若设计和施工不当，突降暴雨时会出现检查井冒水现象，雨水漫流而造成危害，但敞开式内排水系统可接纳与雨水性质相近的生产废水，如图 4-3-4 所示。

密闭式内排水系统，雨水经排水管进入用密闭的三通连接的室内埋地管，属于压力排水系统，如图 4-3-4 所示。当雨水排泄不畅时，室内不会发生冒水现象，但不能接纳生产废水。对于室内不允许出现冒水的建筑，一般宜采用密闭式内排水系统。

3. 混合排水系统

大型工业厂房的屋面形式复杂，为了及时有效地排除屋面雨水，往往同一建筑物采用几种不同形式的雨水排除系统，分别设置在屋面的不同部位，由此组合成屋面雨水混合排水系统。如图 4-3-4 中，左侧为檐沟外排水系统；右侧为多斗敞开式内排水系统；中间为单斗密闭式内排水系统，其排出管与检查井内管道直接相连。

4.3.1.2 按管内水流情况分类

1. 重力流排水系统

重力流排水系统可承接管系排水能力范围不同标高的雨水斗排水，檐沟外排水系统、敞开式内排水系统和高层建筑屋面雨水管系都宜按重力流排水系统设计。重力流排水系统应采用重力流排水型雨水斗，其排水负荷和状态应符合表 4-3-1 的要求。

表 4-3-1　重力流排水型雨水斗应具备的排水负荷和状态

DN/mm	75		100		150
进口形状	平篦型	柱球型	平篦型	柱球型	
排水负荷/（L/s）	2	6	3.5	12	26
排水状态	自由堰流				

2. 压力流排水系统

压力流排水系统，同一系统的雨水斗应在同一水平面上，长天沟外排水系统宜按单斗压力流设计；密闭式内排水系统，宜按压力流排水系统设计；单斗压力流系统应采用 65 型和 79 型雨水斗，多斗压力流排水系统应采用多斗压力流排水型雨水斗，其排水负荷和状态应符合表 4-3-2 的要求。

表 4-3-2　多斗压力流排水型雨水斗应具备的排水负荷和状态

DN/mm	50	75	排水状态
排水负荷/（L/s）	6	12	雨水斗淹没泄流的斗前水位不应大于 4 cm

4.3.1.3 雨水排除系统的选择

屋面雨水排除必须按重力流或压力流设计，檐沟外排水系统应按重力流设计；长天沟外排水系统应按单斗压力流设计；内排水系统可按重力流或压力设计；大屋面工业厂房和公共建筑宜按多斗压力流设计。

4.3.2 屋面雨水排除系统的组成、布置与敷设

4.3.2.1 外排水系统的组成、布置与敷设

屋面雨水外排水系统中，都应设置雨水斗。雨水斗是一种专用装置，型号有 65 型、

79型和87型，常用规格为75、100、150 mm，又有平箅型和柱球型。柱球型雨水斗有整流格栅，主要起整流作用，避免排水过程中形成过大的漩涡而吸入大量的空气，迅速排除屋面雨水的同时拦截树叶等杂物。阳台、花台、供人们活动的屋面及窗井处常采用平箅型雨水斗，檐沟和天沟内常用柱球型雨水斗。

1. 檐沟外排水系统

檐沟外排水系统由檐沟、雨水斗和水落管组成，属于重力流，常采用重力流排水型雨水斗。雨水斗设置在檐沟内，雨水斗的间距根据降雨量和雨水斗的排水负荷确定出。根据1个雨水斗服务的屋面汇水面积，并结合建筑结构、屋面情况决定雨水斗数量。一般情况下，檐沟外排水系统，雨水斗间距可采用8～16 m，同一建筑屋面，雨水排水立管不应少于2根。

雨水排水立管又称水落管，檐沟外排水系统应采用UPVC排水塑料管和排水铸铁管，其最小管径可用DN75，下游管径不得小于上游管段管径，距地面以上1 m处设置检查口，牢靠地固定在建筑物的外墙上。

2. 长天沟外排水系统

长天沟外排水系统属于单斗压力流，由天沟、雨水斗和排水立管组成，应采用压力流排水型雨水斗，雨水斗通常设置在伸出山墙的天沟末端。

排水立管连接雨水斗，应采用UPVC承压塑料管和承压铸铁管，最小管径可采用DN100；下游管段管径不得小于上游管段管径，距地面以上1 m处设置检查口，雨水排水立管固定应牢固。

长天沟外排水系统，天沟应以建筑物伸缩缝或沉降缝为屋面分水线，在分水线两侧设置，天沟连续长度不宜大于50 m；坡度太小易积水，太大会增加天沟起端屋顶垫层，一般用0.003～0.006，斗前天沟深度不宜小于100 mm。天沟不宜过宽，以满足雨水斗安装尺寸为宜。天沟断面多为矩形或梯形，天沟端部应设溢流口，用以排除超过重现期的降雨，溢流口比天沟上檐低50～100 mm。

4.3.2.2 内排水系统的组成、布置与敷设

内排水系统由天沟、雨水斗、连接管、悬吊管、立管、排水管、埋地干管和检查井组成。降落到屋面的雨水，由屋面汇水流入雨水斗，经连接管、悬吊管、排水立管、排出管流入雨水检查井，或经埋地干管排至室外雨水管道。

内排水的单斗或多斗系统可按重力流或压力流设计，大屋面工业厂房和公共建筑宜按多斗压力流设计。雨水斗的选型与外排水系统相同，分清重力流或压力流即可。雨水斗设置间距，应经计算确定，并应考虑建筑结构柱网，沿墙、梁、柱布置，便于固定管道。一般情况下，多斗重力流排水系统和多斗压力流排水系统雨水斗的横向间距可采用12～24 m，纵向间距可采用6～12 m。当采用多斗排水系统时，同一系统的雨水斗应在同一水平面上，且一根悬吊管上的雨水斗不宜多于4个，最好为对称布置，并要求雨水斗不能设在排水立管顶端。

内排水系统采用的管材与外排水系统相同，而工业厂房屋面雨水排水管道也可采用焊接钢管，但其内外壁应作防腐处理。

1. 敞开式内排水系统

1）连接管

连接管是上部连接雨水斗、下部连接悬吊管的一段竖向短管。其管径一般与雨水斗相同，但管径不宜小于 DN100。连接管应牢靠地固定在建筑物的承重结构上，下端宜采用顺水连通管件与悬吊管相连接。为防止因建筑物层间位移、高层建筑管道伸缩造成雨水斗周围屋面被破坏，在雨水斗连接管道下应作补偿装置，一般宜采用橡胶短管或承插式柔性接口。

2）悬吊管

悬吊管是上部与连接管下部与排水立管相连接的管段，通常是顺梁或屋架布置的架空横向管道。其管径按重力流和压力流计算确定，但不应小于连接管径，也不应大于 DN300，坡度不小于 0.005。连接管与悬吊管、悬吊管与立管之间的连接管件采用 45°或 90°斜三通为宜。悬吊管端部和长度大于 15 m 的悬吊管上设置检查口或带法兰的三通，其位置宜靠近墙柱，以利操作。

3）立管

雨水排水立管承接经悬吊管或雨水斗流来的雨水，1 根立管连接的悬吊管根数不多于 2 根，立管管径应经水力计算确定，但不得小于上游管段管径。同一建筑，雨水排水立管不应少于 2 根，高跨雨水流至低跨时，应采用立管引流，防止对屋面冲刷。立管宜沿墙柱设置，牢靠固定，并在距地面以上 1 m 处设置检查口。

4）埋地管

埋地管敷设于室内地下，承接雨水立管的雨水并排至室外，埋地管最小管径为 200 mm，最大不超过 600 mm，常用混凝土管或钢筋混凝土管。在埋地管转弯、变坡、管道汇合连接处和长度超过 30 m 的直线管段上均应设检查井。检查井井深应不小于 0.7 m，井内管顶平接，并做高出管顶 200 mm 的高流槽。

为了有效分离出雨水排除时吸入的大量空气，避免敞开式内排水系统埋地管系统上检查井冒水，应在埋地管起端几个检查井与排出管之间设排气井，从排出管排出的雨水流入排气井后与溢流墙碰撞消能，流速大幅度下降，使得气水分离；水再经整流格栅后平稳排出，分离出的气体经放气管排放到一定空间，如图 4-3-5 所示。

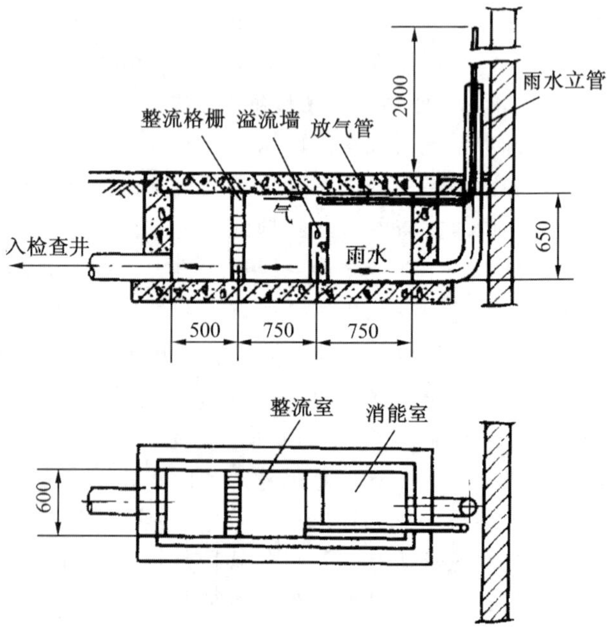

图 4-3-5　排气井

2. 密闭式内排水系统

密闭式内排水系统由天沟、

雨水斗、连接管、悬吊管、雨水立管、埋地管组成，其设计选型、布置和敷设与敞开式内排水系统相同。

但两个系统的主要区别是密闭式内排水系统属于压力流，不设排气井，埋地管上检查口设在检查井内，即检查口井。

小　结

本章主要介绍了排水系统分类、组成，排水体制与选择，卫生器具和生产设备受水器、排水管道系统、清通设备、通气管道系统、室内排水系统的设计计算，屋面雨水排水系统的分类、组成及其布置与敷设，雨水系统的水力计算公式及步骤等基本知识；同时结合实用型人才培养要求着重介绍了室内排水管道系统、卫生器具等的施工工艺和施工方法与要求。

在学习过程中，重点掌握单立管排水系统和双立管排水系统，底层在什么情况下需要单独排水，如何保证室内排水系统内空气畅通，防止卫生器具等的水封破坏；如何解决室内排水系统堵塞问题、塑料排水管道的伸缩问题。还要注意掌握常用的排水管材、卫生器具等的特性及安装连接方法、施工工艺，如步骤，学会普通的室内排水设计和手工绘制排水平面及系统图，这是工程中技术人员进行专业交流的重要手段之一。

复习思考题

1. 建筑内排水系统可分为哪几类？
2. 建筑内部排水系统一般由几部分组成？
3. 建筑内部排水管材的种类有哪些？各自的优缺点及连接方法是什么？
4. 针对不同的排水管材检查口、清扫口的设置要求是什么？
5. 地漏的选择和设置要求是什么？
6. 常用的洗涤盆、落地的污水盆、洗脸盆、浴盆等卫生器具的安装高度是多少？
7. 对中小学而言，每一个大便器、小便器、洗脸盆及盥洗水嘴的服务人数为多少？
8. 管道布置有几大要求，具体内容是什么？
9. 排水管道的敷设方式有几种？各自的优缺点是什么？
10. 排水通气管系统有什么作用？
12. 排水通气管系统有几种类型？
13. 伸顶通气管的设置要求是什么？
14. 专用通气管、结合通气管的设置要求是什么？
15. 当最低横支管接入排水立管时，对不同层数的建筑物要求最低排水横支管与立管连接处距排水立管管底垂直距离不得小于多少？
16. 简述自清流速的概念。
17. 为何要求自流排水管中污水、废水必须在非满流的状态下排除？
18. 屋面雨水排水，按雨水管道布置位置可分为几种类型？